Flash CS6 动画制作与应用
实用教程

科教工作室　编　著

清华大学出版社

北　京

内 容 简 介

本书以现代教学和办公工作中广大从业者的需求来确定中心思想,采用四维立体教学的方式,精选经典应用实例,重点标注学习内容,使读者能够在较短的时间内掌握 Flash 软件的使用方法和技巧,真正实现"工欲善其事,必先利其器"。

本书分为 12 章,详细地介绍了 Flash CS6 的基础知识、绘制树林间的小松鼠、绘制向日葵海、制作服装广告、绘制飞翔的天鹅、绘制滑板少年、绘制行驶的火车、制作按钮、制作下雪中的风景图片、制作教学课件、制作 MTV、制作迷你网站等内容。

本书及配套的光盘面向 Flash 初级和中级用户,适用于需要使用 Flash 进行动画制作的各类人员和爱好者,可以作为大中专院校相关专业、公司岗位培训或电脑培训班的指导教材。

图书在版编目(CIP)数据

Flash CS6 动画制作与应用实用教程/科教工作室编著. --北京:清华大学出版社,2014
ISBN 978-7-302-36376-7

Ⅰ. ①F… Ⅱ. ①科… Ⅲ. ①动画制作软件—教材 Ⅳ. ①TP391.41

中国版本图书馆 CIP 数据核字(2014)第 098925 号

责任编辑:章忆文 杨作梅
封面设计:杨玉兰
责任校对:李玉萍
责任印制:刘海龙

出版发行:清华大学出版社
    网 址:http://www.tup.com.cn,http://www.wqbook.com
    地 址:北京清华大学学研大厦 A 座   邮 编:100084
    社 总 机:010-62770175   邮 购:010-62786544
    投稿与读者服务:010-62776969,c-service@tup.tsinghua.edu.cn
    质 量 反 馈:010-62772015,zhiliang@tup.tsinghua.edu.cn
    课 件 下 载:http://www.tup.com.cn,010-62791865
印 刷 者:清华大学印刷厂
装 订 者:三河市溧源装订厂
经 销:全国新华书店
开 本:185mm×260mm 印 张:24.5 字 数:592 千字
    (附光盘 1 张)
版 次:2014 年 7 月第 1 版   印 次:2014 年 7 月第 1 次印刷
印 数:1~3000
定 价:48.00 元

产品编号:047845-01

前　言

伴随计算机的迅速普及和网络"触角"的迅速延伸，信息时代到来了！

信息时代的到来给各行各业提供了大量的发展机会。其中，动画制作技术作为一门应用前景十分广阔、综合性较强的计算机应用技术，也迎来了前所未有的发展机遇，并正在多个领域发挥着重要的作用。为了帮助读者掌握动画制作技术，快速提高办公效率和增强应用能力，在清华大学出版社老师们的帮助下，我们编写了本书。

1．关于 Flash

Flash 是由美国 Macromedia 公司(现已被 Adobe 公司收购)开发的一种创作工具。使用该工具可以先创建一些简单的动画，然后通过添加图片、声音、视频和特殊效果，构建出客户需要的包含丰富媒体的 Flash 应用程序。目前，Flash 动画制作已被广泛应用于娱乐短片、片头、广告、MTV 制作、导航条、小游戏、产品展示、应用程序开发界面、网络设计等各个领域。

2．本书阅读指南

本书由浅入深、系统全面地介绍了动画与课件制作软件——Flash CS6 的具体使用方法和操作技巧。全书共分 12 章，各章内容分别如下。

第 1 章主要介绍 Flash CS6 的基础知识，包括 Flash 动画概述、Flash CS6 基本操作、Flash 动画制作入门等内容。

第 2 章主要介绍如何绘制树林间的小松鼠，包括要点分析、绘制树木和松鼠、使用传统补间动画让松鼠在树林中活动等内容。

第 3 章主要介绍如何绘制向日葵花海，包括要点分析、绘制单株向日葵、设计向日葵海、添加文本等内容。

第 4 章主要介绍如何制作服装广告，包括要点分析、制作服装广告、对广告中的文本应用滤镜效果、优化 Flash 作品、发布服装广告等内容。

第 5 章主要介绍如何绘制飞翔的天鹅，包括要点分析、绘制飞翔的天鹅、导出 Flash 作品等内容。

第 6 章主要介绍如何绘制滑板少年，包括要点分析、绘制人物、绘制滑板、让人和滑板一起滑动起来等内容。

第 7 章主要介绍如何绘制行驶的火车，包括要点分析、创建火车头元件、绘制火车厢、制作火车车轨、让火车行驶起来等内容。

第 8 章主要介绍如何制作按钮，包括要点分析、设计按钮元件、使用元件制作闪烁的星星等内容。

第 9 章主要介绍如何制作下雪中的风景图片，包括要点分析、ActionScript 语句应用概述、处理对象、制作下雪效果动画等内容。

第 10 章主要介绍如何制作教学课件，包括要点分析、制作语文课件——咏柳朗诵、制作数学课件——偶数与奇数、制作英语课件——看图连单词等内容。

第 11 章主要介绍如何制作 MTV，包括要点分析、编辑预载动画场景、编辑歌曲场景、编辑结束场景等内容。

第 12 章主要介绍如何制作迷你网站，包括要点分析、制作网站背景动画、制作网站导航栏、制作网站首页、制作网站内页等内容。

3．本书特色与优点

本书是一线师生和专业从事动画与课件制作的人员编写的教材，从学习者的角度来看，本书有以下几个特点。

(1) 立体教学，全面指导。本书采用"要点分析+实例操作+提高指导+习题测试"的四维立体教学方式，全方位陪学陪练。书中使用醒目的标注对重点、要点内容进行提示，可帮助读者明确学习重点，省时贴心。

(2) 典型实用，即学即会。本书以实例为线索，利用实例将多媒体演示制作的技术串联起来，进行讲解。书中选用的案例都非常典型、实用，读者完全可以将这些共性的制作思路和方法直接移植到自己的实际工作中。

(3) 配有光盘，保障教学。本书配有光盘，其中提供了电子教案，便于老师教学使用；并提供了实例素材和效果文件，便于学生上机调试。

4．本书读者定位

本书既可作为大中专院校的教材，也可作为各类培训班的培训教程。此外，本书也非常适合使用 Flash 进行动画制作的办公人员、广大专业动画设计人员以及自学人员参考阅读。

本书由科教工作室组织编写，全书框架结构由刘菁拟定。陈杰英、陈瑞瑞、崔浩、费容容、高尚兵、韩春、何璐、黄璞、黄纬、刘兴、钱建军、孙美玲、谭彩燕、王红、杨柳、杨章静、俞娟、张蓉、张芸露、朱俊等同志(按姓名拼音顺序)参与了本书的创作和编排等事务。

由于编者水平有限，书中难免存在不当之处，恳请广大读者批评指正。任何批评和建议请发至 kejiaostudio@126.com。

编　者

目　　录

第 1 章　Flash CS6 的基础知识 1

1.1　Flash 动画概述 2
　　1.1.1　Flash 动画的应用领域 2
　　1.1.2　Flash 动画创作流程 3
1.2　Flash CS6 的基本操作 4
　　1.2.1　安装 Flash CS6 4
　　1.2.2　启动 Flash CS6 5
　　1.2.3　了解 Flash CS6 的工作界面 ...7
　　1.2.4　关闭 Flash CS6 工作
　　　　　 界面中的面板 11
　　1.2.5　新建文档 12
　　1.2.6　打开文档 13
　　1.2.7　保存文档 14
　　1.2.8　关闭文档 15
　　1.2.9　设置文档属性 16
　　1.2.10　缩放和平移舞台 18
　　1.2.11　使用网格、标尺与辅助线 ...19
1.3　Flash 动画制作入门 22
　　1.3.1　绘制图形 22
　　1.3.2　认识元件 26
　　1.3.3　认识帧 28
　　1.3.4　认识图层 31
1.4　提高指导 32
　　1.4.1　自定义工作界面 32
　　1.4.2　恢复工作界面的原始状态 ...35
　　1.4.3　调整舞台工作区的比例 35
　　1.4.4　让各面板成为独立窗口 ...36
1.5　习题 37

**第 2 章　经典实例：绘制树林间的
　　　　　 小松鼠** 39

2.1　要点分析 40

2.2　绘制树木和松鼠 40
　　2.2.1　使用线条工具绘制树干 40
　　2.2.2　使用铅笔工具绘制枝叶 42
　　2.2.3　给枝叶填充颜色 43
　　2.2.4　使用钢笔工具绘制小松鼠 ...44
　　2.2.5　组合树木成林 46
　　2.2.6　设置树林背景 47
　　2.2.7　给树林添加草和花 50
　　2.2.8　让松鼠在树林中活动 53
2.3　提高指导 55
　　2.3.1　删除图形上的锚点 55
　　2.3.2　巧用刷子工具 55
　　2.3.3　使用墨水瓶工具改变图层
　　　　　 颜色 58
　　2.3.4　使用滴管工具更换图形
　　　　　 边框颜色 60
2.4　习题 62

第 3 章　经典实例：绘制向日葵花海 ...63

3.1　要点分析 64

3.2　绘制单株向日葵 64
　　3.2.1　使用"变形"面板绘制
　　　　　 向日葵花瓣 64
　　3.2.2　使用"颜色"面板绘制
　　　　　 向日葵花盘 67
　　3.2.3　使用图形工具制作
　　　　　 向日葵的茎和叶 69
3.3　设计向日葵花海 71
　　3.3.1　设置向日葵花海的背景
　　　　　 颜色 71
　　3.3.2　通过变形制作向日葵花海 ...72
　　3.3.3　绘制天空中的云朵 73

3.3.4 使用补间动画使云飘动...........74

3.4 添加文本.......................................75

   3.4.1 添加描述向日葵的语句...........75

   3.4.2 美化文本................................76

   3.4.3 对齐多个文本........................77

3.5 提高指导.......................................78

   3.5.1 使用橡皮擦工具擦除

      作品中的多余线条...........78

   3.5.2 平滑或伸直线条....................79

   3.5.3 分离文本成图形....................80

   3.5.4 调整图层类型........................81

3.6 习题..82

第 4 章 经典实例：制作服装广告............85

4.1 要点分析.......................................86

4.2 制作服装广告................................86

   4.2.1 导入服装图片........................86

   4.2.2 编辑服装图片........................87

   4.2.3 设计广告文本........................90

4.3 对广告中的文本应用滤镜效果.........94

   4.3.1 滤镜的类型............................94

   4.3.2 为标题文本应用滤镜效果.........98

4.4 优化 Flash 作品 104

4.5 发布服装广告..............................105

   4.5.1 测试 Flash 作品....................105

   4.5.2 发布 Flash 作品....................107

4.6 提高指导.....................................109

   4.6.1 导入外部视频......................109

   4.6.2 将位图转换为矢量图............112

   4.6.3 复制滤镜效果......................112

4.7 习题..113

第 5 章 经典实例：绘制飞翔的天鹅......115

5.1 要点分析.....................................116

5.2 绘制飞翔的天鹅...........................116

   5.2.1 掌握帧的基本操作................116

5.2.2 绘制天鹅........................119

5.2.3 使用逐帧动画让天鹅

      "飞"起来..............121

5.2.4 查看天鹅飞翔的效果..........124

5.3 导出 Flash 作品............................125

   5.3.1 导出 SWF 动画影片.............125

   5.3.2 导出 GIF 动画图像.............125

   5.3.3 导出所选内容......................126

5.4 提高指导.....................................127

   5.4.1 巧用翻转帧改变物体

      运动方向..................127

   5.4.2 修改 Flash 文档属性 130

   5.4.3 调整图层顺序......................131

   5.4.4 巧用图形填充效果................134

5.5 习题..137

第 6 章 经典实例：绘制滑板少年............139

6.1 要点分析.....................................140

6.2 绘制人物......................................140

   6.2.1 绘制人物头部......................140

   6.2.2 绘制人物身体......................144

   6.2.3 绘制人物四肢......................146

   6.2.4 绘制人体动势线和三轴线.....148

6.3 绘制滑板......................................149

6.4 让人和滑板一起滑动起来...............151

6.5 提高指导.....................................153

   6.5.1 巧用历史记录......................153

   6.5.2 使用反向运动处理人物

      行动..........................157

   6.5.3 创建文本到图形的转换

      动画..........................163

6.6 习题..166

第 7 章 经典实例：绘制行驶的火车......169

7.1 要点分析.....................................170

7.2 创建火车头元件............................170

7.3　绘制火车车厢 178
7.3.1　绘制火车车厢 178
7.3.2　设置火车车厢渐隐渐显 179
7.4　制作火车车轨 180
7.5　让火车行驶起来 183
7.6　提高指导 186
7.6.1　通过临摹快速得到位图图形 186
7.6.2　使用遮罩动画制作旋转的地球 188
7.6.3　制作沿路径运动的动画 195
7.7　习题 199

第8章　经典实例：制作按钮 201
8.1　要点分析 202
8.2　设计按钮元件 202
8.2.1　直接创建按钮元件 202
8.2.2　使用库中的元件 206
8.2.3　编辑元件 209
8.2.4　使用文件夹管理元件 211
8.2.5　排序元件 213
8.2.6　修改元件属性 214
8.2.7　删除元件 215
8.3　使用元件制作闪烁的星星 216
8.4　提高指导 224
8.4.1　将元件批量移至文件夹中 224
8.4.2　复制元件 225
8.4.3　调整元件实例属性 226
8.5　习题 230

第9章　经典实例：制作下雪中的风景图片 233
9.1　要点分析 234
9.2　ActionScript 语句应用概述 234
9.2.1　了解 ActionScript 的语法规则 234

9.2.2　在时间轴上输入代码 236
9.2.3　创建单独的 ActionScript 文件 243
9.2.4　了解 ActionScript 常用语句 243
9.3　处理对象 249
9.3.1　设置对象属性 249
9.3.2　指定对象的动作 253
9.3.3　事件 253
9.4　制作下雪效果动画 254
9.5　提高指导 264
9.5.1　应用动画预设效果 264
9.5.2　取消文本四周的虚线方框 266
9.6　习题 267

第10章　经典实例：制作教学课件 269
10.1　要点分析 270
10.2　制作语文课件——咏柳朗诵 270
10.2.1　绘制舞台外边框 270
10.2.2　导入古诗背景图片 271
10.2.3　编辑古诗 272
10.2.4　添加古诗朗诵声音 274
10.3　制作数学课件——偶数与奇数 278
10.3.1　制作偶数与奇数基础知识动画部分 278
10.3.2　制作偶数与奇数性质部分 281
10.3.3　制作偶数与奇数练习题部分 283
10.4　制作英语课件——看图连单词 292
10.4.1　创建需要的水果图片元件 292
10.4.2　创建需要的单词元件 293
10.4.3　创建反馈和功能元件 295
10.4.4　布局看图连单词课件 296

10.5 提高指导......................................301

   10.5.1 解决 Flash 无法导入

      声音问题......................301

   10.5.2 自定义函数....................302

   10.5.3 制作多对多连线题型课件....303

10.6 习题..308

第 11 章 经典实例：制作 MTV 311

11.1 要点分析......................................312

11.2 制作生日 MTV.............................313

   11.2.1 编辑预载动画场景.............313

   11.2.2 编辑歌曲场景....................316

   11.2.3 编辑结束场景....................334

11.3 提高指导......................................337

   11.3.1 创建带有光晕的闪动

      火焰..............................337

   11.3.2 制作特殊效果文字.............341

11.3.3 在含有歌曲的帧中添加

      歌词......................................344

11.4 习题..345

第 12 章 经典实例：制作迷你网站.......347

12.1 要点分析......................................348

12.2 制作迷你网站..............................348

   12.2.1 制作网站背景动画..............348

   12.2.2 制作网站导航栏..................353

   12.2.3 制作网站首页.....................359

   12.2.4 制作网站内页.....................363

12.3 提高指导......................................368

   12.3.1 解决内页的内容不显示

      问题..............................368

   12.3.2 制作中间含有动画效果

      的动态背景..................368

   12.3.3 添加组件............................374

12.4 习题..382

第 1 章

Flash CS6 的基础知识

Flash CS6 是由 Adobe 公司推出的全新经典动画制作软件，它在 Flash CS5 的基础上大幅升级了代码管理、3D 转换、视频集成等功能。在现阶段，Flash 主要应用于娱乐短片、片头、广告、MTV、导航条、小游戏、产品展示、应用程序开发的界面、开发网络应用程序等方面，下面先来了解一下 Flash 的基础知识吧。

本章主要内容

- Flash 动画概述
- 安装并启动 Flash CS6
- 熟悉 Flash CS6 的工作界面
- 关闭 Flash CS6 工作界面中的面板
- Flash CS6 的基本操作
- Flash 动画制作入门

1.1　Flash 动画概述

Flash 是一款集动画创作与应用程序开发于一体的创作软件，可以将音乐、声效、动画以及富有新意的界面融合在一起，实现多种动画特效。这些特效是由一帧帧的静态图片在短时间内连续播放而造成的视觉效果，表现为动态过程。

1.1.1　Flash 动画的应用领域

随着互联网技术的不断推广，人们对网络也越来越感兴趣。在现代社会中，人们在网络中几乎可以查找到任何所需要的资料。Flash 动画由于其便于传播的特性，在网络中被应用到多个领域。目前，Flash 主要应用在以下几方面。

1. 娱乐短片

这是当前国内最火爆，也是广大 Flash 爱好者最热衷应用的一个领域。Flash 爱好者用 Flash 制作动画短片，放置网上供大家娱乐欣赏。

2. 片头

都说人靠衣装，其实网站也一样。精美的片头动画，可以大大提升网站的含金量。片头就如电视的栏目片头一样，可以在很短时间内把自己的整体信息传播给访问者，既可以给访问者留下深刻的印象，同时也能在访问者心中建立良好的形象。

3. 广告

这是最近两年开始流行的一种形式。有了 Flash，广告在网络上发布才成为了可能，而且发展势头迅猛。根据调查资料显示，国外的很多企业都愿意采用 Flash 制作广告，因为它既可以在网络上发布，同时也可以存为视频格式在传统的电视台播放。一次制作，多平台发布，所以必将会越来越得到更多企业的青睐。

4. MTV

这也是一种应用比较广泛的形式。在一些 Flash 制作的网站，几乎每周都有新的 MTV 作品产生。在国内，用 Flash 制作 MTV 也开始有了商业应用。

5. 导航条

Flash 的按钮功能非常强大，是制作菜单的首选。通过鼠标的各种动作，可以实现动画、声音等多媒体效果，在美化网页和网站的工作中效果显著。

6. 游戏

利用 Flash 开发"迷你"小游戏，在国外一些大公司比较流行，他们把网络广告和网络游戏结合起来，让观众参与其中，大大增强了广告效果。

7. 产品展示

由于 Flash 有强大的交互功能，所以一些大公司，如 Dell、三星等，都喜欢利用它来展示产品。可以通过方向键选择产品，再控制观看产品的功能、外观等，互动的展示比传统的展示方式更胜一筹。

8．应用程序开发

传统的应用程序的界面都是静止的图片，由于任何支持 ActiveX 的程序设计系统都可以使用 Flash 动画，所以越来越多的应用程序界面应用了 Flash 动画，如金山词霸的安装界面。

1.1.2　Flash 动画创作流程

就像拍一部电影一样，创作一个优秀的 Flash 动画作品也要经过很多环节，每一个环节都关系到作品的最终质量。

1．前期策划

一个动画的好坏和前期的策划是分不开的，在制作动画前，应首先明确制作动画的目的、所要针对的顾客群和动画的风格、色调等。明确这些后，再根据顾客的要求制作一套完整的设计方案，对动画中出现的角色、背景、音乐以及动画剧情的设计等要素要作出具体的安排，以方便素材的搜集。

2．准备素材

做好前期策划后，便可以根据策划的内容绘制角色造型、背景以及要使用的道具。当然，也可以从网上搜集动画中要用到的素材，比如声音素材、图像素材和视频素材等。

3．制作动画

一切准备就绪就可以开始制作动画了。这主要包括角色的造型添加动作、角色与背景的合成、声音与动画的同步。这一步最能体现出制作者的水平，要想制作出优秀的 Flash作品，不但要熟练掌握软件的功能，还需要掌握一定的美术知识以及运动规律。

4．后期调试

后期调试包括调试动画和测试动画两方面。调试动画主要是对动画的各个细节，例如动画片段的衔接、场景的切换、声音与动画的协调等进行调整，使整个动画显得流畅、和谐。在动画制作初步完成后便可以调试动画以保证作品的质量。测试动画是对动画的最终播放效果、网上播放效果进行检测，以保证动画能完美地展现在欣赏者面前。

5．测试动画

动画制作完毕并调试好后，接下来应该对动画的播放和下载等进行测试。因为每个用户的电脑软硬件配置都不尽相同，所以在测试时应尽量在不同配置的电脑上测试动画，再根据测试后的结果对动画进行调整和修改，使其在不同配置的电脑上均有很好的播放效果。

6．发布作品

动画制作好并调试无误后，便可以将其导出或发布为.swf 格式的影片，并传到网上供人们欣赏以及下载。

1.2　Flash CS6 的基本操作

Adobe Flash CS6 是创建动画和多媒体内容的强大的创作平台。Adobe Flash CS6 设计身临其境，而且在台式计算机和平板电脑、智能手机和电视等多种设备上都能呈现一致效果的互动体验。新版 Flash Professional CS6 附带了可生成 sprite 表单和访问专用设备的本地扩展，可以锁定最新的 Adobe Flash Player 和 AIR 运行时，从而可以针对 Android 和 iOS 设备平台进行设计。

1.2.1　安装 Flash CS6

Flash CS6 是一款专业的动画制作软件，在使用之前需要先安装，具体步骤如下。

步骤 1　将 Flash CS6 的安装光盘放入光驱后，会弹出"Adobe 安装程序"界面，如图 1-1 所示。

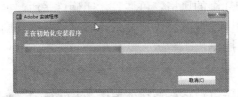

图 1-1　"Adobe 安装程序"界面

步骤 2　弹出 Adobe Flash Professional CS6 对话框，选择安装方式，这里单击"安装"选项，如图 1-2 所示。

步骤 3　进入"Adobe 软件许可协议"界面，单击"接受"按钮，如图 1-3 所示。

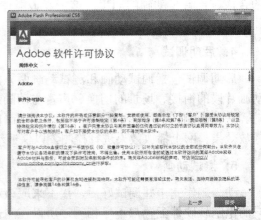

图 1-2　Adobe Flash Professional CS6 对话框　　　图 1-3　Adobe 软件许可协议

步骤 4　进入"序列号"界面，输入产品序列号，再单击"下一步"按钮，如图 1-4 所示。

步骤 5　进入"选项"界面，选择要安装的组件，然后在"语言"下拉列表中选择"简体中文"选项，接着设置程序安装位置，再单击"安装"按钮，如图 1-5 所示。

图 1-4　输入产品序列号

图 1-5　设置安装选项

步骤 6　开始安装 Flash CS6 程序，并弹出"安装"界面，显示程序安装的整体进度，如图 1-6 所示。

步骤 7　Flash CS6 安装完成后，将弹出"安装完成"界面，单击"关闭"按钮即可，如图 1-7 所示。

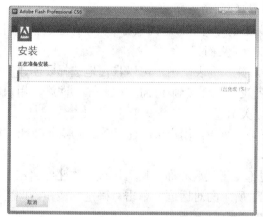

图 1-6　正在准备安装

图 1-7　安装完成

1.2.2　启动 Flash CS6

在 Windows 7 操作系统中启动 Flash CS6 的方法如下。

步骤 1　选择"开始"|Adobe|Adobe Flash Professional CS6 命令，如图 1-8 所示。

步骤 2　启动 Adobe Flash Professional CS6 程序，并弹出如图 1-9 所示的欢迎界面。

技　巧

除了上述方法外，用户还可以使用下述两种方法启动该程序。

● 在计算机桌面上双击 Flash CS6 快捷方式图标。

● 如果在计算机中有 Flash 文档，可以双击 Flash 文档，在打开文档的同时启动 Flash CS6 程序。

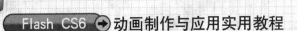

图 1-8　选择 Adobe Flash Professional CS6 命令　　　图 1-9　Flash CS6 的欢迎界面

步骤 3　Flash CS6 欢迎界面的左侧是"从模板创建"列表,该列表为用户提供了不同文档类型的模板,用户可以直接从这里调用模板创建新的 Flash 文档。单击"更多"选项后,将弹出"从模板新建"对话框,用户可以选择相应的模板创建文档,如图 1-10 所示。当用户选择了合适的模板之后,单击"确定"按钮即可应用该模板。

步骤 4　左侧除了"从模板创建"列表外,还有"打开最近的项目"列表,通过单击列表中的文件选项,可以快速打开曾经操作过的 Flash 文档。

步骤 5　在 Flash CS6 欢迎界面中间是"新建"列表,用户可以自由地选择要创建的文件类型。在其下方是"扩展"列表,通过该列表可以链接到 Flash Exchange 网站,用户可在网站中下载帮助应用程序、扩展以及其他相关信息。

步骤 6　Flash CS6 欢迎界面的右侧是"学习"列表,用户可以选择需要了解的 Flash CS6 的相关知识。

步骤 7　如果用户不希望每次打开软件时都出现欢迎界面,则可以选中欢迎界面左下角的"不再显示"复选框,这时会弹出如图 1-11 所示的对话框,单击"确定"按钮,即可在下次启动 Flash CS6 时直接打开一个默认的 Flash 空白文档。

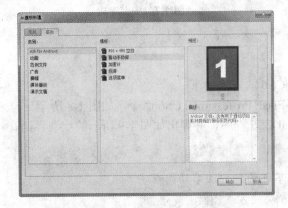

图 1-10　"从模板新建"对话框　　　　　　图 1-11　Adobe Flash CS6 对话框

1.2.3　了解 Flash CS6 的工作界面

进入 Flash CS6 工作界面后，如图 1-12 所示。

图 1-12　Flash CS6 的默认工作界面

1．菜单栏

菜单栏是应用程序窗口的重要组成部分之一，在 Flash CS6 窗口中，菜单栏包含文件、编辑、视图、插入、修改、文本、命令、控制、调试、窗口和帮助共 11 个菜单，每个菜单都带有一组命令，通过选择这些命令，可以满足用户的不同操作需要。例如，选择"文件"菜单，然后从弹出的下拉菜单中选择"导入"命令，将弹出如图 1-13 所示的子菜单。

2．场景

场景是进行动画编辑的主要区域，由舞台(白色区域)和工作区(灰色区域)组成，如图 1-14 所示。舞台是创建 Flash 文档时放置图形内容的矩形区域；工作区通常用于设置对象进入和退出舞台时的位置。工作区中无论放置了多少内容，除非在某时刻进入舞台，否则都不会在最终的影片中显示出来，最终的影片中只显示舞台中放置的内容。无论是绘制图形还是创建动画，都是在场景中进行操作。

图 1-13　选择"导入"命令

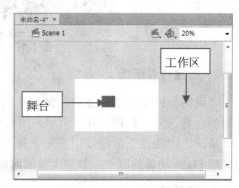

图 1-14　场景

3．"时间轴"面板

"时间轴"面板主要用于组织和控制图层及帧，所有的动画效果都在这里进行设置，它是 Flash 中最重要的部分，位于场景的下方，包含图层管理器和时间线两部分，如图 1-15 所示。

时间轴的左侧是图层管理器。图层是各种类型的动画及层级结构存放的空间。如果要制作包括多种物资、声音的影片，就应该分别建立放置这些内容的图层。当图层的数目过多以至于无法全部显示时，可以通过拖动时间轴右侧的滚动条来调整，如图 1-16 所示。

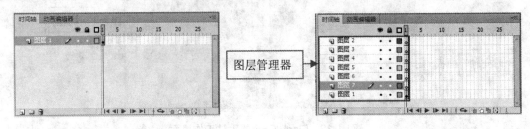

图 1-15　"时间轴"面板　　　　图层管理器　　　　图 1-16　图层管理器

时间轴的右侧是时间线，其中的一个小方格就代表电影中的一帧。

> **提示**
>
> 单击"时间轴"面板右上角的菜单项图标，从弹出的下拉列表中可以设置时间轴的样式，如图 1-17 所示。

图 1-17　设置时间轴的样式

4．"属性"面板

"属性"面板位于舞台的右侧，其内容不是固定的，它会随着选择对象的不同而显示相应的设置选项，如图 1-18 所示。所有对象的各种属性都可以通过"属性"面板进行编辑、修改。"属性"面板使用起来非常方便。灵活使用"属性"面板，可以帮助用户更好地完成 Flash 动画的制作，节省大量的时间。

5．工具箱

在 Flash CS6 中，工具箱位于工作界面的右侧，其中包含编辑图形和文本的各种工具，如图 1-19 所示。利用这些工具，用户可以方便地进行绘图、修改、移动、缩放及编排文本等操作。

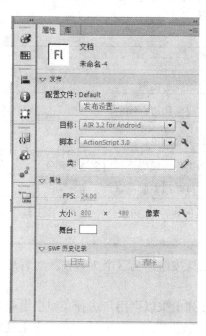

图 1-18　"属性"面板

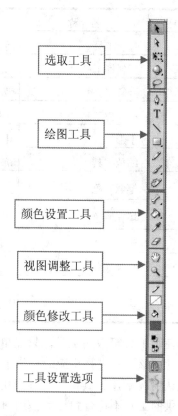

图 1-19　工具箱

Flash 工具箱中各按钮的名称及其功能如表 1-1 所示。

表 1-1　工具箱中的按钮及其功能

按　钮	名　称	功　能
	选择工具	选择和移动对象，调整对象的大小和形状
	部分选取工具	移动对象，调整对象的形状
	任意变形工具	旋转和缩放对象，调整对象形状
	3D 旋转工具	在 3D 空间旋转对象
	套索工具	选取任意形状的内容
	钢笔工具	绘制直线和曲线
T	文本工具	输入和编辑文本
	线条工具	绘制任意方向和长短的直线
	矩形工具	绘制矩形
	铅笔工具	绘制任意形状的线条
	刷子工具	绘制任意形状的矢量色块
	Deco 工具	创建万花筒效果

续表

按　钮	名　称	功　能
	骨骼工具	创建链型效果，扭曲单个对象
	颜料桶工具	更改矢量色块的颜色
	滴管工具	吸取对象的色彩
	橡皮擦工具	擦除舞台中的对象
	手形工具	移动舞台
	缩放工具	放大或缩小舞台的显示比例
	笔触颜色	设置当前工具的线条和边框颜色
	填充颜色	设置当前对象的填充颜色
	黑白	设置当前对象为黑色边线颜色和白色填充颜色
	交换颜色	交换图形边线颜色和填充颜色
	工具设置选项	调整被选中工具的属性选项(表格中为"选择工具"对应的选项设置)

要使用工具箱中的工具，只需单击相应的工具按钮，当这个工具被激活后，就可以在舞台上使用该工具进行相应的操作了。

默认情况下，工具箱中全部可用的工具都被列出来以供用户选择。如果用户觉得工具箱中提供的工具不符合自己的使用习惯，还可以通过 Flash CS6 的"自定义工具面板"命令，打造个性化的工具箱。

自定义工具箱的具体操作步骤如下。

步骤 1　在 Flash CS6 窗口中，选择"编辑"|"自定义工具面板"命令，如图 1-20所示。

步骤 2　弹出"自定义工具面板"对话框，在"可用工具"列表框中列出了工具箱中的各种可用工具，在"当前选择"列表框中显示了当前选择的工具，如图 1-21 所示。

图 1-20　选择"自定义工具面板"命令

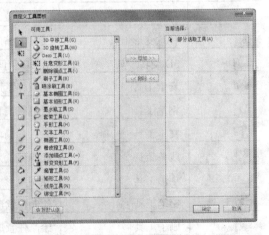

图 1-21　"自定义工具面板"对话框

步骤 3 在左侧的列表中单击要添加的工具，如"3D 平移工具"，然后单击"增加"按钮，即可发现"3D 平移工具"被添加到"当前选择"列表框中了。接着在"可用工具"列表框中选择"橡皮擦工具"选项，再单击"增加"按钮，如图 1-22 所示。

步骤 4 此时，会发现在"当前选择"列表框中又增加了"橡皮擦工具"，表明已经将"橡皮擦工具"添加到"选择工具"组中。重复步骤 3 的操作，可以继续向"选择工具"组中添加其他工具。添加完成后，单击"确定"按钮即可，如图 1-23 所示。

步骤 5 返回到 Flash CS6 窗口，在工具箱中单击"选择工具"图标，即可在展开的列表中看到新添加的"3D 平移工具"和"橡皮擦工具"图标了。

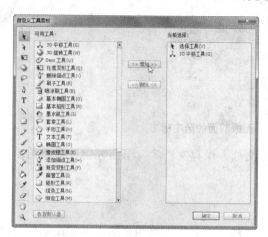

图 1-22 单击"增加"按钮

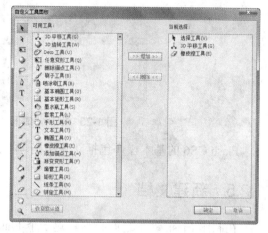

图 1-23 "橡皮擦工具"添加到"选择工具"组中

提 示

用户若要删除一些不常用的工具，可以先在"自定义工具面板"对话框的"可用工具"列表框中选择工具所在的组，接着在"当前选择"列表框中选择要删除的工具选项，再依次单击"删除"和"确定"按钮即可。

1.2.4 关闭 Flash CS6 工作界面中的面板

要想关闭 Flash CS6 工作界面中的面板，可以右击想要关闭的面板，在弹出的快捷菜单中选择"关闭"命令，如图 1-24 所示。

图 1-24 选择"关闭"命令

还可以在 Flash CS6 窗口中，选择"窗口"菜单，在弹出的下拉菜单中选择想要关闭的面板名称即可，例如选择"时间轴"命令，命令前面的对号消失，即可关闭"时间轴"面板了，如图 1-25 所示。

图 1-25 取消"时间轴"面板前面的选中标志

Flash CS6 的基本操作包括新建文档、打开文档、保存文档等，下面分别进行介绍。

1.2.5 新建文档

在制作 Flash 动画之前必须新建一个 Flash 文档。并且，根据用户的需求，在制作动画时还可以同时新建多个文档，可以在不同的文档中设置动画元件。新建文档的具体操作步骤如下。

步骤 1 打开 Flash CS6 程序窗口，在菜单栏中选择"文件"|"新建"命令(或者按 Ctrl+N 组合键)，如图 1-26 所示。

步骤 2 弹出"新建文档"对话框，切换到"常规"选项卡，在"类型"列表框中选择要创建的文档类型，再单击"确定"按钮，如图 1-27 所示。

图 1-26 选择"新建"命令

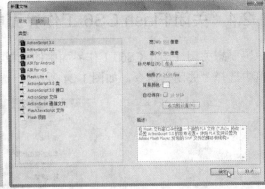

图 1-27 "新建文档"对话框

提示

在"新建文档"对话框中,各种文件类型的含义分别如下。

- ActionScript 3.0:脚本或是播放引擎为 3.0 的 Flash 文件。
- ActionScript 2.0:脚本或是播放引擎为 2.0 的 Flash 文件。
- AIR:将各种网络技术结合在一起开发出的桌面版网络程序。
- AIR for Android:使用 AIR for Android 文档为 Android 设备创建应用程序。
- AIR for iOS:使用 AIR for iOS 文档为 Apple iOS 设备创建应用程序。
- Flash Lite 4:为 Flash Lite 开发创建新的 FLA 文件(*.fla)。发布设置将会设定为用于 Flash Lite 4.0。
- ActionScript 3.0 类:创建新的 AS 文件(*.as)来定义 ActionScript 3.0 类。
- ActionScript 3.0 接口:创建新的 AS 文件(*.as)来定义 ActionScript 3.0 接口。
- ActionScript 文件:专门的脚本文件。
- ActionScript 通信文件:适用于服务器端的脚本文件。
- Flash JavaScript 文件:可以和 Flash 社区通信的 JavaScript。
- Flash 项目:以上所有功能的综合。

技巧

在"新建文档"对话框中切换到"模板"选项卡,"新建文档"对话框将自动转换为"从模板新建"对话框,用户可以选择模板创建 Flash 文档,如图 1-28 所示。

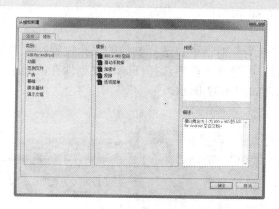

图 1-28 选择模板创建 Flash 文档

1.2.6 打开文档

如果要编辑或者查看计算机中已经存在的 Flash 文档,可以通过以下步骤打开 Flash 文档,具体操作步骤如下。

步骤 1 在 Flash CS6 窗口中,选择菜单栏中的"文件"|"打开"命令,如图 1-29 所示。

步骤 2 弹出"打开"对话框,如图 1-30 所示,选择要打开的 Flash 文档所在的位置;在"文件名"文本框中输入要打开的文档文件名,或者直接在列表中选择要打开的文件图标;最后单击"打开"按钮(也可以直接双击要打开的文件图标)即可打开该 Flash 文档。

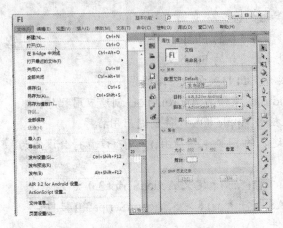
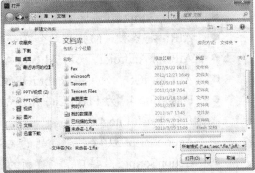

图1-29 选择"打开"命令　　　　　　　　　图1-30 "打开"对话框

技 巧

在 Flash 窗口中按 Ctrl+O 组合键也可以打开"打开"对话框。

1.2.7 保存文档

当 Flash 文档编辑好后,需要将其保存起来,具体操作步骤如下。

步骤 1 在 Flash CS6 窗口中,选择菜单栏中的"文件"|"保存"命令,如图 1-31 所示。

步骤 2 弹出"另存为"对话框,选择文件的保存位置,在"文件名"文本框中输入文件名,在"保存类型"下拉列表框中选择 Flash 文档保存的类型,最后单击"保存"按钮即可保存 Flash 文档,如图 1-32 所示。

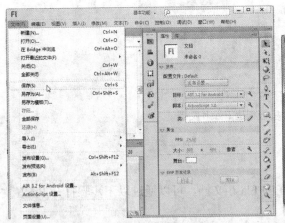
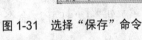

图1-31 选择"保存"命令　　　　　　　　　图1-32 "另存为"对话框

技 巧

当已经保存过文档后,再次选择"文件"|"保存"命令(或者按 Ctrl+S 组合键)时,即可直接保存文档而不会弹出"另存为"对话框。

提示

在"文件"菜单中，除了"保存"命令外，还有以下 3 种与保存相关的命令。

- 选择"另存为"命令，可以打开"另存为"对话框，选择保存路径。
- 选择"另存为模板"命令，可以打开"另存为模板"对话框，如图 1-33 所示。设置文档名称、类别、描述后，单击"保存"按钮可将该文档保存为模板。
- 当同时打开多个 Flash 文档时，选择"全部保存"命令，可以打开"另存为"对话框，同时保存多个 Flash 文档。

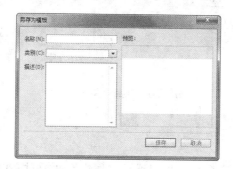

图 1-33　"另存为模板"对话框

1.2.8　关闭文档

在 Flash CS6 程序中要关闭某个打开的 Flash 文档，而不退出 Flash CS6 程序，需要先激活该文档，然后按 Ctrl+W 组合键即可将该文档关闭；或者在文档标签上，直接单击"关闭"按钮关闭该文档，如图 1-34 所示。

若要同时关闭所有打开的 Flash 文档，并退出 Flash CS6 程序，可以通过下面几种方法来实现。

- 在菜单栏中选择"文件"|"退出"命令，如图 1-35 所示，即可关闭所有打开的 Flash 文档。

图 1-34　单击"关闭"按钮

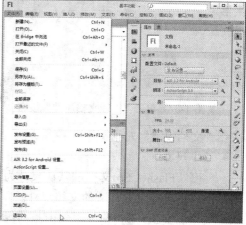

图 1-35　选择"退出"命令

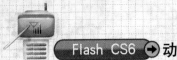

- 单击窗口右上角的"关闭"按钮 ，即可关闭所有打开的 Flash CS6 文档。
- 在 Flash CS6 窗口中单击程序标志图标 ，从弹出的下拉菜单中选择"关闭"命令(或者按 Alt+F4 组合键)，即可关闭 Flash CS6 所有打开的文档，如图 1-36 所示。

图 1-36 选择"关闭"命令

1.2.9 设置文档属性

在打开或新建 Flash 文档后，可以通过"属性"面板对文档的大小、帧频或背景颜色等属性进行修改，使文档符合制作的要求。比如，在"属性"面板的"属性"选项组中单击"编辑文档属性"图标，如图 1-37 所示。

打开"文档设置"对话框，可以对动画的尺寸、匹配、背景颜色、帧频和标尺单位等参数进行设置，如图 1-38 所示。

图 1-37 单击"编辑文档属性"按钮

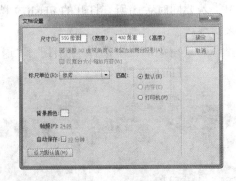

图 1-38 "文档设置"对话框

在"文档设置"对话框中，各参数的含义分别如下。

- "尺寸"：设置文档的尺寸。在两个文本框中，可以分别输入文档的宽度和高度。Flash CS6 文档的默认尺寸为 550 像素×400 像素。用户可以根据需要的动画效果自行设置合适的文档尺寸。
- "调整 3D 透视角度以保留当前舞台投影"：选中该复选框，可以在 Flash CS6 中调整 3D 透视角度以保留当前舞台投影；取消选中该复选框，则不可编辑动画的

3D 透视角度。

- "匹配"：如果用户选中"打印机"单选按钮，会使文档的尺寸与打印机的打印范围完全吻合；选中"内容"单选按钮，则会使文档内的对象大小与屏幕大小完全吻合；默认选中"默认"单选按钮，表示显示对象的实际大小。
- "背景颜色"：设置文档的背景颜色，单击该按钮可以打开调色板，如图 1-39 所示。用户可以选择适当的颜色作为文档的背景色。若单击调色板右上角的 ⬤ 图标，可以打开"颜色"对话框，自定义需要的颜色，如图 1-40 所示。

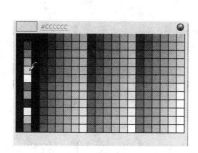

图 1-39　调色板

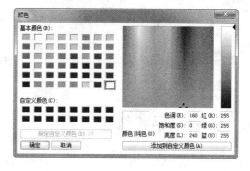

图 1-40　"颜色"对话框

- "帧频"：设置文档的播放速度，即每秒钟要显示的帧数目。用户可以根据需要设置帧频值。一般情况下，电视和计算机的动画播放帧频为 24fps，互联网播放动画的帧频为 12fps。
- "标尺单位"：设置标尺的单位。单击右侧的下拉按钮，从弹出的列表中可以选择可用的标尺单位，其中包括英寸、英寸(十进制)、点、厘米、毫米和像素共 6 个标尺单位选项，如图 1-41 所示。
- "设为默认值"：单击该按钮，可以将当前设置保存为默认值。

图 1-41　标尺单位

所有的设置完成之后，单击"确定"按钮即可完成文档属性的设置，并应用到当前动画中。

> **技 巧**
>
> 在文档打开的情况下，在菜单栏中选择"修改"|"文档"命令，同样可以打开"文档设置"对话框，如图 1-42 所示；右击舞台空白处，在弹出的快捷菜单中选择"文档属性"命令，如图 1-43 所示，也可以打开"文档设置"对话框。

图 1-42　选择"文档"命令　　　　图 1-43　选择"文档属性"命令

1.2.10　缩放和平移舞台

"舞台"是放置动画内容的区域，这些内容包括矢量插图、文本框、按钮、导入的位图或视频剪辑等。用户可以在"属性"面板中设置舞台的大小。默认状态下，舞台的宽为550 像素，高为 400 像素，如图 1-44 所示。

在工具箱中单击"手形工具"图标，然后在舞台上单击并拖曳鼠标可平移舞台，如图 1-45 所示。

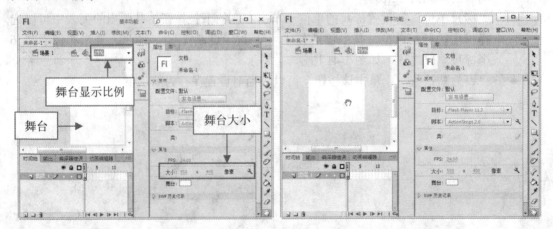

图 1-44　设置舞台的大小　　　　图 1-45　移动舞台

在工具箱中单击"缩放工具"图标，会显示出"放大"和"缩小"两个图标，如图 1-46 所示，单击它们可以在放大视图与缩小视图之间切换，相应地即可放大或缩小舞台的显示。

> **技　巧**
>
> 选择缩放工具后，按住键盘上的 Alt 键再单击舞台，可以快速缩小视图。

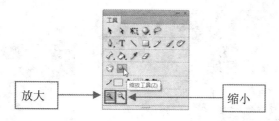

图 1-46　单击"缩放工具"图标

1.2.11　使用网格、标尺与辅助线

标尺是 Flash 提供的一种绘图参照工具，可以在场景左侧和上方显示，以帮助用户在绘图或者编辑影片的过程中对图形对象进行定位。辅助线通常与标尺配合使用，通过场景中的辅助线与标尺的对应，用户可以对图形对象进行更加精确的定位。网格是 Flash 提供的另一种绘图参照工具，与标尺不同的是，网格位于场景的舞台中。

1．网格

在菜单栏中选择"视图"|"网格"|"显示网格"命令(或者按 Ctrl+"'"组合键)，即可在场景中显示网格，如图 1-47 所示。在绘图或移动对象时，利用网格，便于对齐不同的对象。如果想要隐藏网格，只需再次选择菜单栏中的"视图"|"网格"|"显示网格"命令，取消该命令前面的"√"标记即可。

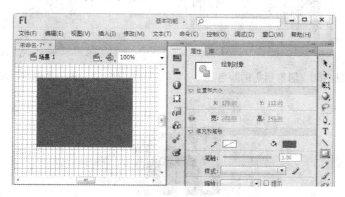

图 1-47　显示网格

如果用户觉得网格的排列过于稀疏或拥挤，可以重新编辑网格，调整网格的大小以及更改网格的颜色，具体操作步骤如下。

步骤 1　在菜单栏中选择"视图"|"网格"|"编辑网格"命令，如图 1-48 所示。

步骤 2　弹出"网格"对话框，单击"颜色"右侧的颜色块，如图 1-49 所示。

> **技 巧**
>
> 在显示网格的前提下，按 Ctrl+Alt+G 组合键，即可快速地打开"网格"对话框进行设置。

图 1-48　选择"编辑网格"命令　　　　　图 1-49　"网格"对话框

步骤 3　在弹出的调色板中单击想吸取的颜色，如图 1-50 所示。

步骤 4　返回到"网格"对话框后，选中"在对象上方显示"和"贴紧至网格"复选框，并在文本框中均输入"20 像素"，然后单击"确定"按钮，如图 1-51 所示。此时，得到的网格效果如图 1-52 所示。

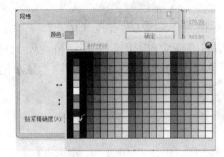

图 1-50　吸取所需的颜色　　　　　图 1-51　单击"确定"按钮

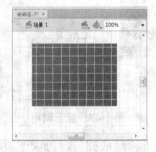

图 1-52　得到的网格效果

> **技 巧**
>
> 　　当显示标尺时，标尺将显示在文档的左沿和上沿。按 Shift+Ctrl+Alt+R 组合键，可以快速地显示或隐藏标尺。

2. 标尺

标尺可以帮助用户测量和组织动画的布局。一般情况下，标尺的单位为像素。显示和隐藏标尺的具体操作步骤如下。

步骤 1　选择"视图"|"标尺"命令，如图 1-53 所示。使"标尺"命令前面显示选中标记"√"，即可在场景中显示标尺，如图 1-54 所示。

步骤 2　如果想要隐藏标尺，只要再次选择"视图"|"标尺"命令，取消"标尺"命令前面的"√"标记即可。

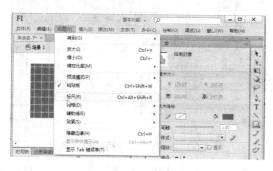

图 1-53　选择"标尺"命令

图 1-54　在场景中显示标尺

3. 辅助线

辅助线是用户从标尺拖到舞台上的直线，它可以帮助用户在创作动画时，使对象都对齐到舞台中某一竖线或横线上。设置辅助线的具体操作步骤如下。

步骤 1　接着上面的操作，单击舞台左侧的标尺，按住鼠标左键不放并向舞台右侧拖动，当拖动到想要显示辅助线的位置时释放鼠标左键，即可显示出一条绿色(默认)的纵向辅助线，如图 1-55 所示。

步骤 2　采用同样的方法，在舞台上方按住鼠标左键不放并向舞台的下方拖动，到达合适的位置后释放鼠标左键，即可拖出一条横向辅助线，如图 1-56 所示。

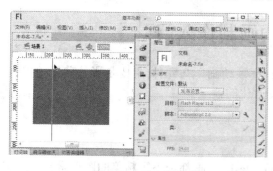

图 1-55　纵向辅助线

图 1-56　横向辅助线

步骤 3　对于不需要的辅助线，只要将鼠标指针移到该辅助线上，按下鼠标左键不放并向工作区内(舞台的外部)拖动，即可删除该辅助线。如图 1-57 所示为删除了纵向辅助线后的效果。

> **技 巧**
>
> 如果想一次性删除所有辅助线，可以在菜单栏中选择"视图"|"辅助线"|"清除辅助线"命令，如图 1-58 所示。

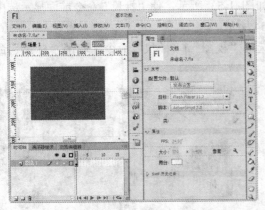

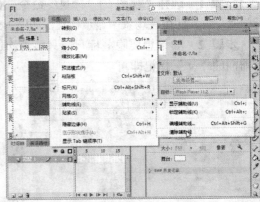

图 1-57　删除纵向辅助线后的效果　　　　　图 1-58　选择"清除辅助线"命令

步骤 4　在菜单栏中选择"视图"|"辅助线"|"编辑辅助线"命令，可以打开"辅助线"对话框，在此可以设置辅助线的颜色、是否显示辅助线以及辅助线的贴紧至网格精确度等相关属性，如图 1-59 所示。设置完成后，单击"确定"按钮即可。

图 1-59　"辅助线"对话框

1.3　Flash 动画制作入门

Flash 动画说到底就是"遮罩+补间动画+逐帧动画"与元件(主要是影片剪辑)的混合物，通过这些元素的不同组合，可以创建千变万化的效果。

1.3.1　绘制图形

绘制图形是制作动画的基础，每个精彩的 Flash 动画都少不了精美的图形素材。虽然用户可以通过导入图片进行加工来获取影片制作素材，但有些需要表现特殊效果和用途的图片，必须手工绘制。

Flash CS6 的工具箱为用户提供了丰富的绘图工具和色彩工具，如"选择工具"、"线条工具"、"矩形工具"、"颜料桶工具"和"手形工具"等。使用这些绘图工具，用户可以方便地选择、绘制、填充和修改图形。下面简单介绍几种绘图工具。

1. 线条工具

使用"线条工具" ＼ 可以方便地绘制出直线。用户只需单击工具箱中的"线条工具"图标，然后将鼠标指针移到舞台上，当指针变成"＋"后，按住鼠标左键不放并拖动，至合适的位置后再释放鼠标左键，就可以绘制出一条直线。

在"线条工具"的"属性"面板中，设置不同的参数，可以绘制出风格迥异的线条。单击"线条工具"图标后，其"属性"面板如图 1-60 所示。

在"线条工具"的"属性"面板中，各参数的具体含义分别如下。

- "笔触颜色" / ■：单击"笔触颜色"按钮，在弹出的调色板中可以为线条选择一种笔触颜色，如图 1-61 所示。

图 1-60　线条工具的"属性"面板

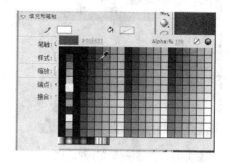

图 1-61　调色板

技 巧

用户也可以通过选择菜单栏中的"窗口"|"颜色"命令，打开"颜色"面板，在该面板中为线条设置笔触颜色，如图 1-62 所示。

- "填充颜色" ◇ □：单击该图标，在弹出的调色板中可以为线条选择一种填充颜色，其设置方法与"笔触颜色"一样。
- "笔触"：用于调节线条的粗细。用户可以通过拖动滑块，或者直接在后面的文本框中输入数值来修改笔触大小。
- "样式"：单击"样式"右侧的下拉按钮，在弹出的下拉列表中可以选择不同的线条样式。在 Flash CS6 中，共提供了 7 种线条样式，如图 1-63 所示。

图 1-62　"颜色"面板

图 1-63　线条样式

- "编辑笔触样式" /：单击该图标，可以打开"笔触样式"对话框，如图 1-64 所示。
- "缩放"：用于设置笔触的缩放效果。单击右侧的下拉按钮，在弹出的下拉列表中可以看到 4 个选项，如图 1-65 所示。
- "提示"：选中该复选框后，可以将笔触锚记点保持为全像素，防止出现模糊线。
- "端点"：用于设置直线路径终点的样式。单击右侧的下拉按钮，在弹出的下拉

列表中有 3 个选项："无"、"圆角"和"方形"，如图 1-66 所示。

- "接合"：用于设置两个路径片段的相接方式，有"尖角"、"圆角"和"斜角" 3 个选项，如图 1-67 所示。
- "尖角"：用于控制尖角接合的清晰度。

图 1-64 "笔触样式"对话框

图 1-65 缩放效果

图 1-66 端点

图 1-67 接合

另外，在工具箱中单击"线条工具"图标后，可以看到在选项设置工具中有如图 1-68 所示的两个选项。

其中，单击"对象绘制"图标，会切换到对象绘制模式，在其上绘制的线条是独立的对象，即使和之前绘制的线条重叠，也不会自动合并；单击"紧贴至对象"图标，则会将绘制的直线紧贴至选中的对象。

图 1-68 选项设置工具

对绘制完的线条，如果想要修改其长度或方向，可以使用选择工具来实现。在工具箱中单击"选择工具"图标，移动鼠标指针到线条的端点处，当指针变成如图 1-69 所示的开关时，即可拖动线条来改变其长度或方向。

使用选择工具还可以将绘制好的直线转换成曲线。方法是：在工具箱中单击"选择工具"图标，移动鼠标指针到线条附近，当指针变成如图 1-70 所示的形状时，向任意方向拖动鼠标，即可将直线转换成曲线。

图 1-69 拖动线条来改变其长度或方向

图 1-70 将直线转换成曲线

2. 矩形工具

使用矩形工具不仅可以绘制矩形图形和正方形图形，还可以绘制矩形轮廓线。只要单击工具箱中的"矩形工具"图标，将鼠标指针移到舞台中，当指针变成十字形状后，就可以在舞台上绘制矩形了。

单击工具箱中的"矩形工具"图标后，其"属性"面板如图 1-71 所示。其中，"填充和笔触"选项组中的选项和"线条工具"的选项是一样的，在此可以设置"矩形工具"的笔触颜色和填充颜色。

除此之外，在"矩形工具"的"属性"面板中还多了一个"矩形选项"选项组，可以用来设置矩形的圆角半径，如图 1-72 所示。

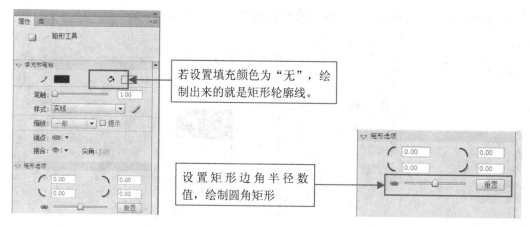

若设置填充颜色为"无"，绘制出来的就是矩形轮廓线。

设置矩形边角半径数值，绘制圆角矩形

图 1-71　矩形工具的"属性"面板　　　　　　　　　　图 1-72　"矩形选项"选项组

- "矩形边角半径"文本框：用户可以在 4 个"矩形边角半径"文本框中输入圆角半径，从而绘制出不同圆角半径的矩形。边角半径的取值范围为 0～999，数值越小，绘制出来的圆角弧度就越小。4 个文本框的默认值均为 0，即绘制的是直角矩形。

- "将边角半径控件锁定为一个控件"图标 ：在默认情况下，矩形的 4 个边角的半径是同步调整的。如果用户想分别设置 4 个边角的半径，可以单击该按钮，使其变为 形状，即可单独设置每个边角的半径。

- "重置"按钮：单击该按钮，可以将控件重置为默认值。

使用"矩形工具"绘制各种矩形的具体操作步骤如下。

步骤 1　单击工具箱中的"矩形工具"图标 ，设置"矩形边角半径"均为 0，在舞台上拖动绘制矩形，得到如图 1-73 所示的效果。

步骤 2　将"矩形边角半径"均设置为 999，在舞台上拖动绘制矩形，得到如图 1-74 所示的效果。

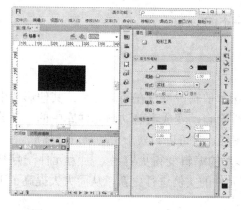

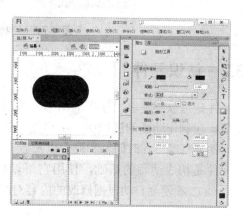

图 1-73　绘制圆角半径为 0 的矩形　　　　　　　　　图 1-74　绘制圆角半径为 999 的矩形

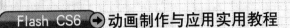

步骤 3 单击"将边角半径控件锁定为一个控件"按钮，断开各边角的连接，并在"矩形边角半径"文本框中输入"5.00"、"50.00"、"0.00"、"0.00"，如图 1-75 所示。

步骤 4 在舞台上拖动矩形，得到的效果如图 1-76 所示。

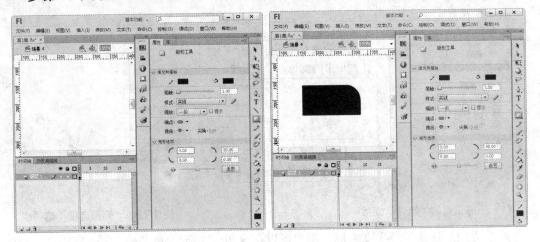

图 1-75　设置矩形边角半径　　　　　　图 1-76　按照所设置的参数绘制出矩形

步骤 5 如果在第 3 步的基础上，设置笔触颜色为"黑色"(#000000)，填充颜色为"无"，则得到的矩形只是一个轮廓，如图 1-77 所示。

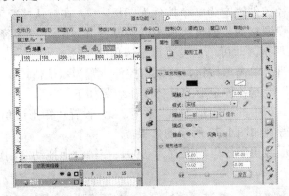

图 1-77　绘制出一个矩形轮廓

1.3.2　认识元件

元件是可以反复取出使用的图形、按钮或影片剪辑，可以在当前影片或其他影片中重复使用。在制作动画的过程中，用户创建的元件会自动变成当前动画元件库中的一部分。每个元件都有唯一的时间轴和舞台以及若干个图层，它可以独立于主动画进行播放。

元件是构成动画的基础，使用它可以使影片的编辑变得更容易。因为元件一旦被修改，Flash CS6 便会自动根据修改的内容对所有元件的实例进行更新，从而大大提高了工作效率。

创建元件时要选择元件类型。在 Flash CS6 中，元件可以分为图形元件、按钮元件和影片剪辑元件三种。下面分别进行介绍。

1. 图形元件

图形元件是可以反复使用的静态图形，是制作动画的基本元素之一，如图 1-78 所示。

图形元件可以是静止的图片，用来创建链接到主时间轴的可重复使用的动画片段；也可以是多个帧组成的动画。不过，图形元件不能添加交互行为和声音控制，一般情况下，图形元件在 FLA 文件中的尺寸小于影片编辑元件和按钮元件。

2. 按钮元件

按钮元件用于创建动画的交互控制以响应鼠标的各种事件，如弹起、指针经过、按下和点击等。例如，创建一个可重新播放动画的按钮元件，当按下该按钮后，Flash CS6 将会令动画重新播放。

按钮元件有 4 种不同状态的帧："弹起"、"指针经过"、"按下"和"点击"。在这 4 种不同的状态帧上可以创建不同的内容，既可以是静止的图形，也可以是影片剪辑。用户可以给按钮添加事件的交互性动作，使按钮具有交互功能。如图 1-79 所示就是一个按钮元件。

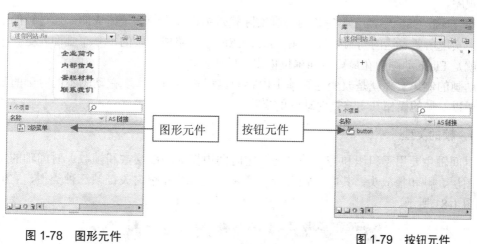

图 1-78　图形元件　　　　　　　　　　　　图 1-79　按钮元件

3. 影片剪辑元件

影片剪辑元件是构成 Flash 动画的一个片段，它能独立于主动画进行播放，因为它本身就是一段动画。使用影片剪辑元件可以反复使用动画片段中的多个帧。当播放主动画时，影片剪辑元件也在循环播放。

影片剪辑元件可用于创建交互性控件、声音，甚至其他影片剪辑实例。或者将影片实例作为一段动画应用于按钮元件的某一帧。

如图 1-80 所示就是一个影片剪辑元件。

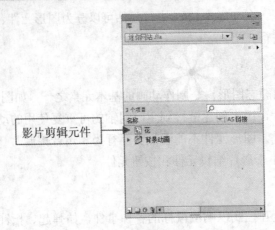

图 1-80　影片剪辑元件

1.3.3　认识帧

Flash 动画中最基本的单元就是帧，Flash CS6 中应用的元素都位于帧上，当播放头移动到某帧时，该帧的内容就显示在舞台上。帧的前后顺序决定了帧中内容在影片播放中出现的顺序。

在 Flash CS6 中，一个完整的动画实际就是由许多不同的帧组成的，通过帧的连续播放，来实现所要表达的动画效果。在 Flash CS6 中，组成动画的每一个画面就是一个帧，即帧就是 Flash 动画中在最短时间单位内出现的画面。

动画的制作实际就是改变连续帧中内容的过程和不同帧表现在动画不同时刻的某一动作，所以对帧的操作其实就是对动画的操作。

1.　帧的类型

时间轴主要用于组织和控制动画在一定时间内播放的图层数和帧数。时间轴的主要组件是图层、帧和播放头。其中，帧分为普通帧、关键帧和空白关键帧三种类型，它们的标记如图 1-81 所示。

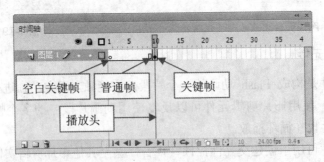

图 1-81　时间轴

● 普通帧：用来记录舞台的内容，用户不可以对普通帧的内容进行编辑或修改。普通帧的作用是延长动画内容显示的时间。在时间轴上，普通帧以空心矩形或单元格表示。

提示

如果要修改普通帧的内容，就必须将其转化为关键帧，或者更改距离需要修改的普通帧左侧最近的关键帧中的动画内容。

- 关键帧：是指在动画播放过程中，呈现关键性动作或内容变化的帧。它可以包含 ActionScript 代码以控制动画的动作。关键帧在时间轴上以实心的圆点表示，所有参与动画的对象都必须插在关键帧中。
- 空白关键帧：它是特殊的关键帧，里面没有任何对象存在，可以作为添加对象的占位符。若在空白关键帧中添加对象，它会自动转化为关键帧。如果将关键帧中的所有对象都删除，则关键帧也会自动转化为空白关键帧。在创建一个新的图层时，每个图层的第一帧默认为空白关键帧。空白关键帧在时间轴上以空心的圆点表示。

2．帧的显示状态

在 Flash CS6 中，时间轴上帧的显示状态可以根据实际需要进行不同的设置。单击时间轴标尺右侧的"菜单项"图标，将弹出如图 1-82 所示的帧的视图菜单，其中包含"很小"、"小"、"标准"、"中"、"大"、"预览"、"关联预览"、"较短"和"彩色显示帧"等 9 个命令。各命令的含义分别如下。

- "很小"：用于控制单元格的大小。选择该选项，则时间轴上每个帧的单元格宽度很小，此时的时间轴如图 1-83 所示。

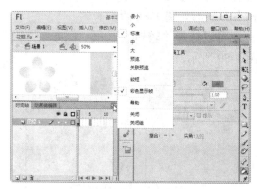
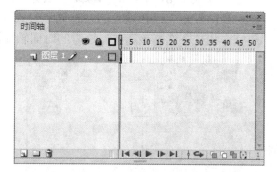

图 1-82　帧的视图菜单　　图 1-83　以"很小"模式显示帧

- "小"：用于控制单元格的大小。选择该选项，则时间轴上每个帧的单元格宽度较小，此时的时间轴如图 1-84 所示。
- "标准"：用于控制单元格的大小。时间轴上每个帧的单元格宽度适中，帧的默认显示模式即标准模式。
- "中"：用于控制单元格的大小。时间轴上每个帧的单元格宽度比"标准"模式略大，此时的时间轴如图 1-85 所示。
- "大"：用于控制单元格的大小。时间轴上每个帧的单元格宽度较大，此时的时间轴如图 1-86 所示。
- "预览"：以缩略图的形式显示每一帧的状态，有利于浏览动画和观察动画形状

的变化，但占用了较多的屏幕空间，如图 1-87 所示。

图 1-84　以"小"模式显示帧

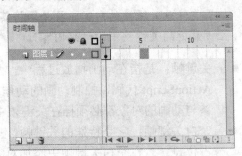

图 1-85　以"中"模式显示帧

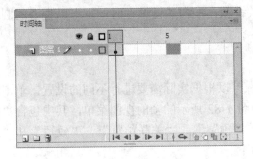

图 1-86　以"大"模式显示帧

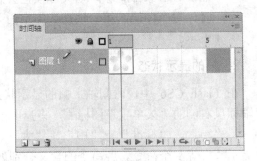

图 1-87　以"预览"模式显示帧

- "关联预览"：显示对象在各帧中的位置，有利于观察对象在整个动画过程中的位置变化，显示的图像比"预览"模式小一些，如图 1-88 所示。
- "较短"：在以上的各种显示模式下，还可以选择"较短"选项。例如在"大"模式下选择该选项，这时的时间轴如图 1-89 所示。

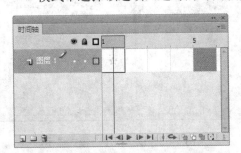

图 1-88　以"关联预览"模式显示帧

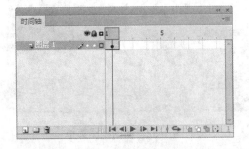

图 1-89　以"较短"模式显示帧

- "彩色显示帧"：默认情况下，帧是以彩色形式显示的。如果取消该选项，则时间轴将以白色的背景、红色的箭头显示，如图 1-90 所示。

技巧

　　选择"关闭"选项，可以关闭当前的"时间轴"面板；选择"关闭组"选项，可以同时关闭"时间轴"面板和"动画编辑器"面板。

　　如果想再次显示出"时间轴"和"动画编辑器"面板，可以在菜单栏中的"窗口"下拉菜单中选择相应的命令，如图 1-91 所示。

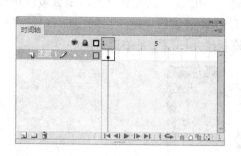

图 1-90　取消以"彩色显示帧"模式显示帧

图 1-91　"窗口"菜单

1.3.4　认识图层

图层是 Flash 中组织动画的重要手段。一个图层就像一张透明的纸，在上面可以绘制任何对象或书写任何文字，动画中的多个图层就像堆叠在一起的透明纸。透过一个不包含内容的图层，可以看到下一个图层中的内容。一个 Flash 动画通常有多个图层，图层之间相互独立，每一层都有自己独立的时间轴，有自己独立的帧，用户可以在不同的图层上创建对象和对象的动画行为。

1．图层的作用

在制作 Flash 动画的过程中，图层有着非常重要的作用，主要有以下几个方面。

● 修改一个图层中的对象或动画时，不会影响其他图层中的内容。
● 用户可以将一个大动画分解成几个小动画，将不同的动画放置在不同的图层上，各个小动画之间相互独立。
● 利用一些特殊的图层还可以制作特殊的动画效果，如利用引导层可以制作引导动画，利用遮罩层可以制作遮罩动画。

2．图层类型

在 Flash CS6 中，按照图层的不同功能，可以将图层分为普通层、引导层、被引导层、遮罩层和被遮罩层 5 种类型。

1) 普通层

普通层是指无任何特殊效果的图层，它只用于放置对象。普通层的图标为 🗔 。新建的图层一般都默认为普通层。

2) 引导层和被引导层

引导层的作用是引导与它相关联的图层中的对象的运动轨迹。引导层只在场景的工作区中可以看到，输出的动画中是看不到的。

若在引导层下方创建了被引导层，则被引导层上的对象将沿着引导层中绘制的路径移动。

引导层的图标为 ✎ ，而它与被引导层一起使用时，该图标将变成 ⟳ ，且被引导层的图标仍为普通层的图标。

3) 遮罩层和被遮罩层

在遮罩层中创建的对象具有透明效果，如果遮罩中的某一位置有对象，那么被遮罩层中相同位置的内容将显露出来，被遮罩层的其他部分将被遮住。遮罩层的图标为 ■，被遮罩层的图标为 ■。如图 1-92 所示，图层 5 是遮罩层，图层 3 是被遮罩层。

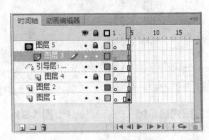

图 1-92　各种图层

3. 认识图层管理器

在 Flash 中，图层管理器是"时间轴"面板的一部分，通常显示在左侧，如图 1-92 所示。图层管理器中各按钮和图标的含义及作用分别如下。

- ●　👁：单击该按钮，可以在显示所有图层和隐藏所有图层之间进行切换。该按钮下方的列表中，·图标表示该图层中的内容为显示状态；✕图标表示该图层中的内容为隐藏状态。

- ●　🔒：单击该按钮，可以在锁定图层和解锁图层之间进行切换。该按钮下方的列表中，·图标表示该图层中的内容没有被锁定，可对其中的内容和帧进行编辑；🔒图标表示该图层被锁定，不能进行编辑。在 Flash 动画制作过程中，只要完成了一个图层的制作就可以将该图层锁定，以免影响该图层中的内容。

- ●　□：单击该按钮，可以显示所有图层中内容的线条轮廓；再次单击该按钮，则不仅显示轮廓，还显示填充内容。如果该按钮下方的列表中显示的是实心图标■，则表示该图层中的内容显示完全；如果显示的是空心图标 □，则表示该图层中的内容以轮廓方式显示。

- ●　✏：表明此图层处于活动状态，可以对该图层进行各种操作。

- ●　🗐：单击该按钮，可以创建一个新图层。

- ●　🗀：单击该按钮，可以创建一个新文件夹。

- ●　🗑：单击该按钮，可以删除当前选中的图层或者文件夹。

1.4　提　高　指　导

1.4.1　自定义工作界面

用户可以根据个人习惯和工作需要，对 Flash 工作界面进行调整，调整后还可将工作界面保存起来，以方便调用，具体操作步骤如下。

步骤 1　启动 Flash CS6 并进入工作界面，单击标题栏右侧的"基本功能"下拉按钮，在展开的下拉列表中根据需要选择工作界面的外观模式，如图 1-93 所示。

　　步骤 2　如果在默认的工作界面找不到需要的面板，可以在"窗口"下拉菜单中选择所需要的面板，如图 1-94 所示。

图 1-93　选择工作界面的外观模式

图 1-94　添加面板

　　步骤 3　要将不需要的面板关闭，只需单击该面板右上角的按钮，在展开的下拉菜单中选择"关闭"命令即可，如图 1-95 所示。若选择"关闭组"命令，可关闭同组的所有面板。

　　步骤 4　要隐藏某个面板，只需要双击该面板标题栏的选项卡，如图 1-96 所示，要显示隐藏的面板，只需再次双击该面板标题栏的选项卡即可。

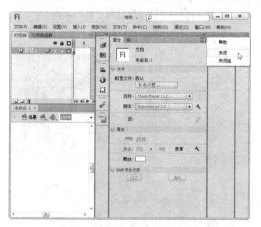

图 1-95　关闭不需要的面板

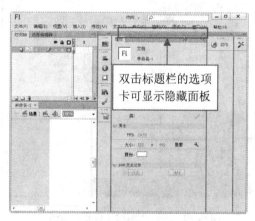

图 1-96　隐藏面板

　　步骤 5　单击面板组右上角的"折叠"按钮 或"展开"按钮 ，可使面板组在图标状态和打开状态之间切换，如图 1-97 所示。

　　步骤 6　当面板组处于图标状态时，单击图标可展开相应面板，如图 1-98 所示。

图 1-97　单击面板组右上角的"折叠"按钮　　　图 1-98　单击图标展开相应面板

步骤 7　调整好工作界面后，选择"窗口"|"工作区"|"新建工作区"命令，如图 1-99 所示。

步骤 8　弹出"新建工作区"对话框，输入名称，如图 1-100 所示，然后单击"确定"按钮，可保存当前的工作界面。

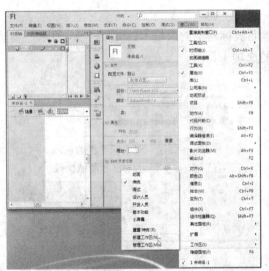

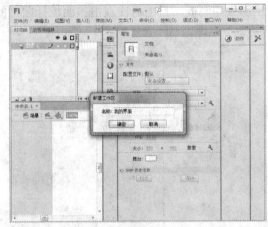

图 1-99　选择"新建工作区"命令　　　　　图 1-100　"新建工作区"对话框

步骤 9　保存工作界面后，标题栏中的"传统"按钮变成"我的界面"了，单击该按钮，从弹出的菜单中选择"基本功能"命令，可以返回 Flash 默认的窗口状态，如图 1-101 所示。

步骤 10　若要切换到自定义的某个窗口状态，可以在菜单栏中选择"窗口"|"工作区"|"管理工作区"命令，然后在弹出的"管理工作区"对话框中选择要使用的工作区名称，再单击"确定"按钮即可，如图 1-102 所示。

图 1-101 选择"基本功能"模式

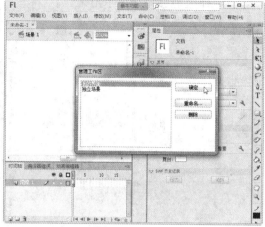

图 1-102 "管理工作区"对话框

1.4.2 恢复工作界面的原始状态

如何将工作界面恢复到初始的状态呢？方法很简单，只需要在 Flash CS6 工作界面中单击标题栏中的"基本功能"按钮，从弹出的下拉列表中选择"重置基本功能"命令，如图 1-103 所示。这时即可发现工作界面恢复到默认状态了，如图 1-104 所示。

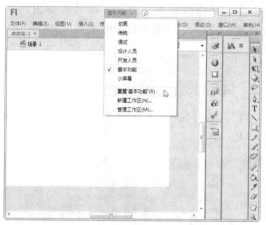

图 1-103 选择"重置基本功能"命令

图 1-104 查看重置基本功能后的工作界面

1.4.3 调整舞台工作区的比例

启动 Flash CS6 并进入工作界面后，在舞台工作区的上方是编辑栏，在编辑栏内的右边有一个可改变比例的下拉列表框，如图 1-105 所示，可以选择该下拉列表框内的选项或输入百分比来改变显示比例。

该下拉列表框内各选项的作用如下。

- "符合窗口大小"选项：可以按窗口大小显示舞台工作区。
- "显示帧"选项：可以按舞台的大小自动调整舞台工作区的显示比例，使舞台工作区能够完全显示出来。

图 1-105 设置舞台显示比例

- "显示全部"选项：可以自动调整舞台工作区的显示比例，将舞台工作区内的所有对象完全显示出来。
- "100%"(或其他百分比例数)选项：可以按 100%(或其他比例)显示。

技 巧

在 Flash CS6 窗口中的菜单栏中选择"视图" | "缩放比率"命令，接着在弹出的子菜单中选择需要显示的比例，也可以调整舞台显示比例，如图 1-106 所示。

图 1-106 选择"缩放比率"命令

1.4.4 让各面板成为独立窗口

在 Flash CS6 工作界面中，除了可以调整各面板的位置，隐藏和关闭模板外，还可以将其与 Flash 窗口分离，成为独立的窗口。下面以独立显示"场景"窗口为例进行介绍，具体操作步骤如下。

步骤 1 在 Flash 窗口中单击场景上方的 Flash 文档名称，然后按住鼠标左键不放并拖动，如图 1-107 所示。

步骤 2 松开鼠标左键，这时即可发现场景窗格变成独立窗口了，如图 1-108 所示。

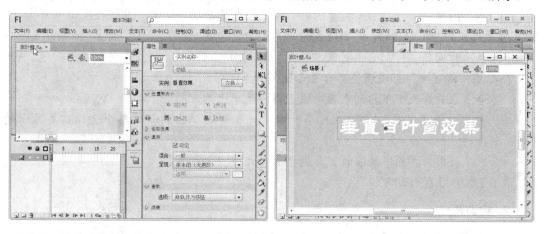

图 1-107 单击 Flash 文档名称并拖动　　　　　　图 1-108 独立场景窗口

步骤 3 若想将独立的场景窗口还原至原始位置，可以单击标题栏，然后按住鼠标左键不放并拖动，向原始位置处移动，当出现蓝色方框时，松开鼠标左键即可，如图 1-109 所示。

图 1-109 还原场景窗口至原始位置

1.5 习 题

1. 选择题

(1) Flash CS6 默认的帧速率为( )fps。

　　A. 20　　　　　　　B. 24　　　　　　　C. 12　　　　　　　D. 50

(2) 选择( )菜单下的"新建元件"命令，可以创建元件。

　　A. 文件　　　　　　B. 插入　　　　　　C. 窗口　　　　　　D. 控制

(3) Flash 是一款(　　)制作软件。

  A. 图像   B. 矢量图形 C. 矢量动画 D. 非线性编辑

(4) 所有的动画都是由(　　)组成的。

  A. 时间轴   B. 图像   C. 帧   D. 手柄

(5) 下列描述中，可以调整舞台显示比例的是(　　)。

  A. 在舞台大小下拉列表框中设置舞台显示比例

  B. 选择"视图"|"缩放比率"命令，接着在弹出的子菜单中选择需要显示的
   比例

  C. 使用工具箱中的缩放工具调整舞台大小

  D. 以上操作均可以

2. 实训题

(1) 新建一个 Flash CS6 文档，并设置文档的"大小"为 300 像素×300 像素，"背景颜色"为黑色，"帧频"为 18fps，然后保存为"天使.fla"文档文件。

提示：可以在"新建文档"对话框中设置要创建文档的参数。

(2) 在文档中添加辅助线，并设置辅助线的"颜色"为红色。

提示：可以通过在菜单栏中选择"视图"|"辅助线"|"编辑辅助线"命令来修改辅助线的颜色。

第 2 章

经典实例：绘制树林间的小松鼠

通过第 1 章的学习，大家对 Flash CS6 已经有了初步的认识。本章就让我们一起来学习 Flash CS6 中的绘图工具，共同感受绘图工具的强大功能吧。

本章主要内容

- 使用线条工具绘制树干
- 使用铅笔工具绘制枝叶
- 给枝叶填充颜色
- 使用钢笔工具绘制小松鼠
- 组合树木成林
- 设置树林背景
- 给树林添加草和花
- 让松鼠在树林中活动

2.1 要 点 分 析

本章将通过绘制树林间的小松鼠来介绍线条工具、铅笔工具、钢笔工具、椭圆工具和矩形工具等工具的使用方法。

2.2 绘制树木和松鼠

工具箱中的绘图工具包括绘制线条的线条工具、铅笔工具、钢笔工具，绘制图形的椭圆工具和矩形工具等，使用这些工具可以很方便地绘制出栩栩如生的矢量图形。

2.2.1 使用线条工具绘制树干

本节将以绘制树身为例，介绍线条工具的使用方法，具体操作步骤如下。

步骤 1 在 Flash 窗口中选择"文件"|"新建"命令，打开"新建文档"对话框，然后在"常规"选项卡下的"类型"列表框中选择文件类型，接着设置高、宽、帧频、背景颜色等参数，再单击"确定"按钮，如图 2-1 所示。

步骤 2 这时将新建一个 FLA 文件，按 Ctrl+S 组合键进行保存，然后在工具箱中单击"线条工具"图标 ，如图 2-2 所示。

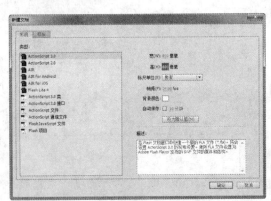

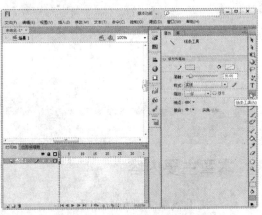

图 2-1 "新建文档"对话框　　　　图 2-2 单击"线条工具"图标

步骤 3 在"属性"面板中单击"笔触颜色"，从弹出的列表中选择要使用的颜色，如图 2-3 所示。

步骤 4 在"属性"面板中设置笔触高度为 20，在"样式"下拉列表中选择"实线"选项，如图 2-4 所示。

步骤 5 继续在"属性"面板中设置"缩放"为"一般"，"端点"为"无"，"接合"为"尖角"，如图 2-5 所示。

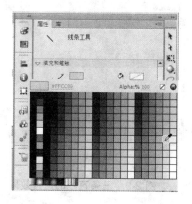

图 2-3　设置笔触颜色

图 2-4　设置笔触高度和样式

图 2-5　设置缩放、端点和接合等参数

步骤 6　将鼠标指针移到舞台中，当指针变为十字形状时，在舞台中按住鼠标左键不放并垂直拖动，如图 2-6 所示，拖动到需要的位置后释放鼠标左键。

步骤 7　这时即可在舞台中看到绘制的树干了，如图 2-7 所示。将鼠标指针移到第一条直线顶端中间位置，按住鼠标左键向右下方拖动，绘制与第一直线相叠的直线。

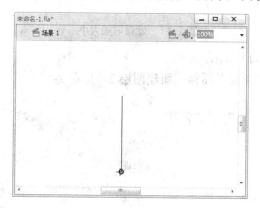

图 2-6　绘制第一条直线

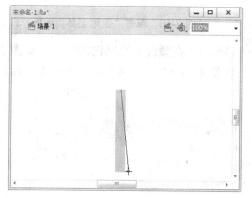

图 2-7　绘制第二条直线

步骤 8　使用类似方法在第一条直线左侧绘制第三条直线，如图 2-8 所示。最终使三条直线相叠在一起，形成上细下粗的树身形状，如图 2-9 所示。

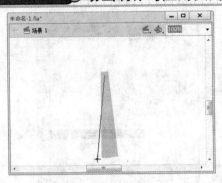

图 2-8　绘制第三条直线

图 2-9　三条直线的最终效果

2.2.2　使用铅笔工具绘制枝叶

接下来使用铅笔工具绘制树的枝叶轮廓，具体操作步骤如下。

步骤 1　在工具箱中单击"铅笔工具"图标 ✏️，如图 2-10 所示。

步骤 2　在"属性"面板中设置笔触高度为 10，其余各项参数保持不变，如图 2-11 所示。

图 2-10　单击"铅笔工具"图标

图 2-11　设置笔触大小

步骤 3　在舞台中绘制树的枝干，如图 2-12 所示。

步骤 4　在"时间轴"面板中单击"新建图层"图标，新建图层 2，如图 2-13 所示。

图 2-12　绘制树的枝干

图 2-13　单击"新建图层"图标

步骤 5　在"属性"面板中单击"笔触颜色"方块，从弹出的调色板中单击"绿色"图标(#66FF99)，如图 2-14 所示。

步骤 6　接着在舞台中绘制松树的"叶"，如图 2-15 所示。

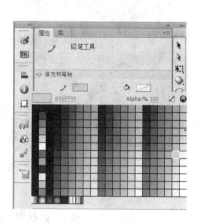

图 2-14　设置笔触颜色

图 2-15　绘制松树的"叶"

2.2.3　给枝叶填充颜色

松树的叶子一年四季都是常青的，因此可以使用颜料桶工具进行填充，具体操作步骤如下。

步骤 1　在工具箱中单击"颜料桶工具"图标，如图 2-16 所示。

步骤 2　在菜单栏中选择"窗口"|"颜色"命令，如图 2-17 所示。

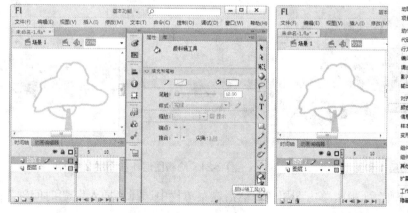

图 2-16　单击"颜料桶工具"图标

图 2-17　选择"颜色"命令

步骤 3　弹出"颜色"面板，设置填充颜色类型为"径向渐变"，并设置填充的绿色由浅至深渐变，如图 2-18 所示。

步骤 4　在舞台中单击树叶，填充效果如图 2-19 所示。

图 2-18　"颜色"面板

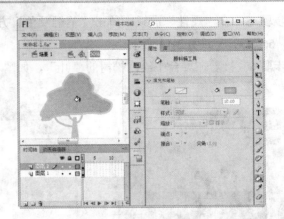

图 2-19　填充树叶

2.2.4　使用钢笔工具绘制小松鼠

下面使用钢笔工具绘制简易松鼠轮廓，然后使用选择工具调整线条，具体操作步骤如下。

步骤 1　在"时间轴"面板中单击"锁定或解除锁定所有图层"图标 🔒，锁定图层 1 和图层 2，如图 2-20 所示。

步骤 2　在"时间轴"面板中单击"显示或隐藏所有图层"图标 👁，隐藏图层 1 和图层 2 中的内容，如图 2-21 所示。

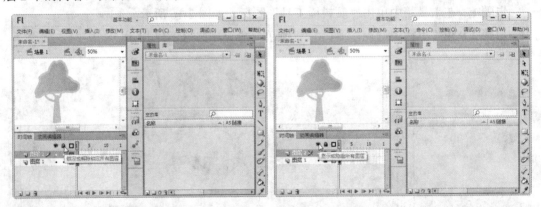

图 2-20　锁定图层 1 和图层 2　　　　图 2-21　隐藏图层 1 和图层 2 中的内容

步骤 3　在"时间轴"面板中单击图层 2，然后在菜单栏中选择"插入"|"时间轴"|"图层"命令，在图层 2 上方新建图层 3，如图 2-22 所示。

步骤 4　在工具箱中单击"钢笔工具"图标，如图 2-23 所示。

步骤 5　在"属性"面板中设置笔触颜色为"黑色"，填充颜色为"无"，笔触大小为 1，如图 2-24 所示。

步骤 6　使用钢笔工具在舞台中绘制松鼠轮廓，如图 2-25 所示。

图 2-22　选择"图层"命令　　　　　　图 2-23　单击"钢笔工具"图标

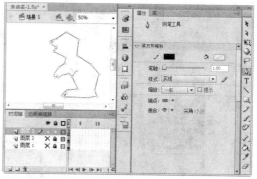

图 2-24　设置钢笔工具参数　　　　　图 2-25　使用钢笔工具绘制松鼠轮廓

步骤 7　在工具箱中单击"选择工具"图标，然后将鼠标指针移到绘制的轮廓线附近，按住鼠标左键拖动，调整轮廓，如图 2-26 所示。调整后的效果如图 2-27 所示。

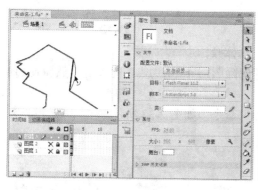

图 2-26　调整轮廓　　　　　　　　图 2-27　调整轮廓后的效果

步骤 8　继续使用钢笔工具和选择工具，绘制松鼠的其余部分，如图 2-28 所示。

步骤 9　新建图层 4，然后在工具箱中单击"椭圆工具"图标，设置其笔触颜色为"无"，填充颜色为"黑色"，接着在舞台中绘制松鼠的眼睛，如图 2-29 所示。

步骤 10　按 Alt+Shift+F9 组合键打开"颜色"面板，设置填充类型为"线性填充"，"流"为"扩张颜色"；接着单击左侧的颜色模块，从弹出的面板中选择"灰色"(#C7C7C7)，再单击右侧的颜色模块，从弹出的面板中选择"棕色"(#996633)，如图 2-30

所示。

步骤 11 在舞台中单击松鼠，填充颜色，效果如图 2-31 所示。

图 2-28 继续绘制松鼠

图 2-29 绘制松鼠的眼睛

图 2-30 "颜色"面板

图 2-31 给松鼠上色

2.2.5 组合树木成林

下面将绘制的松树组合一体，复制成林，具体操作步骤如下。

步骤 1 隐藏并锁定图层 3 和图层 4，并解除图层 1 和图层 2 的锁定，然后使用选择工具选中舞台中的树木，如图 2-32 所示。

步骤 2 在菜单栏中选择"修改" | "组合"命令，如图 2-33 所示。

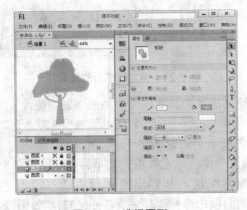

图 2-32 选择图形

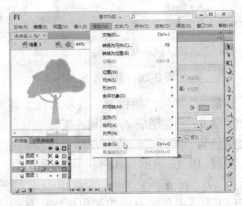

图 2-33 选择"组合"命令

步骤 3　右击选中的图形，从弹出的快捷菜单中选择"复制"命令，如图 2-34 所示。

步骤 4　在舞台中按 Ctrl+V 组合键粘贴图形，如图 2-35 所示。

图 2-34　选择"复制"命令

图 2-35　粘贴图形

步骤 5　在工具箱中单击"任意变形工具"图标，等比例缩放图形，如图 2-36 所示。

步骤 6　继续粘贴图形，并使用任意变形工具缩放图形，接着使用选择工具移动图形位置，形成松树林，再按 Ctrl+S 组合键保存文件，效果如图 2-37 所示。

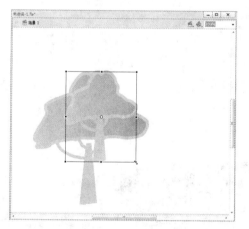

图 2-36　使用任意变形工具缩放图形

图 2-37　制作松树林

2.2.6　设置树林背景

在树林底下一般长满了小草，因此可以把树林下面的地面看成是绿色的。下面就来设置树林下的地面和后面的蓝色天空背景，具体操作步骤如下。

步骤 1　在"时间轴"面板中右击图层 2(所有的树木都在该图层中)，从弹出的快捷菜单中选择"属性"命令，如图 2-38 所示。

步骤 2　弹出"图层属性"对话框，然后在"名称"文本框中输入图层新名称，再单击"确定"按钮，重命名图层 2，如图 2-39 所示。按 Alt+A 组合键选中场景中的所有树木图形，将其剪切复制到"树林"图层中。

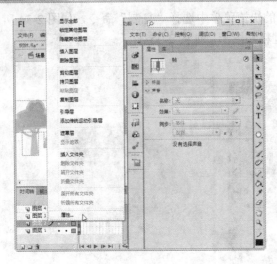

图 2-38 选择"属性"命令   图 2-39   "图层属性"对话框

步骤 3   在"时间轴"面板中双击图层 1，这时图层名称会处于可编辑状态，如图 2-40 所示，接着输入新名称"草地"，再按 Enter 键确认即可。

步骤 4   单击工具箱中的"矩形工具"图标，然后在"属性"面板中设置笔触颜色为"无"，填充颜色为"绿色"(#009900)。接着在舞台中绘制矩形，如图 2-41 所示。

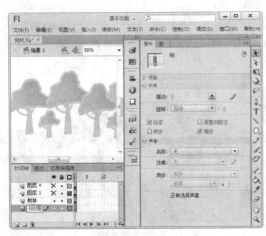

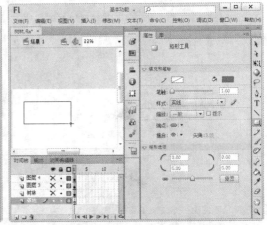

图 2-40   重命名图层 1   图 2-41   绘制矩形

步骤 5   使用选择工具选中绿色矩形图像，然后在"属性"面板中展开"位置和大小"选项卡，设置矩形宽为"800 像素"(与舞台同宽)、高为"200 像素"、X 轴坐标为 0、Y 轴坐标为 400，效果如图 2-42 所示。

步骤 6   在"草地"图层下方新建"背景"图层，单击工具箱中的"矩形工具"图标，接着在菜单栏中选择"窗口"|"颜色"命令，如图 2-43 所示。

步骤 7   打开"颜色"面板，设置"颜色类型"为"线性渐变"，然后单击左侧的颜色模块，从弹出的面板中选择"蓝色"(#0099FF)，接着单击右侧的颜色模块，从弹出的面板中选择"白色"(#FFFFFF)，再在"流"选项中单击"扩展颜色"图标，如图 2-44 所示。

步骤 8   在舞台中绘制矩形图形，然后在菜单栏中选择"窗口"|"变形"命令，如

图 2-45 所示。

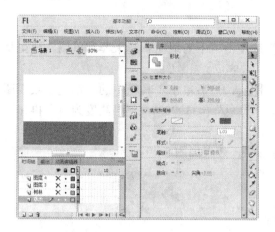

图 2-42 调整矩形图形的大小和位置	图 2-43 选择"颜色"命令

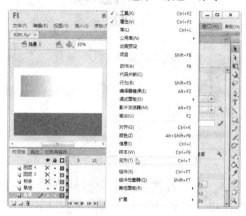

图 2-44 "颜色"面板	图 2-45 选择"变形"命令

步骤 9 打开"变形"面板，选中"旋转"单选按钮，设置旋转角度为 90°，如图 2-46 所示。

步骤 10 单击蓝色渐变矩形，然后在"属性"面板中调整图形的大小和位置，最终效果如图 2-47 所示。

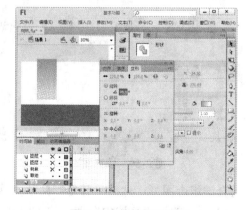

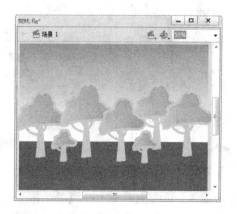

图 2-46 旋转矩形图形	图 2-47 调整蓝色渐变矩形的大小和位置

2.2.7　给树林添加草和花

上一节我们只是制作了绿色的树林地面，这使得树下的地面看起来非常单调。现在我们给地面添加一些草和花，具体操作步骤如下。

步骤 1　在"树林"图层上方新建"草"图层，然后单击工具箱中的"钢笔工具"图标 ，接着在"属性"面板中设置笔触颜色为"绿色"(#339900)，笔触高度为 1，再在舞台中绘制如图 2-48 所示的封闭三角形。

步骤 2　使用选择工具调整三角形的边缘形状，效果如图 2-49 所示。

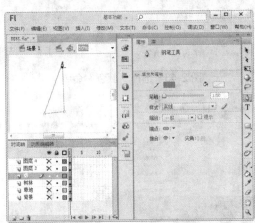

图 2-48　绘制三角形

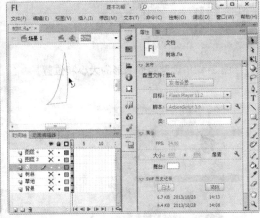

图 2-49　调整三角形的边缘形状

步骤 3　在工具箱中单击"颜料桶工具"图标 ，然后按 Alt+Shift+F9 组合键打开"颜色"面板，在此设置由"绿色"到"浅绿色"的线性渐变，如图 2-50 所示。

步骤 4　在舞台中三角形的内部靠近顶端单击并向下拖动指针，填充图形，这会使得图形上端颜色为浅绿色，下端颜色为绿色，效果如图 2-51 所示。

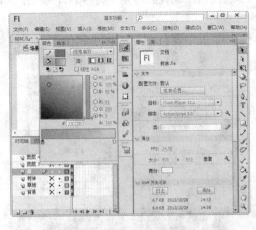
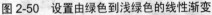

图 2-50　设置由绿色到浅绿色的线性渐变

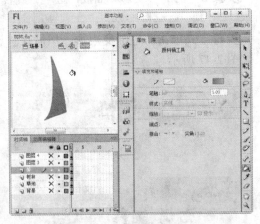

图 2-51　填充图形

步骤 5　选中图形及边缘线条，按 Ctrl+G 组合键组合图形，然后将其复制粘贴 5 次，并使用任意变形工具将其分别变形，组成如图 2-52 所示的形状。选中图形，按 Ctrl+G 组合键组合图形。

步骤 6　在"时间轴"面板中将"树林"、"草地"和"背景"等图层显示出来并锁定。

步骤 7　在舞台中选中绘制的"草"图形，按住 Alt 键拖动鼠标，复制图形，如图 2-53 所示，接着调整新复制图形的大小和位置。

图 2-52　制作"草"图形

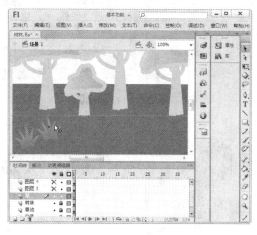

图 2-53　复制"草"图形

步骤 8　使用类似的方法，继续在树林中添加小草，最终效果如图 2-54 所示。

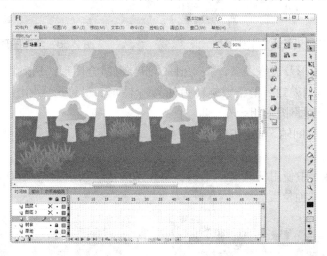

图 2-54　继续在树林中添加小草

步骤 9　在"时间轴"面板中新建"花"图层，然后在工具箱中单击"椭圆工具"图标，接着在"属性"面板中设置其笔触颜色为"红色"(#FF3366)，填充颜色为"无"，笔触大小为 1，再在舞台中绘制椭圆，如图 2-55 所示。

步骤 10　使用选择工具调整椭圆边缘，最终效果如图 2-56 所示。

步骤 11　按 Alt+Shift+F9 组合键打开"颜色"面板，在此设置由"红色"到"浅红色"的线性渐变，如图 2-57 所示。

步骤 12　在舞台中单击图形填充颜色，效果如图 2-58 所示。

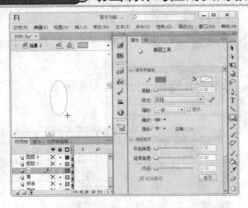
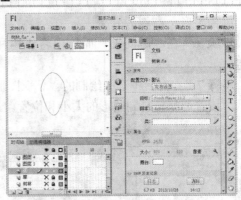

图 2-55 绘制椭圆　　　　　　　　　　　图 2-56 调整椭圆边缘形状

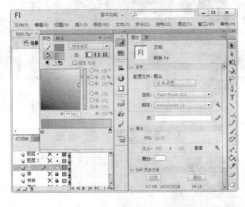
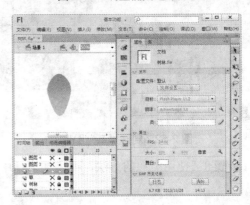

图 2-57 设置线性渐变参数　　　　　　　　图 2-58 填充图形颜色

步骤 13 选中图形及边缘线条，按 Ctrl+G 组合键组合图形，然后将其复制粘贴 5 次，并借助"变形"面板按 72°的倍数旋转另外 4 个图形，最终形成如图 2-59 所示的花朵图形，按 Ctrl+G 组合键将图形组合在一起。

步骤 14 在"时间轴"面板中将"树林"、"草地"、"背景"和"草"等图层显示出来并锁定。

步骤 15 在舞台中使用任意变形工具调整花朵图形，效果如图 2-60 所示，再复制两次图形，将其移动到其他位置。

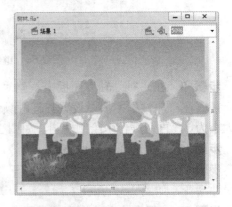

图 2-59 制作花朵图形　　　　　　　　图 2-60 在树林中添加花朵图形

2.2.8　让松鼠在树林中活动

下面让制作的松鼠在树林中活动，具体操作步骤如下。

步骤 1　将绘制的"松鼠"图形剪切复制到图层 3 中，然后重命名图层 3 为"松鼠"，接着用选择工具将舞台中的松鼠图形移到舞台右下角，如图 2-61 所示。

步骤 2　在"时间轴"面板中单击图层 4，然后在图层区域单击"删除"图标，删除图层 4，如图 2-62 所示。

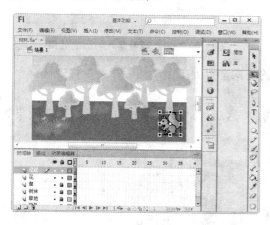

图 2-61　移动松鼠图形

图 2-62　删除图层 4

步骤 3　在"松鼠"图层中右击第 100 帧，从弹出的快捷菜单中选择"插入关键帧"命令，如图 2-63 所示。

步骤 4　这时会发现舞台中除了松鼠图形外，其他图形都不见了，这就需要在其他图层第 100 帧中插入帧。首先按住 Shift 键依次单击其他图层的第 100 帧，选中多帧，如图 2-64 所示。

图 2-63　选择"插入关键帧"命令

图 2-64　选中多帧

步骤 5　右击选中的多帧，从弹出的快捷菜单中选择"插入帧"命令，如图 2-65 所示。这时即可在舞台中看到所有的内容了，如图 2-66 所示。

图 2-65 选择"插入帧"命令

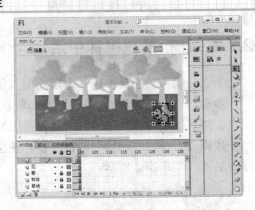

图 2-66 查看插入帧后的效果

步骤 6 在"松鼠"图层 1～100 帧之间的任意位置处单击，然后在菜单栏中选择"插入"|"传统补间"命令，如图 2-67 所示。

步骤 7 在"松鼠"图层中单击第 100 帧，然后移动该帧对应的松鼠图形，效果如图 2-68 所示。

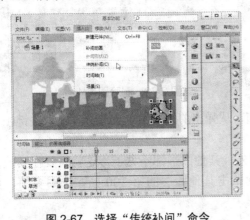

图 2-67 选择"传统补间"命令

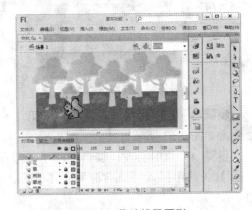

图 2-68 移动松鼠图形

步骤 8 在"松鼠"图层中右击第 100 帧，从弹出的快捷菜单中选择"动作"命令，如图 2-69 所示。

步骤 9 打开"动作"对话框，输入"stop();"停止语句，如图 2-70 所示。

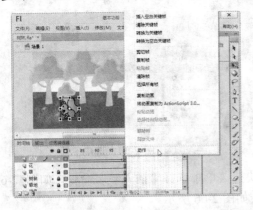

图 2-69 选择"动作"命令

图 2-70 添加语句

2.3　提　高　指　导

2.3.1　删除图形上的锚点

在使用选择工具调整图形外观时，若图形线条上的锚点过多，不仅不好调整，还有可能很难达到用户的需要，这时可以适当删减一些锚点，方法如下。

步骤 1　在"时间轴"面板中单击"将所有图层显示为轮廓"图标，显示图形线条轮廓，如图 2-71 所示。

步骤 2　在工具箱中单击"删除锚点工具"图标，如图 2-72 所示。

图 2-71　显示图形线条轮廓

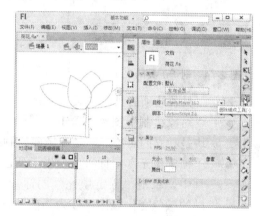

图 2-72　单击"删除锚点工具"图标

步骤 3　在舞台中单击图形，显示出图形上的锚点，单击要删除的锚点，即可将其删除，如图 2-73 所示。

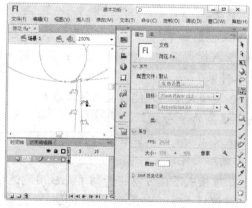

图 2-73　删除锚点

2.3.2　巧用刷子工具

在工具箱中单击"刷子工具"图标后，其"属性"面板如图 2-74 所示。

在"平滑"子面板中可以设置"刷子工具"的笔触平滑度。

"刷子工具"的绘制方法和"铅笔工具"类似。它们最大的区别是刷子只能绘制色块,而"铅笔工具"绘制的是线条或者色块。

"刷子工具"对应的选项设置工具比较多,如图 2-75 所示。

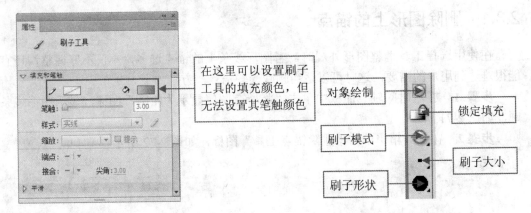

图 2-74 刷子工具的"属性"面板   图 2-75 刷子工具选项

刷子工具各选项的具体含义如下。

- "对象绘制"图标:单击该图标,将切换到对象绘制模式,在该模式下绘制的色块是独立的对象,即使和之前绘制的色块重叠,也不会自动合并。
- "锁定填充"图标:当使用渐变色作为填充色时,在"刷子工具"的选项设置工具中,单击"锁定填充"图标 ,可以锁定一个笔触的颜色变化规律,作为当前笔触对该区域的色彩变化。另外,该按钮还可以锁定渐变色或位图填充。
- "刷子模式"图标:单击该图标,在弹出的下拉列表中有 5 个选项,如图 2-76 所示。

图 2-76 刷子模式中的选项

提示

刷子模式各选项的含义分别如下。

- "标准绘画":在该模式下,新绘制的线条将覆盖同一图层中原有的图形,但是不会影响文本对象。
- "颜料填充":在该模式下,只能在空白区域和已有矢量色块的填充区域绘图,但不会影响矢量线条的颜色。
- "后面绘画":在该模式下,只能在空白区域绘图,不会对原有图形产生影响,只是在原有图形的后面穿过。
- "颜料选择":在该模式下,可以将新的填充应用到选区中。
- "内部绘画":在该模式下,如果刷子的起点位于图形的内部,只能在图形的内部绘制图形;如果刷子的起点位于图形之外的区域,在经过图形时,从图形后面穿过。

- "刷子大小"图标:在"刷子工具"的选项设置工具中,单击"刷子大小"按钮 ,可弹出如图 2-77 所示的列表,用户可根据具体需要选择适当大小的刷子。
- "刷子形状"图标:在"刷子工具"的选项设置工具中,单击"刷子形状"按钮

，可弹出如图 2-78 所示的列表，用户可根据具体需要选择适当的刷子形状。

图 2-77　刷子的大小　　　　　　　　　图 2-78　刷子形状

在不同的刷子模式下，使用刷子工具绘制图像的效果如下。

步骤 1　首先使用"多角星形工具" 在舞台上绘制一个八角形，如图 2-79 所示。

步骤 2　单击工具箱中的"刷子工具"图标，并设置"填充颜色"为红色。接着在刷子模式的下拉列表中单击"标准绘画"选项，在八角形上涂抹，得到如图 2-80 所示的内容。

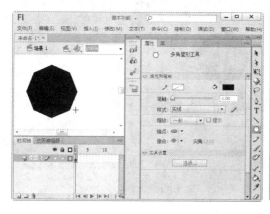
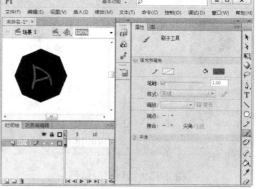

图 2-79　绘制八角形　　　　　　　　　图 2-80　在八角形上涂抹

> **提 示**
>
> 使用"标准绘画"模式涂抹图形时，会在笔触的最后一笔上显示出矩形框以供调节。

步骤 3　单击"刷子模式"按钮，在弹出的下拉列表中选择"颜料填充"选项，在八角形上涂抹，得到如图 2-81 所示的效果。

步骤 4　单击"刷子模式"按钮，在弹出的下拉列表中选择"后面绘画"选项，在八角形上涂抹，得到如图 2-82 所示的效果。

> **提 示**
>
> 使用"颜料填充"模式涂抹图形时，则直接用颜色填充涂抹的部分。

步骤 5　单击"刷子模式"按钮，在弹出的下拉列表中选择"颜料选择"选项，在八角形上涂抹，得到的效果和步骤 1 的效果一样，如图 2-83 所示。

步骤 6　单击"刷子模式"按钮，在弹出的下拉列表中选择"内部绘画"选项，在八角形上涂抹，得到如图 2-84 所示的效果。

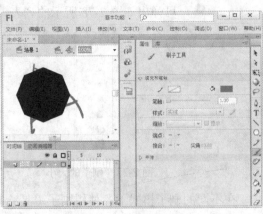

图 2-81 颜料填充效果　　　　　　　　图 2-82 后面绘画效果

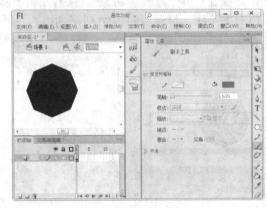

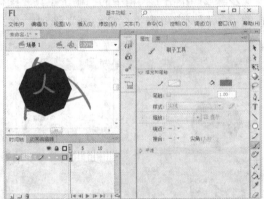

图 2-83 颜料选择效果　　　　　　　　图 2-84 内部绘画效果

2.3.3 使用墨水瓶工具改变图层颜色

使用墨水瓶工具不仅可以为矢量线段填充颜色，还可以为填充色块加上边框。不过，使用墨水瓶工具不能对矢量色块填充颜色。

单击工具箱中的"颜料桶工具"按钮，在弹出的下拉列表中选择"墨水瓶工具"选项后，其"属性"面板如图 2-85 所示。

图 2-85 墨水瓶工具属性

1．添加笔触

当绘制的图形没有笔触时，用户可以使用墨水瓶工具为图形添加有色笔触，具体操作步骤如下。

步骤 1 在工具箱中单击"墨水瓶工具"按钮，在其"属性"面板中设置笔触颜色、笔触大小和样式，如图 2-86 所示(这里设置笔触颜色为"黑色"，笔触大小为 5，样式为"虚线")。

步骤 2 将鼠标指针移到要添加轮廓线的图形边缘，如图 2-87 所示(以一个无笔触的红色圆形为例)。

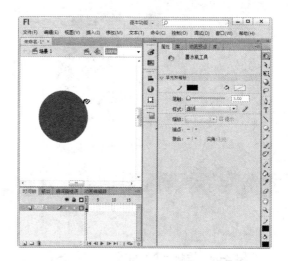

图 2-86　墨水瓶工具"属性"面板　　图 2-87　将鼠标指针移到要添加轮廓线的图形边缘

步骤 3　单击鼠标，即可为该圆形添加相应样式的轮廓线，效果如图 2-88 所示。

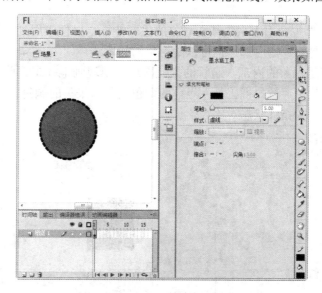

图 2-88　为圆形添加相应样式的轮廓线

2．笔触更换颜色

当绘制的图形边缘的笔触颜色不符合要求时，可以使用墨水瓶工具为笔触更换颜色，具体操作步骤如下。

步骤 1　在工具箱中单击"多角星形工具"按钮，设置笔触颜色为"黑色"，填充颜色为"无"，在舞台上绘制一个五角星，如图 2-89 所示。

步骤 2　在工具箱中单击"墨水瓶工具"按钮，在其"属性"面板中设置笔触颜色为"红色"，然后在五角星上单击即可更换笔触颜色，效果如图 2-90 所示。

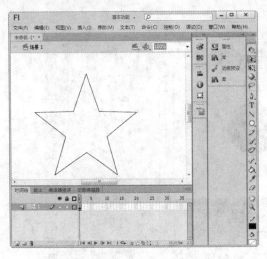

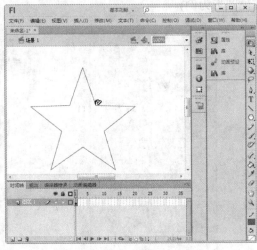

图 2-89　绘制一个五角星　　　　　　　　图 2-90　更换笔触颜色

2.3.4　使用滴管工具更换图形边框颜色

　　"滴管工具" 🖊 主要用于采集某一对象的色彩特征，以便应用到其他对象上。滴管工具的采集区域可以是对象的内部，也可以是对象的轮廓线。

　　如果采集区域是对象的内部，滴管的指针附近将出现画笔标志。单击采集颜色后，指针将变成颜料桶形状，"颜料桶工具"当前的颜色就是所采集的颜色。如图 2-91 所示为采集对象内部颜色前后的指针状态对比。

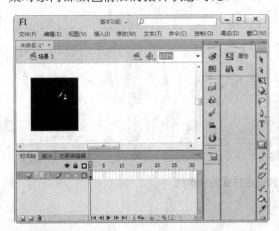

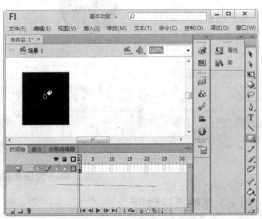

图 2-91　采集对象内部颜色前后的指针状态对比

　　如果采集区域是对象的轮廓线，滴管的指针附近就会出现铅笔标志。单击采集颜色后，指针将变成墨水瓶形状，"墨水瓶工具"当前的颜色就是所采集的颜色。

　　对于大小、颜色、字体等属性不相同的文字，要想使它们具有相同的颜色属性，除了可以对字体的属性重新设置外，还可以使用滴管工具将其中一种字体的属性应用到其他的文字上。

　　使用滴管工具对文字采样填充的具体操作步骤如下。

步骤 1　在工具箱中单击"文本工具"按钮 **T**，设置不同的属性参数，然后在舞台上输入不同字体效果的"滴管"和"工具"字符，如图 2-92 所示。

步骤 2　在工具箱中单击"选择工具"按钮 ，选中"滴管工具"文本，如图 2-93 所示。

图 2-92　输入文本　　　　　　　　　　　图 2-93　选中文字

步骤 3　在工具箱中单击"滴管工具"按钮 ，将鼠标指针移动到"滴管"文字上，此时指针变成了如图 2-94 所示的形状。

步骤 4　在"管"字上单击，则"工具"文字的颜色也变成红色了，如图 2-95 所示。

图 2-94　将指针移动到"滴管"文字上　　　图 2-95　改变"工具"文字颜色后的效果

提示

在 Flash CS6 中，使用滴管工具对文字进行采样填充时，只能更换文字的颜色，而不能更改文字的字体和大小。

技 巧

使用滴管工具不仅可以吸取 Flash CS6 本身创建的矢量和矢量线条，还能吸取从外部导入的图片作为填充内容。只不过，在吸取位图时，必须先将位图分离后，才能吸取图案。

2.4 习　　题

1. 选择题

(1) (　　)可以用来绘制路径。

    A. 线条工具　　　B. 铅笔工具　　　C. 选择工具　　　D. 手形工具

(2) 如果要改变绘制图形的线条颜色，应该使用(　　)。

    A. 铅笔工具　　　B. 钢笔工具　　　C. 滴管工具　　　D. 颜料桶工具

(3) 如果想要使用椭圆工具绘制一个正圆，需要借助(　　)键。

    A. Ctrl　　　　　B. Alt　　　　　C. Shift　　　　　D. Ctrl+Alt

(4) 按(　　)组合键可以组合多个图形。

    A. Ctrl+B　　　　B. Ctrl+G　　　　C. Ctrl+T　　　　D. Ctrl+K

(5) 按(　　)组合键可以打开"颜色"面板。

    A. Ctrl+B　　　B. Alt+Shift+F9　C. Ctrl+G　　　　D. Ctrl+K

2. 实训题

(1) 在 Flash 中绘制葡萄，如图 2-96 所示。

提示：完成该实例主要运用的工具有线条工具、钢笔工具和选择工具。

(2) 在 Flash 中绘制玉米，如图 2-97 所示。

提示：完成该实例主要运用的工具有椭圆工具、线条工具、选择工具和橡皮擦工具，并需要使用"对齐"面板将绘制的玉米倾斜。

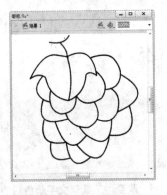

图 2-96　葡萄

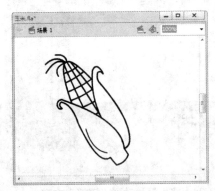

图 2-97　玉米

第 3 章

经典实例：绘制向日葵花海

文字在动画表现中的作用不言而喻，那么在动画中如何添加和编辑文本呢？本章将在继续学习绘图工具使用方法的基础上，开始学习向 Flash 动画添加文本的方法和编辑技巧。

本章主要内容

● 绘制单株向日葵
● 设置向日葵花海的背景颜色
● 通过变形制作向日葵花海
● 绘制天空中的云朵
● 使用补间动画使云飘动
● 添加描述向日葵的语句
● 美化文本

3.1 要点分析

本章以制作"向日葵.fla"文档为例，继续学习 Flash 的基础知识，包括使用椭圆工具和变形面板、设置舞台背景、添加文字等内容。

3.2 绘制单株向日葵

本节先来绘制单株向日葵，可以将其分为花瓣、花盘、茎和叶四个部分，下面将逐一开始绘制。

3.2.1 使用"变形"面板绘制向日葵花瓣

首先绘制向日葵花瓣，具体操作步骤如下。

步骤 1 在 Flash 窗口中新建 Flash 文档，然后按 Ctrl+S 组合键打开"另存为"对话框，选择文件保存位置，接着输入文件名，再单击"保存"按钮，如图 3-1 所示。

步骤 2 在工具箱中单击"椭圆工具"图标，然后在"属性"面板中设置笔触颜色为"无"，填充颜色为"#FFFF00"，如图 3-2 所示。

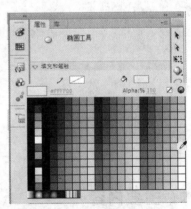

图 3-1　"另存为"对话框　　　　　　图 3-2　设置椭圆工具参数

步骤 3 在舞台中按住鼠标左键并拖动，绘制椭圆图形，如图 3-3 所示。

步骤 4 在工具箱中单击"选择工具"图标，如图 3-4 所示。

图 3-3　绘制椭圆　　　　　　　　图 3-4　单击"选择工具"图标

步骤 5　在舞台中单击图形边缘，然后按住鼠标左键拖动，调整椭圆为花瓣形状，如图 3-5 所示。

步骤 6　在工具箱中单击"任意变形工具"图标，如图 3-6 所示。

图 3-5　调整椭圆为花瓣形状

图 3-6　单击"任意变形工具"图标

步骤 7　在舞台单击图形，然后拖动花瓣的中心点，使其与花瓣分开一段距离，如图 3-7 所示。

步骤 8　按 Ctrl+C 组合键复制花瓣，再按 Ctrl+V 组合键粘贴花瓣，如图 3-8 所示。

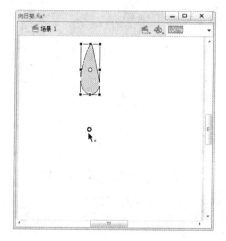

图 3-7　拖动花瓣的中心点

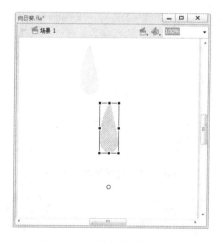

图 3-8　复制和粘贴花瓣

步骤 9　移动刚粘贴的花瓣与第 1 个花瓣重合，这样可以保证它们的中心点在同一个位置，如图 3-9 所示。

步骤 10　按 Ctrl+T 组合键打开"变形"面板，然后设置"旋转"角度为 90°，如图 3-10 所示。

步骤 11　使用类似方法，制作另外两个花瓣，效果如图 3-11 所示。

步骤 12　使用选择工具选中舞台中的四个花瓣，然后按 Ctrl+C 组合键进行复制，再按 Ctrl+V 组合键粘贴花瓣，如图 3-12 所示。

步骤 13　在"变形"面板中设置"旋转"角度为 22.5°，并调整其位置，如图 3-13 所示。

步骤 14　使用类似方法，制作所有花瓣，最终效果如图 3-14 所示。

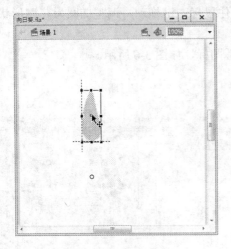

图 3-9 移动刚粘贴的花瓣

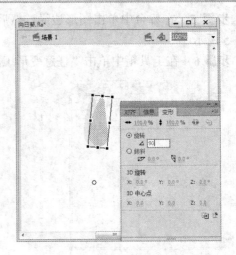

图 3-10 打开"变形"面板

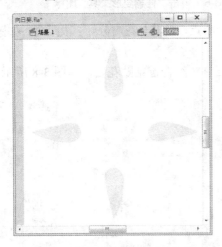

图 3-11 再复制两个花瓣

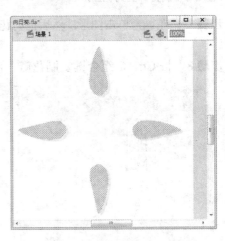

图 3-12 一次复制多个花瓣

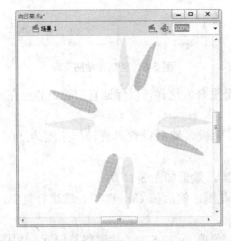

图 3-13 旋转花瓣

图 3-14 花瓣的最终效果

步骤 15 使用选择工具选中所有花瓣并右击，从弹出的快捷菜单中选择"转换为元件"命令，如图 3-15 所示。

步骤 16　弹出"转换为元件"对话框，输入元件名称，设置元件类型为"图形"，再单击"确定"按钮，如图 3-16 所示。

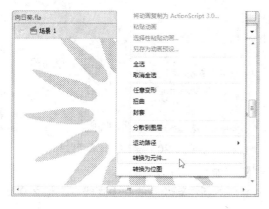

图 3-15　选择"转换为元件"命令　　　　图 3-16　"转换为元件"对话框

3.2.2　使用"颜色"面板绘制向日葵花盘

向日葵花瓣制作好后，下面制作花瓣中间的简易花盘，具体操作步骤如下。

步骤 1　单击"花瓣"元件，然后在"变形"面板中等比例缩放图形，如图 3-17 所示。

步骤 2　将"花瓣"移动到舞台中间位置，然后在"时间轴"面板中单击"新建图层"图标，新建图层 2，如图 3-18 所示。

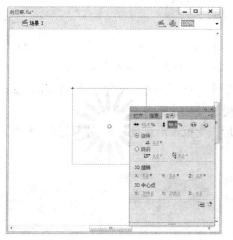

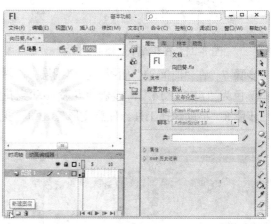

图 3-17　在"变形"面板中缩放花瓣元件　　　图 3-18　单击"新建图层"图标

步骤 3　在工具箱中单击"椭圆工具"图标，然后在菜单栏中选择"窗口"|"颜色"命令，打开"颜色"面板，如图 3-19 所示。

步骤 4　在"颜色"面板设置"颜色类型"为"径向渐变"，接着单击左侧的颜色模块，从弹出的面板中选择"绿色"(#4D4D4D)，再单击右侧的颜色模块，从弹出的面板中选择"黄色"(#F79E28)，如图 3-20 所示。

图 3-19　选择"颜色"命令

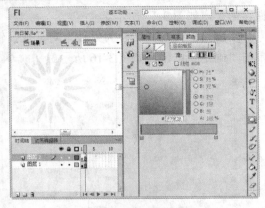

图 3-20　设置径向渐变效果

步骤 5　按住 Shift 键，在花瓣中间绘制圆，如图 3-21 所示。

步骤 6　在工具箱中单击"线条工具"图标，然后在新绘制的圆中画线条，使之交叉成网格，如图 3-22 所示。

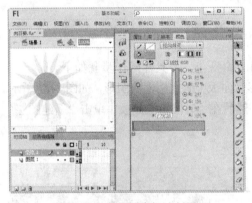

图 3-21　在花瓣中间绘制圆

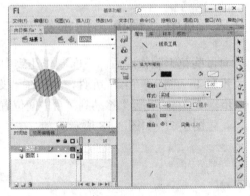

图 3-22　绘制交叉网格

步骤 7　在"时间轴"面板中新建图层 3，然后参考前面制作花瓣的方法，制作花蕊，其填充颜色为"#E7CC14"，接着将花蕊移动到花瓣和花瓣之间，如图 3-23 所示。

步骤 8　借助选择工具、任意变形工具和"变形"面板，沿花盘复制一圈花蕊，如图 3-24 所示。

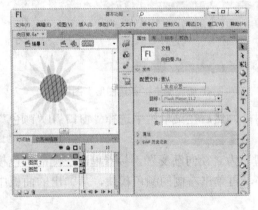

图 3-23　新建图层 3 并制作花蕊

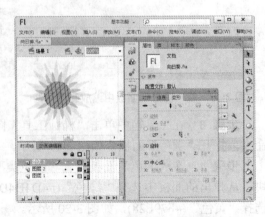

图 3-24　沿花盘复制一圈花蕊

步骤 9　选中所有图形并右击，从弹出的菜单中选择"转换为元件"命令，打开"转换为元件"对话框，设置元件名称和类型，再单击"确定"按钮，如图 3-25 所示。

图 3-25　"转换为元件"对话框

3.2.3　使用图形工具制作向日葵的茎和叶

接下来使用图形工具制作向日葵的茎和叶，具体操作步骤如下。

步骤 1　在"时间轴"面板中新建图层，然后在工具箱中单击"矩形工具"图标，设置笔触颜色为"#336600"，如图 3-26 所示。

步骤 2　设置填充颜色为"#339900"，接着在舞台中绘制矩形，如图 3-27 所示。

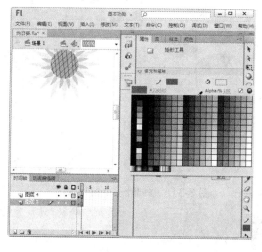

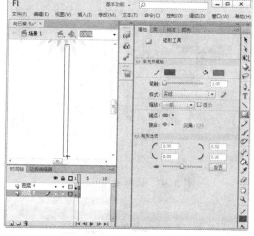

图 3-26　设置矩形工具的笔触颜色　　　　图 3-27　绘制矩形

步骤 3　使用选择工具调整矩形形状，将其作为向日葵的茎，如图 3-28 所示。

步骤 4　在工具箱中单击"椭圆工具"图标，保持笔触颜色和填充颜色不变，然后在向日葵茎上绘制椭圆，如图 3-29 所示。

步骤 5　使用选择工具调整椭圆形状，将其作为向日葵的叶子，如图 3-30 所示。

步骤 6　在工具箱中单击"线条工具"图标，并设置笔触颜色为"#336600"，然后在向日葵的叶子上添加叶脉，并使用选择工具调整叶脉形状，最终效果如图 3-31 所示。

步骤 7　在"时间轴"面板中隐藏图层 3，然后使用选择工具选中图层 4 中的所有图形，如图 3-32 所示。

步骤 8　参考前面方法，打开"转换为元件"对话框，设置元件名称和类型，再单击"确定"按钮，如图 3-33 所示。

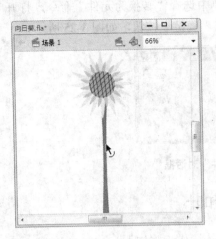

图 3-28　调整矩形边框

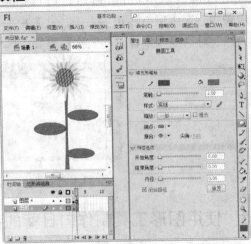

图 3-29　绘制椭圆

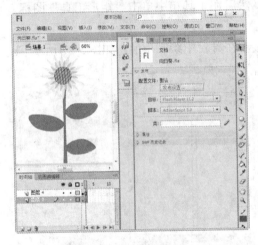

图 3-30　调整椭圆形状

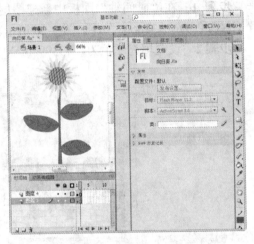

图 3-31　添加叶子上的叶脉

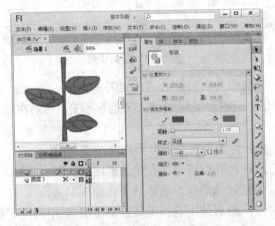

图 3-32　选中图层 4 中的所有图形

图 3-33　"转换为元件"对话框

3.3　设计向日葵花海

单株向日葵制作好后，下面开始设计向日葵花海，具体操作步骤如下。

3.3.1　设置向日葵花海的背景颜色

一般情况下，很多用户新建 Flash 文档时都会使用默认的白色背景，在进行整体布局设置时再调整文件背景颜色，这样便于在制造过程中查看细节制作效果，具体操作步骤如下。

步骤 1　在"时间轴"面板中将转换为元件后用不到的图层删除，然后将含有"向日葵"元件的图层重命名为"向日葵"，接着新建"背景"图层。

步骤 2　在工具箱中单击"矩形工具"图标，接着在"属性"面板中设置笔触颜色为"无"，并单击"填充颜色"图标，在弹出的菜单中单击"线性渐变"图标，如图 3-34 所示。

步骤 3　单击"背景"图层，然后在舞台中绘制矩形，如图 3-35 所示。

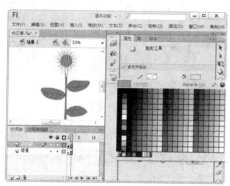

图 3-34　设置矩形工具参数

图 3-35　绘制矩形

步骤 4　按 Ctrl+T 组合键打开"变形"面板，设置旋转角度为-90°，接着根据舞台大小放大图形，使之填充整个舞台，如图 3-36 所示。

步骤 5　按 Alt+Shift+F9 组合键打开"颜色"面板，单击背景图形，然后根据远看天空颜色在"颜色"面板中调整线性渐变的填充颜色，同时在舞台中观察效果，如图 3-37 所示。

图 3-36　调整矩形大小

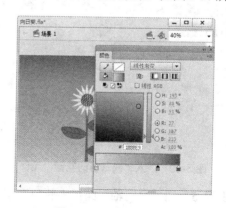

图 3-37　"颜色"面板

3.3.2 通过变形制作向日葵花海

使用复制的方法，可以快速绘制多株向日葵，以形成向日葵花海。为了让各株向日葵看起来不同，可以让其中的一些向日葵略微变形，具体操作步骤如下。

步骤 1 在"时间轴"面板中单击"向日葵"图层，接着在舞台中选中向日葵，并按 Ctrl+C 组合键进行复制，再按 Ctrl+V 组合键粘贴图形，如图 3-38 所示。

步骤 2 使用任意变形工具缩放粘贴的向日葵图形，如图 3-39 所示。

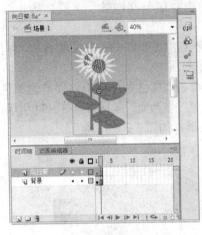

图 3-38 复制向日葵

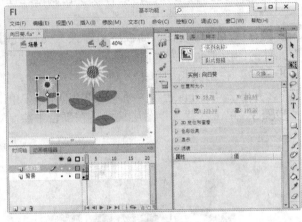

图 3-39 缩放图形

步骤 3 在"时间轴"面板中新建图层 3，然后切换到"库"面板，在"名称"列表框中单击"向日葵的花盘"选项，按住鼠标左键向舞台拖动，然后释放鼠标左键，插入元件，如图 3-40 所示。

步骤 4 选中插入的"向日葵的花盘"元件，然后按 Ctrl+T 组合键打开"变形"面板，接着选中"倾斜"单选按钮，并调整水平倾斜角度，如图 3-41 所示。

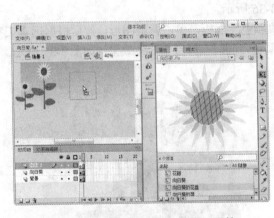

图 3-40 插入"向日葵的花盘"元件

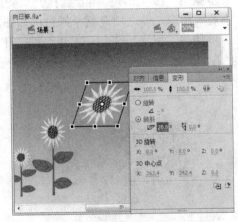

图 3-41 调整向日葵花盘使其水平倾斜

步骤 5 在"时间轴"面板中新建图层 2，并将其调整到图层 3 的下方，然后参考前面步骤，在图层 2 中插入"向日葵的茎"元件，在"变形"面板中设置其 3D 旋转角度，如图 3-42 所示。

步骤 6 使用类似方法，通过"库"面板中的"向日葵"元件，制作其他向日葵，形成向日葵花海，效果如图 3-43 所示。

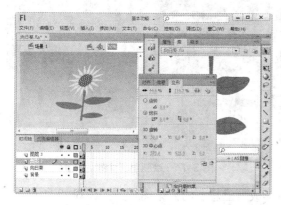

图 3-42 "变形"面板

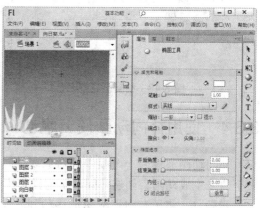

图 3-43 制作向日葵花海

3.3.3 绘制天空中的云朵

天空中的云朵是时刻在变化的，其形状并不固定，因此用户可以绘制任何形状的云朵。下面我们利用椭圆工具来绘制云朵，具体操作步骤如下。

步骤 1 在"时间轴"面板中新建"云朵"图层，然后在工具箱中单击"椭圆工具"图标，接着在"属性"面板中设置笔触颜色为"无"，填充颜色为"白色"(#FFFFFF)，如图 3-44 所示。

步骤 2 在舞台中拖动鼠标，绘制白色的椭圆图形，如图 3-45 所示。

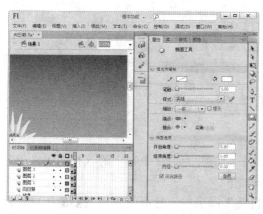

图 3-44 新建"云朵"图层

图 3-45 绘制椭圆图形

步骤 3 绘制第二个白色的椭圆图形，并使其与第一个椭圆图形部分相交，如图 3-46 所示。

步骤 4 绘制第三个白色的椭圆图形，并使其与前两个椭圆图形部分相交，如图 3-47 所示。

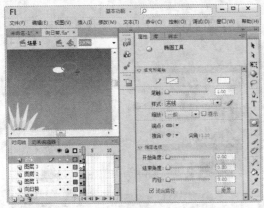

图 3-46　绘制第二个椭圆图形

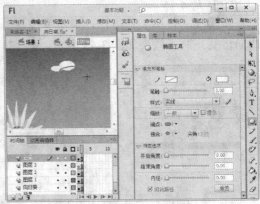

图 3-47　绘制第三个椭圆图形

步骤 5　继续绘制椭圆图形，使其最终形成自己想要的云朵图形，如图 3-48 所示。

步骤 6　使用类似方法，绘制其他形状的云朵，然后使用选择工具选中并复制这些云朵，使用任意变形工具调整云朵大小，最终效果如图 3-49 所示。

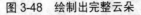

图 3-48　绘制出完整云朵

图 3-49　添加其他云朵

3.3.4　使用补间动画使云飘动

补间动画通过为一个帧中的对象属性指定一个值并为另一个帧中的该相同属性指定另一个值来生成动画。创建补间动画的操作步骤如下。

步骤 1　将所有向日葵图形移动到"向日葵"图层中，然后删除不需要的图层，接着在"背景、向日葵、云朵"三个图层的第 50 帧均插入关键帧，如图 3-50 所示。

步骤 2　选中"云朵"图层第 50 帧上的云朵图形，向左移动其位置，如图 3-51 所示。

步骤 3　在两个关键帧之间的任意位置处右击，从弹出的快捷菜单中选择"创建传统补间"命令，如图 3-52 所示。

步骤 4　右击第 50 帧，按 F9 键打开"动作"面板，输入 gotoAndPlay(5)代码，如图 3-53 所示。至此，向日葵花海制作基本完成。

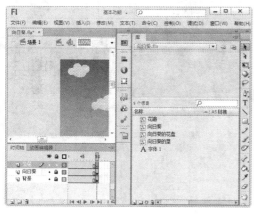

图 3-50　插入关键帧

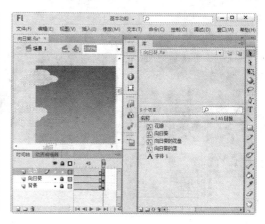

图 3-51　移动云朵位置

图 3-52　选择"创建传统补间"命令

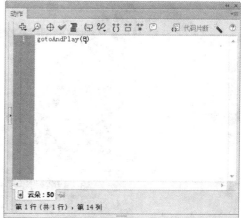

图 3-53　"动作"面板

3.4　添加文本

下面给向日葵花海添加一些自己喜欢的语句，让内容看起来更丰富。

3.4.1　添加描述向日葵的语句

在 Flash 文档中插入文本的操作步骤如下。

步骤 1　在"时间轴"面板中新建图层，然后在工具箱中单击"文本工具"图标，如图 3-54 所示。

步骤 2　在舞台中单击并按住鼠标左键拖动，插入文本框，接着输入文字，如图 3-55 所示。

步骤3　新建一图层，在舞台另一位置处插入第二段文字，如图 3-56 所示。

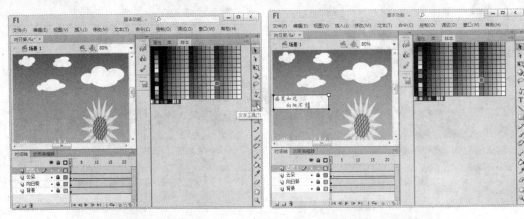

图 3-54　单击"文本工具"图标　　　　　　图 3-55　插入文本框并输入文字

图 3-56　在舞台另一位置处插入第二段文字

3.4.2　美化文本

下面通过设置文本的字体、大小、颜色、段落格式等参数来美化文本，具体操作步骤如下。

步骤 1　在舞台中选中要设置的文本，然后在"属性"面板中单击展开"字符"子面板，在此设置文本的字体为"华文新魏"，大小为"30.0 点"，颜色为"#CCFFCC"，如图 3-57 所示。

步骤 2　继续在"属性"面板中单击展开"段落"子面板，设置文本缩进为"2.0 像素"，行距为"5.0 点"，如图 3-58 所示。

步骤 3　使用类似方法，设置第二段文字的字符格式为"方正舒体""30.0 点""#FF0066"，行距为"6.0 点"，效果如图 3-59 所示。

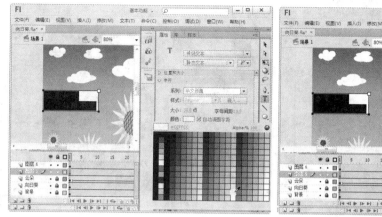

图 3-57　设置文本的字符格式

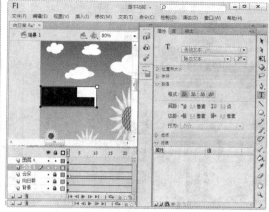

图 3-58　设置文本的段落格式

图 3-59　美化设置第二段文字

3.4.3　对齐多个文本

为了使文档看起来更加整齐美观，下面使用"对齐"面板对齐两个文本，具体操作步骤如下。

步骤 1　在 Flash 窗口的菜单栏中选择"窗口"|"对齐"命令，打开"对齐"面板，如图 3-60 所示。

步骤 2　在工具箱中单击"选择工具"图标，然后按住 Shift 键不放，在舞台中依次单击两个文本，接着在"对齐"面板中单击"垂直中齐"图标，使文本在垂直方向上对齐，如图 3-61 所示。

图 3-60　选择"对齐"命令

图 3-61　单击"垂直中齐"图标

3.5　提　高　指　导

3.5.1　使用橡皮擦工具擦除作品中的多余线条

在制作 Flash 作品的过程中，难免会出现绘制的线条过长、图形不适合等情况，如果这些情况在作品制作后期才发现，使用"撤销"命令就得不偿失了，会把中间正确的操作及设置也撤销。这时可以使用橡皮擦工具 擦除错误图形。例如，擦除图形的外轮廓和填充颜色，以便重新对齐进行绘制。用户可以根据实际情况设置不同的模式来获得特殊的图形效果。

"橡皮擦工具"对应的选项设置工具包括"橡皮擦模式"、"水龙头"和"橡皮擦形状"，如图 3-62 所示。各参数的含义分别如下。

1. 橡皮擦模式

单击"橡皮擦工具"对应的选项设置工具中的"橡皮擦模式"图标 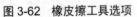，将弹出如图 3-63所示的菜单。

图 3-62　橡皮擦工具选项　　　　图 3-63　设置橡皮擦模式

- "标准擦除"：在该模式下，将擦除橡皮擦经过的所有区域。例如，擦除同一图层上的外部轮廓线条和内部填充颜色。
- "擦除填色"：在该模式下，只擦除图形的内部填充颜色，而对图形的外部轮廓线条不起作用。
- "擦除线条"：在该模式下，只擦除图形的外部轮廓线条，而对图形的内部填充颜色不起作用。

- ● "擦除所选填充"：在该模式下，只擦除图形中事先选中的内部区域，其他没有被选中的区域不会被擦除。而且，无论边框是否被选择，都不会被擦除。
- ● "内部擦除"：在该模式下，只有将图形内部区域作为擦除的起点才有效。如果擦除的起点位于图形外部，则不起任何作用。

2. 水龙头

"水龙头"选项用于快速删除笔触段或填充区域。

3. 橡皮擦形状

单击"橡皮擦工具"对应的选项设置工具中的"橡皮擦形状"图标 ● ，可弹出如图 3-64 所示的菜单，用户可根据具体需要选择适当的橡皮擦形状。

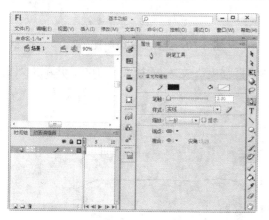

图 3-64 设置橡皮擦形状

> **提 示**
>
> 如果用户想擦除舞台上的所有对象，可直接在工具箱中双击"橡皮擦工具"图标。

3.5.2 平滑或伸直线条

在 Flash 中，使用"高级平滑"功能可以使绘制的线条变得柔和，减少曲线整体方向上的突起或其他变化；使用"高级伸直"功能可以使绘制的线条或曲线变得更趋向于直线段。所以，该操作对已经伸直的线段不起作用。

步骤 1 新建一个 Flash 文档，在工具箱中单击"钢笔工具"图标，然后在"属性"面板中设置笔触颜色为"黑色"，填充颜色为"无"，笔触高度为 2，如图 3-65 所示。

步骤 2 在舞台中绘制如图 3-66 所示的折线段。

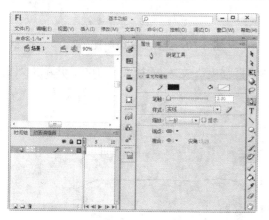

图 3-65 设置钢笔工具参数

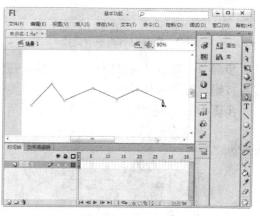

图 3-66 绘制折线段

步骤 3 使用选择工具选中绘制的线段，接着在菜单栏中选择"修改"|"形状"|"高级平滑"命令，如图 3-67 所示。

步骤 4 弹出"高级平滑"对话框，选中"下方的平滑角度"和"上方的平滑角度"复选框，并在两个文本框中均输入 60，设置"平滑强度"为 100，如图 3-68 所示。

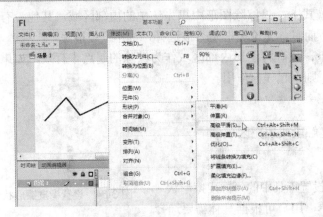

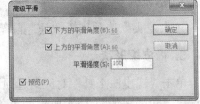

图 3-67 选择"高级平滑"命令　　　　　图 3-68 "高级平滑"对话框

步骤 5　单击"确定"按钮，得到的平滑曲线如图 3-69 所示。

步骤 6　使用选择工具选中得到的平滑曲线，然后在菜单栏中选择"修改"|"形状"|"高级伸直"命令，如图 3-70 所示。

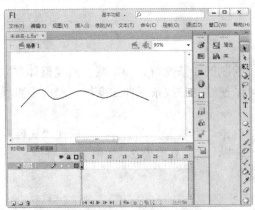

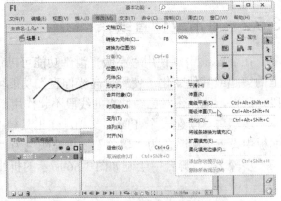

图 3-69 查看得到的平滑曲线　　　　　图 3-70 选择"高级伸直"命令

步骤 7　弹出"高级伸直"对话框，在"伸直强度"文本框中输入 100，并单击"确定"按钮，如图 3-71 所示。

步骤 8　得到的伸直线段如图 3-72 所示。

图 3-71 "高级伸直"对话框　　　　　图 3-72 查看得到的伸直线段

3.5.3　分离文本成图形

在 Flash 中，如果想要对文本进行渐变填充或者绘制边框路径等针对矢量图形的操作，或者制作形状渐变的动画。首先必须对文本进行分离操作，将文本转换为可编辑状态的矢量图形，具体操作步骤如下。

步骤 1　单击工具箱中的"选择工具"图标 ，使用选择工具选择需要分离的文本，如图 3-73 所示。

步骤 2　选择菜单栏中的"修改"|"分离"命令，这样，要被分离的文本中的每个字符都会被放置在一个单独的文本框中，但文本在舞台中的位置保持不变，如图 3-74 所示。

图 3-73　单击"选择工具"图标

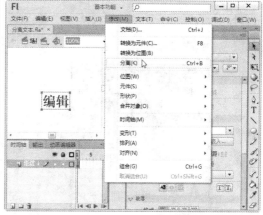

图 3-74　选择"分离"命令

步骤 3　分离后的文本被分解成一个个单独的字符，不再作为一个整体。用户可以对其中的任意字符进行单独的文本编辑而不会影响到其他字符，如图 3-75 所示。

步骤 4　再次选择菜单栏中的"修改"|"分离"命令，文本将被彻底打散，如图 3-76 所示。

图 3-75　第一次分离后的文本

图 3-76　彻底被打散的文本

3.5.4　调整图层类型

对于新建好的图层，可以通过"图层属性"对话框修改其类型，方法是在"时间轴"面板中右击图层，从弹出的快捷菜单中选择"属性"命令，接着在打开的"图层属性"对话框中设置类型参数，再单击"确定"按钮，如图 3-77 所示。

> **提 示**
>
> 在"图层属性"对话框中，单击"轮廓颜色"右侧的颜色模块，可以设置图层的轮廓颜色。如果选中下面的"将图层视为轮廓"复选框，则表示只显示轮廓线时的轮廓线颜色。单击"轮廓颜色"右侧的色块，将弹出调色板，可以吸取颜色，如图 3-78 所示。

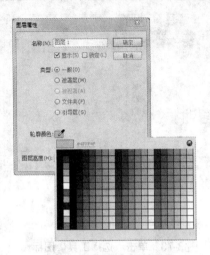

图 3-77　"图层属性"对话框　　　　图 3-78　设置图层轮廓颜色

3.6 习　　题

1. 选择题

(1) 按(　　)组合键可以打开"对齐"面板。

    A. Ctrl+B　　　　　B. Ctrl+I　　　　　C. Ctrl+T　　　　　D. Ctrl+K

(2) (　　)是专门用来选取物件的工具。

    A. 铅笔工具　　　　B. 选择工具　　　　C. 线条工具　　　　D. 矩形工具

(3) 关于图层，描述错误的是(　　)。

    A. 图层可以通过拖动，改变上下层位置

    B. 图层上下层有层次关系，是上层遮挡下层，所以背景在最下面一层

    C. 图层上下层有层次关系，是下层遮挡上层，所以背景在最上面一层

    D. 图层也可以删除、改名

(4) 用 Flash 创建一个小球做自由落体运动的动画。操作步骤如下，正确的顺序是(　　)。

① 在第 1 帧和第 30 帧之间创建补间动画。

② 新建一个 Flash 文件。

③ 把第 30 帧处的小球竖直下拉一段距离。

④ 在第 30 帧处按 F6 插入关键帧。

⑤ 测试并保存。

⑥ 用椭圆工具在第 1 帧处画一个小球，并按 F8 键将其转换为图形元件。

    A.　②⑥③④①⑤　　　　　　　　B.　②⑥③①④⑤

    C.　②⑥④③①⑤　　　　　　　　D.　②⑥①③④⑤

2. 实训题

(1)　在 Flash 中绘制卡通兔子，如图 3-79 所示。

提示：完成该实例主要运用的工具有钢笔工具、椭圆工具、线条工具和选择工具。

(2)　在 Flash 中绘制简易荷花，如图 3-80 所示。

提示：完成该实例主要运用的工具有线条工具、椭圆工具和选择工具。

图 3-79　兔子

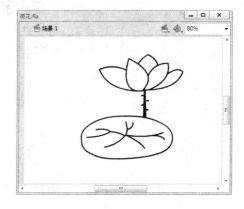

图 3-80　荷花

第 4 章

经典实例：制作服装广告

文本是 Flash 作品中的重要组成部分。为此，本章将为大家讲解如何应用 Flash CS6 中的特效，制作出带有阴影、模糊、发光、渐变斜角等效果的特殊文本，下面就一起来看看！

本章主要内容

- 导入服装图片
- 编辑服装图片
- 设计广告文本
- 对广告中的文本应用滤镜效果
- 优化 Flash 作品
- 发布服装广告

4.1 要点分析

本章通过制作服装广告，来学习编辑图片和文字的技巧以及滤镜的使用方法。将滤镜效果应用到文字设计中，可以得到意想不到的效果。

滤镜是扩展图像处理能力的主要手段，可以大大增强 Flash 的动画设计能力。在 Flash 中，用户可以使用滤镜为文本、按钮和影片剪辑以及场景中的其他对象添加视觉效果。

> **提 示**
>
> 在 Flash 中使用的滤镜数量越多、质量越高，则正确显示创建的视觉效果所需的处理量也就越大，那么影片的运行速度相对也就越慢。使用滤镜时，可以通过调整其强度和质量，用较低的设置实现最佳的回放性能。

如果某个滤镜在补间动画的一端没有相匹配的滤镜(相同类型的滤镜)，Flash 会自动添加匹配的滤镜以确保在动画序列的末端出现该效果。为了防止在补间动画中缺少某个滤镜或者动画两端的滤镜不相同的情况，Flash CS6 会自动执行以下操作。

- 如果将补间动画应用于已应用了滤镜的影片剪辑，则在补间的另一端插入关键帧时，该影片剪辑在补间的最后一帧上会自动添加补间开头所应用的滤镜，并且层叠顺序相同。
- 如果将影片剪辑放在两个不同帧上，并且对于每个影片剪辑应用不同的滤镜，同时两帧之间又应用了补间动画，则 Flash 首先处理带滤镜最多的影片剪辑。然后比较应用于第一个影片剪辑和第二个影片剪辑的滤镜。如果在第二个影片剪辑中找不到匹配的滤镜，Flash 会生成一个不带参数并具有现有滤镜颜色的虚拟滤镜。
- 如果两个关键帧之间存在补间动画并且向其中一个关键帧中的对象添加了滤镜，则 Flash 会在补间另一端的关键帧处自动将一个虚拟滤镜添加到影片剪辑中。
- 如果两个关键帧之间存在补间动画并且从其中一个关键帧中的对象上删除了滤镜，则 Flash 会在补间另一端的关键帧处自动从影片剪辑中删除匹配的滤镜。
- 如果补间动画起始处和结束处的滤镜参数设置不一致，Flash 会将起始帧的滤镜应用到结束帧中。例如，滤镜的挖空、内侧阴影、内侧发光、渐变发光和渐变斜角的类型参数在补间起始处和结束处的设置可能有所不同。

4.2 制作服装广告

下面以制作反季节特价销售衣服为例，介绍如何制作服装广告，具体操作步骤如下。

4.2.1 导入服装图片

首先将需要的服装图片导入"库"面板中，具体操作步骤如下。

步骤 1　新建"特价服饰.fla"文件，并在"属性"面板中调整其参数，如图 4-1 所示。

步骤 2　在菜单栏中选择"文件" | "导入" | "导入到库"命令，如图 4-2 所示。

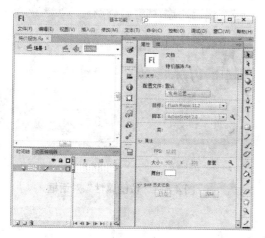

图 4-1　新建"特价服饰.fla"文件

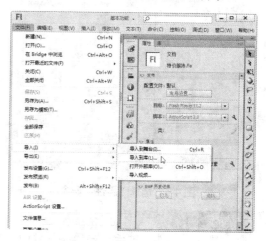

图 4-2　选择"导入到库"命令

步骤 3　弹出"导入到库"对话框，选择要使用的图片，再单击"打开"按钮，如图 4-3 所示。

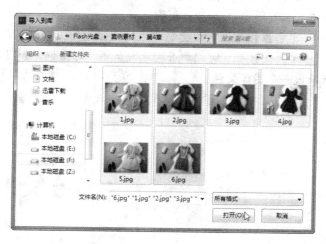

图 4-3　"导入到库"对话框

4.2.2　编辑服装图片

对于导入到"库"中的位图图片，用户可以先对其进行修改，再将其应用到舞台中，具体操作步骤如下。

步骤 1　选中"库"中的位图图片并右击，从弹出的快捷菜单中选择"属性"命令，如图 4-4 所示。

步骤 2　打开"位图属性"对话框，根据具体需要进行设置，然后单击"确定"按钮，如图 4-5 所示。

图 4-4　选择"属性"命令

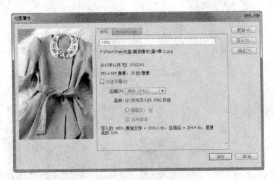

图 4-5　"位图属性"对话框

提示

"位图属性"对话框中的各参数的含义分别如下。

- "允许平滑"：该复选框用于设置是否对图像进行平滑处理。
- "压缩"：单击右侧的下拉按钮，在弹出的下拉列表中可以设置图像的压缩方式，如"照片(JPEG)"(以 JPEG 格式压缩图像)和"无损(PNG/GIF)"(使用无损压缩格式压缩图像)，如图 4-6 所示。
- "更新"：单击该按钮，可以更新导入的图像文件。
- "导入"：单击该按钮，可以打开"导入位图"对话框，如图 4-7 所示。用户可以重新导入一个图像文件。
- "测试"：单击该按钮，可以预览压缩后的效果。

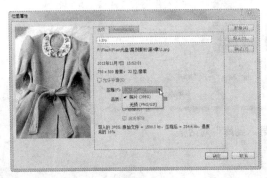

图 4-6　设置压缩格式

图 4-7　"导入位图"对话框

步骤 3　从"库"面板中拖动图片 1 到舞台中，如图 4-8 所示。

步骤 4　在舞台中单击图片，然后根据文档大小在"属性"面板中调整图片大小，并设置 X、Y 坐标为 0，效果如图 4-9 所示。

步骤 5　在"时间轴"面板中右击第 8 帧，从弹出的快捷菜单中选择"插入关键帧"命令，如图 4-10 所示。

步骤 6　单击第 8 帧中的图形，然后在"属性"面板中单击"交换"按钮，如图 4-11 所示。

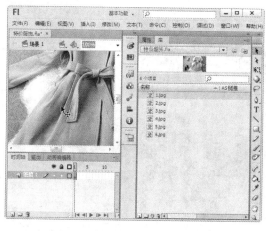

图 4-8　将图片 1 插入到舞台中

图 4-9　设置图片属性

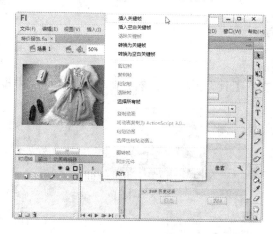

图 4-10　选择"插入关键帧"命令

图 4-11　单击"交换"按钮

步骤 7　弹出"交换位图"对话框，选择要交换的图片，再单击"确定"按钮，如图 4-12 所示。

步骤 8　使用类似方法，每 8 帧插入关键帧，并交换图片，这时的时间轴如图 4-13 所示。

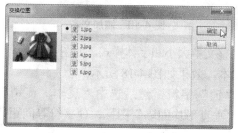

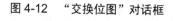

图 4-12　"交换位图"对话框

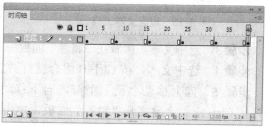

图 4-13　每 8 帧处插入关键帧

步骤 9　在图层 1 中单击第 1 帧，然后按 Ctrl+T 组合键打开"变形"面板，选中"倾斜"单选按钮，接着设置垂直倾斜角度为 180°，效果如图 4-14 所示。使用该方法，旋转其他图片。

图 4-14　"变形"面板

4.2.3　设计广告文本

下面为广告添加打折宣传，具体操作步骤如下。

步骤 1　新建图层 2，单击工具箱中的"文本工具"图标 **T**，然后在"属性"面板中设置文字方向为"垂直"，如图 4-15 所示。

步骤 2　在舞台中添加如图 4-16 所示的文本。

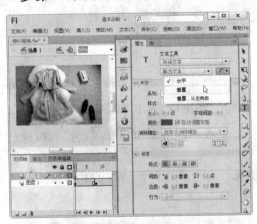

图 4-15　设置文本工具　　　　　　　　　　图 4-16　添加文本

步骤 3　选中文本，接着在"属性"面板中调整文本大小和字体样式，如图 4-17 所示。

步骤 4　选中文本，按 Ctrl+B 组合键打散文本，效果如图 4-18 所示。

步骤 5　向上移动"反"字符，向下移动"销"字符，然后选中"反季大促销"字符，按 Ctrl+K 组合键打开"对齐"面板，单击"垂直平均间隔"图标，使字符等间距，如图 4-19 所示。

步骤 6　使用类似方法调整"欲购从速"，再为"反季大促销"设置 5 种不同的颜色，效果如图 4-20 所示。

图 4-17 调整文本大小和字体样式

图 4-18 查看文本分离效果

图 4-19 调整文本间距

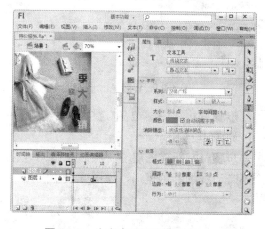

图 4-20 为文本设置不同颜色

步骤 7 在图层 2 中第 8 帧插入关键帧，接着选中该帧上的所有文本并右击，从弹出的快捷菜单中选择"转换为元件"命令，如图 4-21 所示。

步骤 8 弹出"转换为元件"对话框，输入元件名称，并设置类型为"图形"，再单击"确定"按钮，如图 4-22 所示。

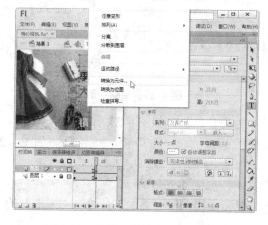

图 4-21 选择"转换为元件"命令

图 4-22 "转换为元件"对话框

步骤 9 单击元件实例，接着在"属性"面板中的"色彩效果"子面板中，设置样式为 Alpha，且 Alpha 值为 0，隐藏文字，如图 4-23 所示。

步骤 10 在图层 2 中第 1～8 帧中间右击，从弹出的快捷菜单中选择"创建传统补间"命令，如图 4-24 所示。

图 4-23 设置 Alpha 值

图 4-24 选择"创建传统补间"命令

步骤 11 在图层 2 中选中 9～40 帧并右击，从弹出的快捷菜单中选择"删除帧"命令，如图 4-25 所示。

步骤 12 新建图层 3，然后在第 8 帧插入关键帧，接着使用矩形工具在舞台中绘制一个不带边框的紫色矩形，如图 4-26 所示。

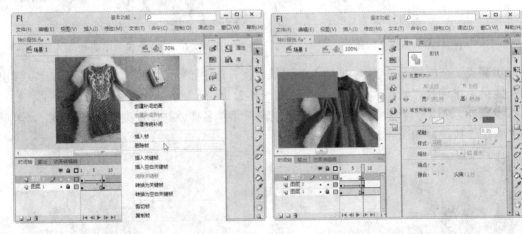

图 4-25 选择"删除帧"命令　　　　　　图 4-26 绘制矩形

步骤 13 复制该矩形，然后调整新矩形的颜色为粉红色，如图 4-27 所示。

步骤 14 使用选择工具调整粉红色矩形的位置，使其位于第一个矩形上方略向下，如图 4-28 所示。

步骤 15 使用文本工具添加"反季促销"文本，如图 4-29 所示。

步骤 16 新建图层 4，然后在第 8 帧插入关键帧，接着使用文本工具绘制文本框并输入"7.5"，如图 4-30 所示。

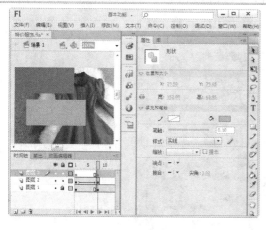

图 4-27　复制矩形

图 4-28　调整矩形位置

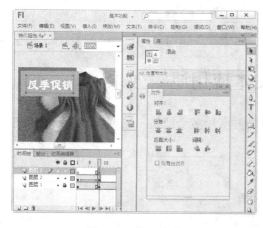

图 4-29　输入文本

图 4-30　编辑图层 4

步骤 17 使用任意变形工具调整"7.5"，使其向右倾斜，效果如图 4-31 所示。

步骤 18 在"7.5"文本右下角添加"折"文本，如图 4-32 所示。

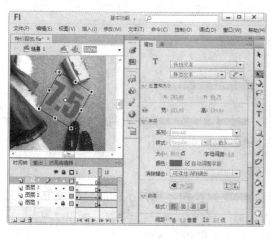

图 4-31　使用任意变形工具倾斜文本

图 4-32　添加"折"文本

步骤 19 在图层 4 中第 16 帧插入关键帧，然后调整衣服的折扣数值，如图 4-33 所示。

步骤 20 使用类似方法，为其他几款衣服调整折扣值。

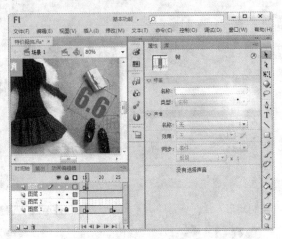

图 4-33　调整折扣数值

4.3　对广告中的文本应用滤镜效果

在 Flash 中，用户可以给同一个文本对象同时应用多个滤镜，也可以删除应用的滤镜效果。

4.3.1　滤镜的类型

滤镜主要有"投影"、"模糊"、"发光"、"斜角"、"渐变发光"、"渐变斜角"和"调整颜色"等几种类型，下面将分别对滤镜的各种类型进行详细介绍。

1. 投影

投影滤镜可以模拟对象表面的投影效果。投影滤镜的"属性"面板如图 4-34 所示。各参数的含义分别如下。

- 模糊 X：设置投影的宽度。
- 模糊 Y：设置投影的高度。

> **提 示**
>
> 单击"链接 X 和 Y 属性值"图标，将使得"模糊 X"和"模糊 Y"的值链接在一起，即更改其中的一个参数值，另一个参数值也会随之发生变化。

- 强度：设置阴影暗度。数值越大，阴影就越暗。
- 品质：选择投影的质量级别。单击右侧的下拉按钮，在弹出的下拉列表中包括三个选项，如图 4-35 所示。一般默认为"低"选项。
- 角度：设置阴影的角度，用户可以直接在文本框中输入数值。
- 距离：设置阴影与对象之间的距离。
- 挖空：挖空(从视觉上隐藏)源对象，并在挖空图像上只显示投影。

- 内阴影：在对象边界内应用阴影。
- 隐藏对象：隐藏对象，只显示对象的阴影。
- 颜色：单击右侧的颜色块，可以打开调色板，设置阴影的颜色，如图 4-36 所示。

 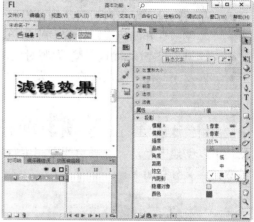

图 4-34　投影滤镜的"属性"面板　　　图 4-35　设置滤镜品质

2. 模糊

模糊滤镜可以柔化对象的边缘和细节，将模糊滤镜应用于对象，可以使该对象看起来像是位于其他对象的后面，或者使对象看起来好像是运动的。模糊滤镜的"属性"面板如图 4-37 所示，各参数的含义分别如下。

- 模糊 X：设置模糊的宽度。
- 模糊 Y：设置模糊的高度。
- 品质：设置模糊的级别，设置为"高"则近似于高斯模糊；设置为"低"可以实现最佳的回放性能。

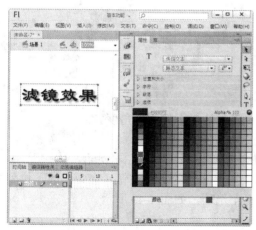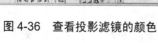 

图 4-36　查看投影滤镜的颜色　　　图 4-37　模糊滤镜的"属性"面板

3. 发光

使用发光滤镜，可以为对象的整个边缘应用颜色。发光滤镜的"属性"面板如图 4-38

所示，各参数的含义如下。

- 模糊 X：设置发光的宽度。
- 模糊 Y：设置发光的高度。
- 强度：设置发光的清晰度。
- 品质：设置发光的质量级别，设置为"低"可以实现最佳的回放性能。
- 颜色：打开调色板，设置发光颜色。
- 挖空：挖空(从视觉上隐藏)源对象，并在挖空图像上显示出发光效果。
- 内发光：在对象边界内应用发光。

4. 斜角

应用斜角滤镜实际上就是向对象应用加亮效果，使其看起来凸出于背景表面。应用斜角滤镜可以创建内斜角、外斜角或者完全斜角。斜角滤镜的"属性"面板如图 4-39 所示，各参数的含义分别如下。

图 4-38 发光滤镜的"属性"面板

图 4-39 斜角滤镜的"属性"面板

- 模糊 X：设置斜角的宽度。
- 模糊 Y：设置斜角的高度。
- 强度：设置斜角的不透明度，而不影响其宽度。
- 品质：设置斜角的质量级别。
- 阴影：设置斜角的阴影颜色。
- 加亮显示：设置加亮颜色。
- 角度：拖动角度盘或直接输入数值，更改斜边投下的阴影角度。
- 距离：输入一个数值以定义斜角的宽度。
- 挖空：挖空(从视觉上隐藏)源对象，并在挖空图像上只显示出斜角。
- 类型：设置要应用到对象的斜角类型。单击右侧的下拉按钮，在弹出的下拉列表中有"内侧"、"外侧"和"全部"三个选项，如图 4-40 所示。

5. 渐变发光

应用渐变发光滤镜，可以在发光表面产生带渐变颜色的发光效果。渐变发光要求选择一种颜色作为渐变开始的颜色，该颜色的 Alpha 值为 0。用户无法改变渐变色的渐变程度，但可以改变渐变色的颜色。渐变发光滤镜的"属性"面板如图 4-41 所示，各参数的含义分别如下。

图 4-40　设置斜角滤镜颜色和类型后的效果

图 4-41　渐变发光滤镜的"属性"面板

- 模糊 X：设置渐变发光的宽度。
- 模糊 Y：设置渐变发光的高度。
- 强度：设置渐变发光的不透明度，不影响宽度。
- 品质：设置渐变发光的质量级别。
- 角度：更改渐变发光投下的阴影角度。
- 距离：设置阴影与对象之间的距离。
- 挖空：挖空(从视觉上隐藏)源对象，并在挖空图像上只显示渐变发光。
- 类型：选择要应用到对象的渐变斜角类型，包括"内侧"、"外侧"和"全部"三种类型。
- 渐变：指定渐变发光的渐变颜色。单击该按钮，将弹出渐变条，如图 4-42 所示。

6. 渐变斜角

应用渐变斜角滤镜可以产生一种凸起效果，使对象看起来好像从背景上凸起，并且斜角表面有渐变颜色。渐变斜角要求渐变的中间有一种颜色，并且该颜色的 Alpha 值为 0。渐变斜角滤镜的"属性"面板如图 4-43 所示，各参数的含义分别如下。

图 4-42　设置渐变发光滤镜的渐变参数

图 4-43　渐变斜角滤镜的"属性"面板

- 模糊 X：设置渐变斜角的宽度。
- 模糊 Y：设置渐变斜角的高度。
- 强度：输入一个数值用以改变渐变斜角的平滑度，而不影响斜角宽度。
- 品质：设置渐变斜角的质量级别。
- 角度：设置光源的角度。
- 距离：设置阴影与对象之间的距离。
- 挖空：挖空(从视觉上隐藏)源对象，并在挖空图像上只显示渐变斜角。
- 类型：选择要应用到对象的渐变斜角类型，包括"内侧"、"外侧"和"全部"三种类型。
- 渐变：指定渐变斜角的渐变色。单击该按钮，将弹出渐变条。

7. 调整颜色

使用调整颜色滤镜，可以调整对象的亮度、对比度、色相和饱和度。调整颜色滤镜的"属性"面板如图 4-44 所示，各参数的含义分别如下。

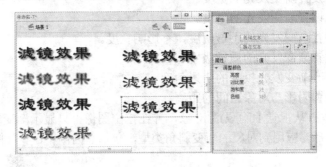

图 4-44　调整颜色滤镜的"属性"面板

- 亮度：调整对象的亮度。
- 对比度：调整图像的加亮、阴影及中调。
- 饱和度：调整颜色的强度。
- 色相：调整颜色的深浅。

4.3.2　为标题文本应用滤镜效果

为某个对象应用滤镜效果的操作步骤如下。

步骤 1　在"库"面板中右击"标题"元件，从弹出的快捷菜单中选择"编辑"命令，如图 4-45 所示。

步骤 2　进入元件编辑窗格，选择要应用滤镜效果的文本，接着在"属性"面板中展开"滤镜"子面板，再单击"添加滤镜"图标，如图 4-46 所示。

步骤 3　从弹出的菜单中选择要使用的滤镜效果，这里选择"投影"命令，如图 4-47 所示。

步骤 4　应用投影后的文本效果如图 4-48 所示。

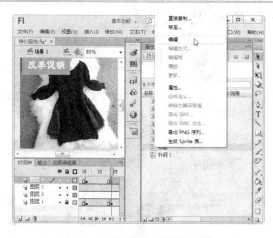

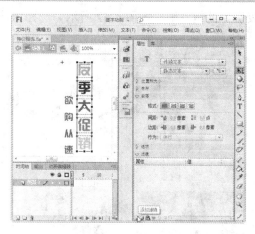

图 4-45　选择"编辑"命令　　　　图 4-46　单击"添加滤镜"图标

图 4-47　选择"投影"命令　　　　图 4-48　查看应用投影后的效果

步骤 5　更改"投影"滤镜的参数，得到如图 4-49 所示的效果。

> **提　示**
>
> 在使用某种滤镜时，不仅可以不断地调整"滤镜"面板中滤镜的相关参数，还可以对同一对象应用多种滤镜效果。

步骤 6　滤镜效果设置完毕后，若要保存预设滤镜，可以在"滤镜"面板中单击"预设"图标，从弹出的下拉菜单中选择"另存为"命令，如图 4-50 所示。

步骤 7　弹出"将预设另存为"对话框，在"预设名称"文本框中输入滤镜名称后，单击"确定"按钮即可保存滤镜效果，如图 4-51 所示。

> **技　巧**
>
> 这里的名称应尽量和最终的效果相对应，使得通过名字就能够了解该滤镜应用后的效果，便于下次再次使用该滤镜。

步骤 8　再次单击"预设"图标，在弹出的下拉列表中即可看到刚刚保存的"标题投影"滤镜效果，如图 4-52 所示。选择该选项，即可应用该预设滤镜。

图 4-49 调整滤镜参数

图 4-50 选择"另存为"命令

图 4-51 "将预设另存为"对话框

步骤 9 如果要重命名保存的预设滤镜，可以单击"预设"图标，从弹出的下拉列表中选择"重命名"命令，如图 4-53 所示。

图 4-52 查看保存的滤镜效果

图 4-53 选择"重命名"命令

步骤 10 弹出"重命名预设"对话框，在列表框中显示出了当前预设滤镜的名称，如图 4-54 所示。

步骤 11 双击要重命名的预设滤镜，以高亮显示滤镜名称，即可重命名该预设滤镜，如图 4-55 所示。再单击"重命名"按钮即可保存新名称。

图 4-54　"重命名预设"对话框　　　　图 4-55　输入滤镜效果新名称

步骤 12 如果想要删除某个已经保存的预设滤镜，可以单击"预设"图标，从弹出的下拉列表中选择"删除"命令，如图 4-56 所示。

步骤 13 弹出"删除预设"对话框，选择要删除的预设滤镜，单击"删除"按钮，如图 4-57 所示。

图 4-56　选择"删除"命令　　　　　图 4-57　"删除预设"对话框

步骤 14 如果要删除应用到某个对象上的滤镜效果，可以先选中应用滤镜效果的对象，然后在"属性"面板的"滤镜"子面板下，选择要删除的滤镜效果，如图 4-58 所示。

步骤 15 单击"滤镜"面板中的"删除"图标 即可将该滤镜删除，如图 4-59 所示。

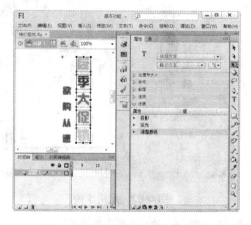

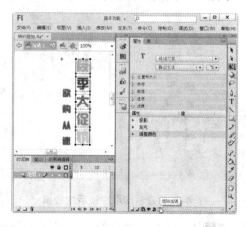

图 4-58　选择要删除的滤镜效果　　　　图 4-59　单击"删除"图标

技 巧

如果为某个对象同时应用了多个滤镜，要想一次性删除对象应用的所有滤镜，只要单击"添加滤镜"图标，从弹出的下拉列表中选择"删除全部"命令即可，如图 4-60 所示。

步骤 16 如果想要暂时关闭某个滤镜效果，而不希望将该滤镜删除，则可以使用滤镜的启用和禁用功能。方法是选中需要禁用的滤镜，然后单击"滤镜"选项卡下的"启用或禁用滤镜"图标，如图 4-61 所示。

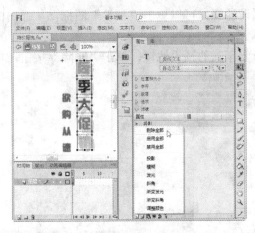

图 4-60 选择"删除全部"命令

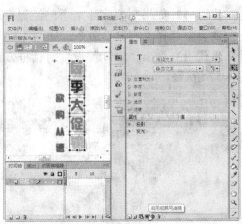

图 4-61 单击"启用或禁用滤镜"图标

步骤 17 此时，"投影"滤镜就被禁用了，其名称以斜体显示，并在名称的右侧显示一个红色的禁用标记×，如图 4-62 所示。

步骤 18 如果想要再次启用该滤镜效果，只要选择禁用的滤镜，再单击"启用和禁用滤镜"图标即可，如图 4-63 所示。

图 4-62 查看禁用滤镜后的效果

图 4-63 启用滤镜

步骤 19 这样，禁用的滤镜就又重新被启用了，舞台上的文本也恢复了，如图 4-64 所示。

步骤 20　如果想要同时禁用所有的滤镜，需要单击"添加滤镜"图标，在弹出的下拉菜单中选择"禁用全部"命令，如图 4-65 所示。

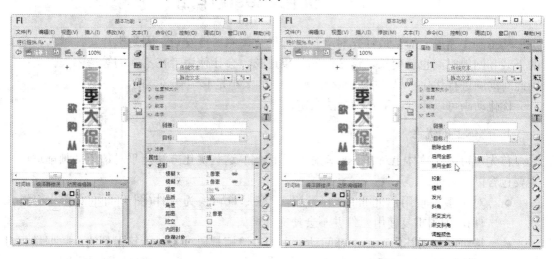

图 4-64　查看启用滤镜后的效果　　　　图 4-65　选择"禁用全部"命令

步骤 21　此时，"滤镜"子面板的所有滤镜就一次性被全部禁用了，如果想要重新全部启用所有的滤镜，只要再次单击"添加滤镜"图标，在弹出的下拉菜单中选择"启用全部"命令即可，如图 4-66 所示。

步骤 22　如果对设置的滤镜效果不满意，可以将其恢复到 Flash 默认的参数。方法是在"滤镜"子面板中选择要设置的滤镜选项，再单击"重置滤镜"图标即可，如图 4-67 所示。

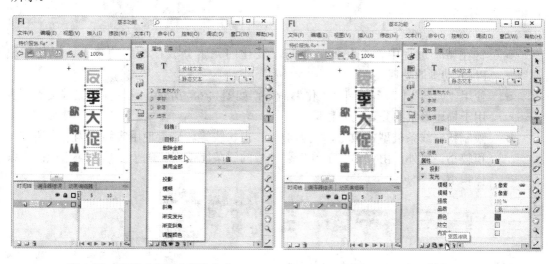

图 4-66　选择"启用全部"命令　　　　图 4-67　重置滤镜

4.4 优化 Flash 作品

动画制作完成之后，最好先对动画进行优化，然后再发布。因为影片文件越大，动画的下载和回放时间也就变长。这个时间如果过长，会让使用者在不断的等待中失去耐心。因此对动画进行优化，尽可能地减少动画的文件大小是非常有必要的。

优化动画可以通过以下几种方法来实现。

1. 总体上的优化

首先，可以从总体上对 Flash 动画进行优化，这些优化方法几乎对每个动画都适用，主要包含以下方面。

- 对于多次使用的元素或动画过程，应尽量转换为元件(图形元件或影片剪辑元件)，因为重复使用元件并不会使文件增大。
- 尽可能使用补间动画，补间动画中的过渡帧是通过系统计算得到的，数据量相对于逐帧动画而言要小得多。
- 若要导入声音，应尽可能使用数据量小的声音格式，如 MP3 格式。
- 导入的图片最好是 JPG 或 GIF 格式。
- 尽量避免对位图元素进行动画处理，一般将其作为背景或者静态元素。
- 不要在同一帧放置过多的元件，这样会增加 Flash 处理文件的时间。

2. 元素和线条

从总体上对 Flash 动画做了优化后，还可以从细节上对动画进行优化，例如优化动画中的元素和线条。

- 尽量将元素组合。
- 将在整个过程中都变化的元素与不变化的元素分放在不同的层上，以便加速 Flash 动画的处理过程。
- 使用"修改"|"形状"|"优化"命令，如图 4-68 所示，这样能最大限度地减少用于描述形状的分隔线的数量。
- 限制特殊线条类型的数量，例如虚线、点状线等。尽量使用实线，因为它所占体积较小。另外，由"铅笔工具" ✐ 生成的线条比使用"刷子工具" ✐ 生成的线条体积小。

图 4-68　选择"优化"命令

3．文本和字体

除了元素和线条外，如果适当地注意文本和字体，也可以起到优化动画的作用。

- 不要应用太多字体和样式。
- 尽可能使用 Flash 内定的字体。尽量少使用嵌入字体，嵌入字体会增加文件的大小。
- 无特殊需要不要将字体打散成图形。

4．颜色

丰富的颜色可以大大增强动画的表现力，但是在使用颜色的时候注意几个小事项，可以使制作出来的动画文件变得更小。

- 尽量少使用渐变色，使用渐变填充比使用纯色填充占用空间大。
- 尽量少使用 Alpha 透明度，因为它会放慢动画的回放速度。

5．脚本

除了上面介绍的四个方面外，恰当地使用脚本，不但可以起到优化动画的作用，对于动画制作者来说制作动画的过程也会简单得多。

4.5　发布服装广告

优化好动画作品后，下面就可以测试并发布作品了。

4.5.1　测试 Flash 作品

如果要在本地计算机上测试动画，只需要打开要测试的 Flash 文件，然后按 Ctrl+Enter 组合键即可。通过测试可以查看制作的 Flash 文件效果，然后对不满意的地方进行调整修改，从而达到预想效果。

动画在网络上的播放效果和在本地计算机上的播放效果是有差异的。因为在网络上，动画会受到网络速度等因素的影响。下面介绍如何测试动画在网络上的播放效果，具体操作步骤如下。

步骤 1　首先打开要测试的动画，然后按 Ctrl+Enter 组合键打开该动画的测试界面，在窗口中选择"视图"|"下载设置"命令，在弹出的子菜单中不仅可以选择 Flash 中提供的网络速度，还可以自定义网络速度，如图 4-69 所示。这样，就可以模拟 Flash 动画在不同网络速度下的播放效果。

步骤 2　当需要自定义下载速度时，可以在 SWF 文件播放窗口中选择"视图"|"下载设置"|"自定义"命令，弹出"自定义下载设置"对话框，在其中自定义下载速度，如图 4-70 所示。

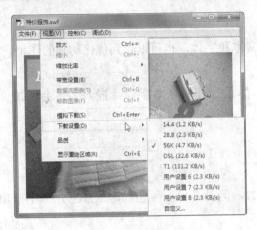

图 4-69 选择"下载设置"命令

图 4-70 "自定义下载设置"对话框

步骤 3 在 SWF 文件播放窗口中选择"视图"|"带宽设置"命令，可以显示带宽的显示图，如图 4-71 所示。

步骤 4 此时在舞台的上方将出现一个数据流图表，通过图表右侧的窗格可以查看各帧数据的下载情况，此时选择任意一帧，播放将停止，可以从左边窗格中查看该帧的详细信息。

步骤 5 如果要查看哪个帧传输的时间比较多，可以在窗口中选择"视图"|"帧数图表"命令，如图 4-72 所示。

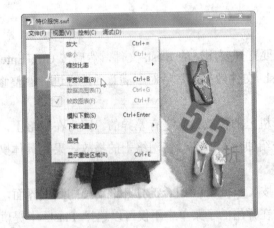

图 4-71 选择"带宽设置"命令

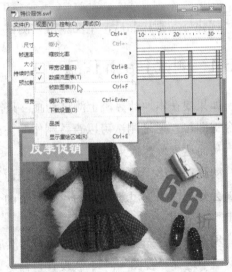

图 4-72 选择"帧数图表"命令

步骤 6 在 SWF 文件播放窗口中选择"视图"|"模拟下载"命令，可以打开或隐藏带宽显示图下方的 SWF 文件，如图 4-73 所示。

步骤 7 如果隐藏了 SWF 文件，将会开始加载隐藏的文件，并在左侧窗格中显示加载进度，如图 4-74 所示。

步骤 8 测试完成后，关闭测试窗口，返回 Flash 窗口。

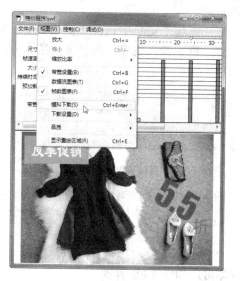

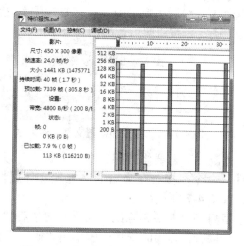

图 4-73 选择"模拟下载"命令　　　　图 4-74 查看隐藏 SWF 文件后的效果

4.5.2 发布 Flash 作品

动画测试满意后，接下来就可以发布作品了，具体操作步骤如下。

步骤 1 在菜单栏中选择"文件"|"发布设置"命令，打开"发布设置"对话框，在此设置 Flash 影片参数，再单击"配置文件选项"图标，如图 4-75 所示。

步骤 2 在弹出的菜单中选择"创建配置文件"命令，如图 4-76 所示。

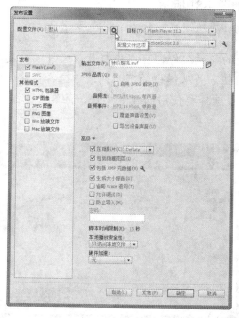

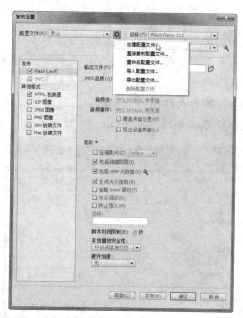

图 4-75 "发布设置"对话框　　　　图 4-76 选择"创建配置文件"命令

步骤 3 弹出"创建新配置文件"对话框，在"配置文件名称"文本框中输入新配置文件名称，再单击"确定"按钮，如图4-77所示。

步骤4 若要复制配置文件，可以在"配置文件选项"菜单中选择"直接复制配置文件"命令，然后在弹出的"直接复制配置文件"对话框中输入复制的配置文件的名称，再单击"确定"按钮即可，如图4-78所示。

图4-77　"创建新配置文件"对话框　　图4-78　"直接复制配置文件"对话框

步骤5 若要修改配置文件名称，可以在"配置文件选项"菜单中选择"重命名配置文件"命令，接着在弹出的"配置文件属性"对话框中输入新名称，再单击"确定"按钮，如图4-79所示。

步骤6 若要删除配置文件，可以在"配置文件选项"菜单中选择"删除配置文件"命令，接着在弹出的提示框中单击"确定"按钮即可，如图4-80所示。

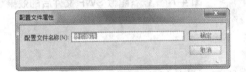　

图4-79　"配置文件属性"对话框　　　图4-80　单击"确定"按钮

步骤7 若要导出配置文件，可以在"配置文件选项"菜单中选择"导出配置文件"命令，弹出"导出配置文件"对话框，选择配置文件保存位置，并在"文件名"文本框中输入新的文件名称，最后单击"保存"按钮，如图4-81所示。

提示

如果用户要在其他Flash文件中使用导出的配置文件，可以先打开该文件的"发布配置"对话框，然后单击"导入配置文件"按钮，并从弹出的下拉列表中选择"导入"命令，接着在弹出的"导入配置文件"对话框中选择要使用的配置文件，再单击"打开"按钮即可，如图4-82所示。

图4-81　"导出配置文件"对话框　　图4-82　"导入配置文件"对话框

步骤8 设置完毕之后，单击"发布"按钮发布作品，再单击"确定"按钮保存设置。

4.6 提 高 指 导

4.6.1 导入外部视频

在制作动画的过程中，用户经常会用到视频。Flash CS6 允许用户将视频、数据、图形、声音和交互式控制融为一体。

1. 导入的视频格式

若要将视频导入 Flash CS6 中，必须使用以 FLV 或 H.264 格式编码的视频，视频导入向导将自动检查导入的视频文件。如果导入的视频不是 Flash CS6 可以播放的格式，则会弹出 Adobe Flash CS6 提示框，如图 4-83 所示。如果导入的视频不是 FLV 或 F4V 格式，则可以使用 Adobe Media Encoder 以适当的格式对视频进行编码后，再重新导入视频。

图 4-83 Adobe Flash CS6 提示框

2. 导入视频文件

在 Flash CS6 中导入视频文件的具体操作步骤如下。

步骤 1 选择菜单栏中的"文件"|"导入"|"导入视频"命令，打开"导入视频"对话框，如图 4-84 所示。

步骤 2 如果要导入本地计算机上的视频，可选中"在您的计算机上"单选按钮，并单击"浏览"按钮，弹出"打开"对话框，如图 4-85 所示。

图 4-84 "导入视频"对话框

图 4-85 "打开"对话框

提 示

"导入视频"对话框中提供了三个视频导入选项,含义分别如下。

● "使用播放组件加载外部视频":导入视频并创建 FLVPlayback 组件的实例,
以控制视频回放。将 Flash 文档作为 SWF 发布并上传到 Web 服务器时,还必
须将视频文件上传到 Web 服务器或 Flash Media Server,并按照已上传视频文件
的位置配置 FLVPlayback 组件。

● "在 SWF 中嵌入 FLV 并在时间轴中播放":将 FLV 视频文件嵌入 Flash 文档
中。这样导入视频后,可以在时间轴中查看每帧上的视频显示效果,嵌入的 FLV
视频文件为 Flash 文档的一部分。

● "作为捆绑在 SWF 中的移动设备视频导入":与在 Flash 文档中嵌入视频类
似,将视频绑定到 Flash Lite 文档以部署到移动设备中。

步骤 3 选择文件的路径后,再选择要导入的视频文件,单击"打开"按钮即可导入
视频文件。

步骤 4 另外,还可以导入网络上的视频。其方法是:选中"已经部署到 Web 服务
器、Flash Video Streaming Service 或 Flash Media Server"单选按钮,并在 URL 文本框中输
入地址。

步骤 5 设置完毕后单击"下一步"按钮,进入视频的"设定外观"界面,如图 4-86
所示。

步骤 6 单击"外观"下拉按钮,从弹出的下拉列表中可以根据需要选择合适的外
观,如图 4-87 所示。

图 4-86 单击"下一步"按钮

图 4-87 选择合适的外观

提 示

选择"无"选项，则不设置 FLVPlayback 组件的外观；选择预定义的 FLVPlayback 组件的外观之一，Flash CS6 会将外观复制到 FLA 文件所在的文件夹中。

步骤 7 单击"颜色"色块，在弹出的调色板中，可以设置视频外观的颜色；在"预览"窗格中，可以预览外观的设置效果。

步骤 8 设置完毕后单击"下一步"按钮，进入"完成视频导入"界面，如图 4-88 所示。

步骤 9 单击"完成"按钮即可把视频导入到场景中，如图 4-89 所示。

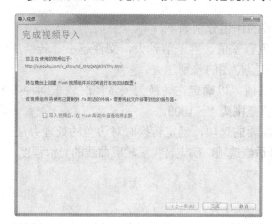

图 4-88　完成视频导入

图 4-89　成功把视频导入到场景中

步骤 10 在菜单栏中选择"控制"|"测试影片"命令(或者按 Ctrl+Enter 组合键)，就可以查看视频的播放效果，如图 4-90 所示。

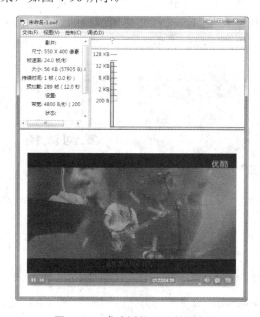

图 4-90　成功播放导入的视频

4.6.2　将位图转换为矢量图

位图相较矢量图而言更为复杂，文件也更大，因此建议用户将其转换为矢量图，以便减少文件大小。方法是选中要转换的图片，然后在菜单栏中选择"修改"|"位图"|"转换位图为矢量图"命令，弹出"转换位图为矢量图"对话框，在其中可以对转换的各项参数进行设置以达到最优质的图片效果，如图 4-91 所示。

图 4-91　"转换位图为矢量图"对话框

"转换位图为矢量图"对话框中各项参数的作用分别如下。

- "颜色阈值"：在文本框中输入颜色容差值，容差值越大，文件越小，转换后的颜色数目也越少，图像质量越低，与原位图的差别越大。
- "最小区域"：在文本框中输入像素值，以确定在转换为矢量图时属于同种颜色的区域所包含像素点的最小值，数值范围为 1～1000。
- "角阈值"：在下拉列表框中选择需要的选项，确定转换时对边角的处理办法。
- "曲线拟合"：在下拉列表框中选择适当选项，确定转换后轮廓曲线的光滑程度。

4.6.3　复制滤镜效果

如果应用多种滤镜，并通过不断调整参数获得了理想的滤镜效果，以后还想使用这样的效果，除了预设滤镜外，还可以复制滤镜，具体操作步骤如下。

步骤 1　在"属性"面板中的"滤镜"子面板下，选择要复制的某种滤镜效果，然后单击"剪贴板"图标，从弹出的下拉列表中选择"复制所选"命令，如图 4-92 所示。

步骤 2　切换到目标文件窗口，选择要应用滤镜的对象，接着在"滤镜"子面板中单击"剪贴板"图标，从弹出的下拉列表中选择"粘贴"命令，如图 4-93 所示。

图 4-92　选择"复制所选"命令

图 4-93　选择"粘贴"命令

步骤 3　此时就将复制的滤镜效果应用于要粘贴滤镜的对象上了，效果如图 4-94 所示。

图 4-94　查看应用复制的滤镜后的效果

4.7　习　　题

1. 选择题

(1)　关于滤镜，以下说法错误的是(　　)。

    A. 滤镜可以应用于文本

    B. 滤镜可以应用于影片剪辑

    C. 滤镜可以应用于按钮

    D. 滤镜可以应用于位图

(2)　混合模式的效果中，(　　)可以实现将混合颜色的反色与基准色复合，产生漂白效果。

    A. 变亮　　　　　　B. 滤色　　　　　　C. 叠加　　　　　　D. Alpha

(3)　下面能够精简 Flash 文件体积的是(　　)。

    A. 减少使用特殊线型　　　　　　B. 减少使用图层

    C. 减少导入图片或音乐文件　　　　D. 减少使用逐帧动画

2. 实训题

(1)　参考本章实例，制作"新品服装上市.fla"广告文件。

(2)　优化制作的"新品服装上市.fla"文件，并将其发布出去。

第 5 章

经典实例：绘制飞翔的天鹅

兴趣是最大的动力。一幅动态的画面往往比静态的画面更能吸引人。而使用 Flash 就可以很好地将静态图形和动态演示结合起来，以增加作品的吸引力，激发读者的认知活动。为此，下面就为大家介绍帧的操作方法，以便大家尽快掌握使用 Flash 制作动画的方法。

本章主要内容

- 掌握帧的基本操作
- 绘制天鹅
- 使用逐帧动画让天鹅"飞"起来
- 播放天鹅飞翔效果
- 导出 Flash 作品

5.1 要点分析

本章以使用逐帧动画制作飞翔的天鹅为例，为大家讲解使用 Flash 制作动画的方法。在制作过程中，通过对帧上的内容进行修改，形成动画效果。

5.2 绘制飞翔的天鹅

5.2.1 掌握帧的基本操作

帧是 Flash 动画中最基本的单元，Flash 中应用的元素都位于帧上，当播放头移动到某帧时，该帧的内容就显示在舞台中。帧的前后顺序将关系到帧中内容在影片播放中出现的顺序。

1. 选择帧

用户要编辑帧，则必须先选择帧。在不同情况下可采用不同的方法选择帧。

- 选择单个帧：将鼠标指针移动到时间轴中需要选择的帧上方，单击鼠标左键即可选择该帧。
- 同时选择多个不相连的帧：选择一帧后，按住 Ctrl 键的同时单击要选择的帧即可选择不连续的多个帧，如图 5-1 所示。蓝色单元格显示的就是选中的不连续的帧。
- 同时选择多个相连的帧：选择一帧后，按住 Shift 键的同时按住鼠标左键不放，在时间轴上拖动选中要选择的多个相连的帧(或者单击要选择的帧的第一帧和最后一帧)，如图 5-2 所示。

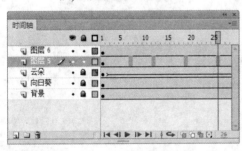
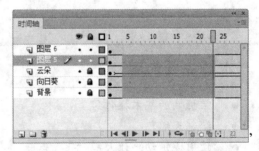

图 5-1 选择多个不相连的帧 　　　　图 5-2 选择多个相连的帧

2. 插入帧

在编辑动画的过程中，根据动画制作的需要，在很多时候都需要在已有帧的基础上再插入新的帧，根据帧类型的不同插入帧的方法也有所不同。用户可以在时间轴上插入任意多个普通帧、关键帧和空白关键帧，方法有以下几种。

1) 菜单命令

在时间轴上单击需要插入帧的位置，然后在菜单栏中选择"插入"|"时间轴"命令，

并从展开的子菜单中选择需要的帧命令即可，如图 5-3 所示。

2) 快捷菜单

在时间轴上右击需要插入帧的位置，从弹出的快捷菜单中选择需要的帧命令即可，如图 5-4 所示。

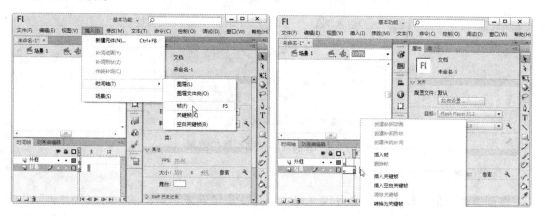

图 5-3　展开"时间轴"子菜单　　　图 5-4　在"时间轴"面板中右击某帧

3) 快捷键

在时间轴上单击需要插入帧的位置，按 F5 键可以插入普通帧；按 F6 键可以插入关键帧；按 F7 键可以插入空白关键帧。

3．复制和粘贴帧

在创作动画过程中，经常要用到一些相同的帧。如果对帧进行复制和粘贴操作，就可以得到内容完全相同的帧，从而在一定程度上提高工作效率，避免重复操作。

步骤 1 在"时间轴"面板中的第 1 帧上绘制一个图形，然后右击该帧，从弹出的快捷菜单中选择"复制帧"命令，如图 5-5 所示。

步骤 2 在时间轴上选择目标帧，这里选择第 10 帧，然后在菜单栏中选择"编辑"|"时间轴"|"粘贴帧"命令，如图 5-6 所示。

图 5-5　选择"复制帧"命令　　　图 5-6　选择"粘贴帧"命令

步骤 3 复制粘贴帧后的效果如图 5-7 所示，单击第 10 帧，可以选中该帧在舞台中对应的图形。

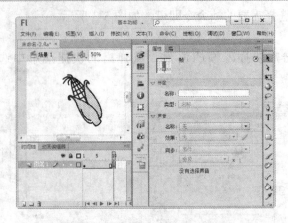

图 5-7　查看复制粘贴帧后的效果

4. 删除帧

在创建动画的过程中，如果发现文档中某几帧是错误或无意义的，可以将其删除，方法是选择需要删除的帧(一个或者多个帧)并右击，从弹出的快捷菜单中选择"删除帧"命令，如图 5-8 所示。

5. 清除帧

清除帧就是清除关键帧中所有的内容，但是可以保留帧所在的位置，方法是选择需要清除的帧，然后在菜单栏中选择"编辑"|"时间轴"|"清除帧"命令，如图 5-9 所示。

图 5-8　选择"删除帧"命令　　　　图 5-9　选择"清除帧"命令

6. 移动帧

在动画创作过程中，有时会需要对时间轴上某帧的位置进行重新调整，具体操作方法如下。

步骤 1　在时间轴上选择要移动的帧，然后在菜单栏中选择"编辑"|"时间轴"|"剪切帧"命令，如图 5-10 所示。

步骤 2　在要移动到的帧位置处右击，从弹出的快捷菜单中选择"粘贴帧"命令，效果如图 5-11 所示。

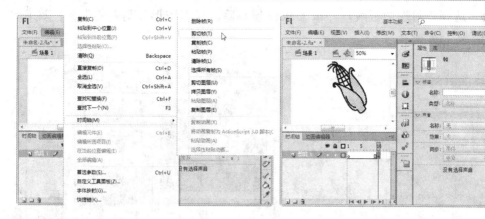

图 5-10 选择"剪切帧"命令   图 5-11 查看移动帧后的效果

技 巧

在时间轴上单击要移动的帧，并按住鼠标左键不放，在时间轴上拖动，移动到新位置，如图 5-12 所示，再释放鼠标左键即可移动帧。

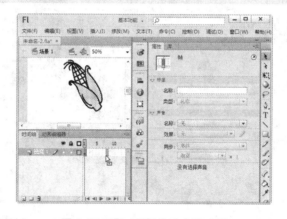

图 5-12 通过鼠标拖动来移动帧

5.2.2 绘制天鹅

下面开始绘制天鹅图形，具体操作步骤如下。

步骤 1 选择"文件" | "新建"命令，打开"新建文档"对话框，新建一个 Flash 文档，其大小为 550 像素×400 像素，背景为"蓝色"(#00CCFF)，如图 5-13 所示。

步骤 2 在工具箱中单击"刷子工具"图标，并在"属性"面板中单击"填充颜色"按钮，打开调色板，设置填充颜色为"白色"，保持其他参数为默认值，如图 5-14 所示。

步骤 3 在"时间轴"面板中选择第 1 帧，然后在舞台中心位置绘制天鹅图形，如图 5-15 所示。

步骤 4 使用工具箱中的钢笔工具在舞台中绘制三角形，如图 5-16 所示。

步骤 5 在工具箱中单击"颜料桶工具"图标，并在"属性"面板中设置填充颜色为"黄色"(#CC9900)，接着在舞台中填充三角形，如图 5-17 所示。

步骤 6　选择三角形边框线，并按 Delete 键删除，再将图形移到天鹅头部，效果如图 5-18 所示。

图 5-13　"新建文档"对话框

图 5-14　设置刷子工具参数

图 5-15　绘制天鹅轮廓

图 5-16　绘制三角形图形

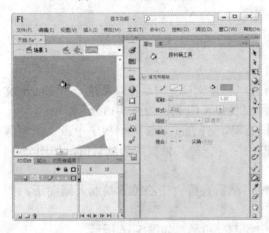

图 5-17　给三角形上色

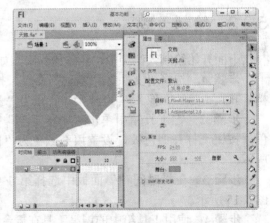

图 5-18　移动三角形位置

步骤 7　在工具箱中单击"椭圆工具"图标，并在"属性"面板中设置笔触颜色为

"无"，填充颜色为"黑色"，接着在舞台中绘制一个小圆作为天鹅的眼睛，如图 5-19
所示。

步骤 8 在工具箱中单击"文本工具"图标 **T**，在"属性"面板中设置文本字体为
"黑体"，颜色为"白色"，大小为"20.0 点"，接着在舞台上创建一个静态文本，并输
入"1"，如图 5-20 所示。

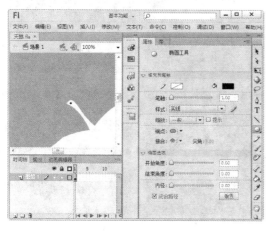
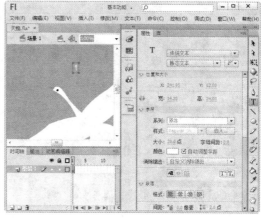

图 5-19　绘制天鹅眼睛　　　　　　　　图 5-20　输入数字

5.2.3　使用逐帧动画让天鹅"飞"起来

逐帧动画是在时间轴上以关键帧的形式逐帧绘制内容而形成的动画。它按照一帧一帧
的顺序来播放动画，因此逐帧动画具有非常大的灵活性，几乎可以表现任何想要表现的内
容。下面就使用逐帧动画让天鹅"飞"起来吧，具体操作步骤如下。

步骤 1 在时间轴上右击第 2 帧，在弹出的快捷菜单中选择"插入关键帧"命令，插
入一个关键帧。如图 5-21 所示。

步骤 2 这时可以发现舞台中的内容与第一帧完全相同。然后使用工具箱中的选择工
具对该图形略作调整，接着在舞台中修改文本序号为 2，最终效果如图 5-22 所示。

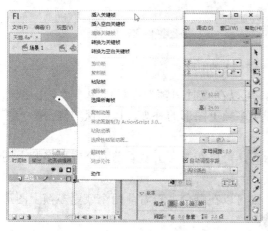

图 5-21　选择"插入关键帧"命令　　　　图 5-22　调整图形

步骤 3 重复之前的步骤，分别在 3～17 帧上插入关键帧，然后对每一帧上的图形略作调整，并修改每帧对应的序号，如图 5-23 所示。

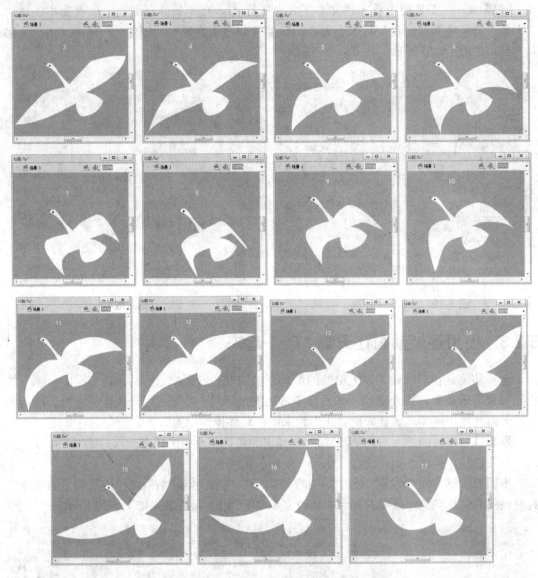

图 5-23 制作 3～17 帧上的图形

步骤 4 为了便于定位和编辑逐帧动画，可以在"时间轴"面板中单击"绘图纸外观"图标，这样即可在舞台上查看前两个或更多帧上图形的外观，以确保实例中每一帧上图形的位置和大小符合逻辑，如图 5-24 所示。

步骤 5 若单击"绘图纸外观轮廓"图标，可以在舞台上查看前两个或更多帧上图形的外观轮廓，如图 5-25 所示。

步骤 6 若单击"编辑多个帧"图标，则可以在舞台上查看前两个或更多帧上图形的完整形状，如图 5-26 所示。

图 5-24　查看多个帧上图形的外观

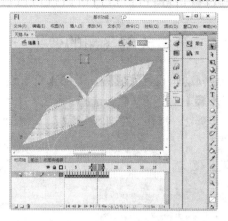

图 5-25　查看多个帧上图形的外观轮廓

步骤 7　若要查看所有帧上的图形，可以单击"修改标记"图标，在弹出的菜单中选择"标记整个范围"命令，如图 5-27 所示。

图 5-26　查看多个帧上的完整图形

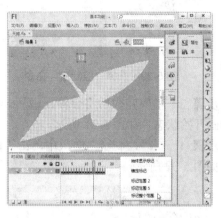

图 5-27　选择"标记整个范围"命令

步骤 8　这时再单击"绘图纸外观"图标、"绘图纸外观轮廓"图标或者"编辑多个帧"图标，就可以查看所有帧上图形的外观了，如图 5-28 所示是 17 个帧上图形的外观轮廓。

图 5-28　查看所有帧上图形的外观轮廓

5.2.4　查看天鹅飞翔的效果

逐帧动画设置完成后，下面来查看设置的动画效果，具体操作步骤如下。

步骤1　在菜单栏中选择"窗口"|"工具栏"|"控制器"命令，如图5-29所示。

步骤2　打开"控制器"面板，单击"播放"图标，播放制作的动画，如图5-30所示。

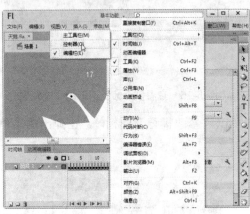

图 5-29　选择"控制器"命令　　　　　　图 5-30　查看设置的动画效果

步骤3　播放完成后将会停在最后一帧，这时可以通过单击"转到第一帧"图标，回到动画开始状态，如图5-31所示。

步骤4　在"控制器"面板中单击"前进一帧"图标，进入第2帧，查看该帧上的图形，如图5-32所示。

图 5-31　单击"转到第一帧"图标　　　　　图 5-32　单击"前进一帧"图标

步骤5　如果作品比较大，播放时间比较长，在播放过程中有些动画效果没看清楚就播放过去了，这时可以单击"停止"图标，停止播放，如图5-33所示。接着单击"前进一帧"图标 ▶ 或"后退一帧"图标 ◀ 逐帧控制动画播放。

图 5-33　单击"停止"图标

5.3　导出 Flash 作品

动画制作完毕之后，用户可以将其导出以得到单独格式的 Flash 作品，方便以后自由使用。在 Flash 程序中，可以将制作的动画以影片、图像的形式导出，或是导出部分选中的内容。

5.3.1　导出 SWF 动画影片

将 Flash 动画文件以 SWF 格式导出的操作步骤如下。

步骤 1　在 Flash CS6 菜单栏中，选择"文件"|"导出"|"导出影片"命令，如图 5-34 所示。

步骤 2　弹出"导出影片"对话框，选择文件存放位置，然后在"文件名"文本框中输入相应的名称，再单击"保存"按钮，如图 5-35 所示。

图 5-34　选择"导出影片"命令　　　　图 5-35　"导出影片"对话框

5.3.2　导出 GIF 动画图像

如果用户想要将动画中的某个图像以图片形式导出并保存，具体操作步骤如下。

步骤 1　在 Flash CS6 菜单栏中，选择"文件"|"导出"|"导出图像"命令，如图 5-36 所示。

步骤 2　弹出"导出图像"对话框，选择文件存放位置，在"文件名"文本框中输入名称，在"保存类型"下拉列表中选择图片类型，这里选择"GIF 图像(*.gif)"，再单击"保存"按钮，如图 5-37 所示。

步骤 3　弹出"导出 GIF"对话框，设置图片的尺寸、分辨率、包含(设置导出图像的内容)、颜色、交错、透明、平滑、抖动纯色等选项，最后单击"确定"按钮即可，如图 5-38 所示。

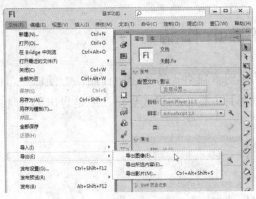

图 5-36 选择"导出图像"命令

图 5-37 "导出图像"对话框

> **提 示**
>
> 在步骤 2 中选择的图片类型不同，将会弹出不同的对话框。例如，选择图片类型为
> "JPEG 图像(*.jpg, *.jpeg)"，则会弹出"导出 JPEG"对话框，可以设置图片的尺寸、
> 分辨率、品质等选项，如图 5-39 所示。设置好后再单击"确定"按钮即可。

图 5-38 "导出 GIF"对话框

图 5-39 "导出 JPEG"对话框

5.3.3 导出所选内容

如果只想导出动画的部分内容，可以通过下述操作实现。

步骤 1 在 Flash 作品中选择要导出的内容，然后在菜单栏中选择"文件"|"导出"|
"导出所选内容"命令，如图 5-40 所示。

步骤 2 弹出"导出图像"对话框，选择文件存放位置，然后在"文件名"文本框中
输入相应的名称，再单击"保存"按钮，这样可以将选中的内容导出为 FXG 格式的文
件，如图 5-41 所示。

> **提 示**
>
> FXG (Flash XML Graphics)是基于 MXML 子集的一种图形文件格式，它由 Adobe 系
> 统开发，存储为 FXG 格式时，图像的总像素必须少于 6777216，并且长度或宽度应限制
> 在 8192 像素范围内。

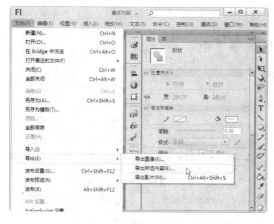

图 5-40　选择"导出所选内容"命令　　　　图 5-41　"导出图像"对话框

5.4　提　高　指　导

5.4.1　巧用翻转帧改变物体运动方向

翻转帧功能可以将选中的所有帧的播放序列进行颠倒。例如，创作了一个物体从左移动到右的动画，如果想改变物体的运动方向，让物体从右移动到左，即可使用翻转帧功能。

步骤 1　选择"文件"|"新建"命令，弹出"新建文档"对话框，并切换到"常规"选项卡，接着在"类型"列表框中选择 ActionScript 3.0 选项，再设置文档的宽、高、帧频、背景颜色等参数，如图 5-42 所示。设置完毕后单击"确定"按钮。

步骤 2　在"时间轴"面板中选择图层 1 中的第 1 帧，如图 5-43 所示。

图 5-42　新建一个 Flash 文件　　　　图 5-43　选择图层 1 的第 1 帧

步骤 3　单击工具箱中的"椭圆工具"图标，设置笔触颜色为"无"，并单击"填充颜色"按钮，在打开的调色板中选择绿色放射状渐变，如图 5-44 所示。

步骤 4　按住 Shift+Alt 组合键，在舞台左侧绘制一个正圆形小球，如图 5-45 所示。

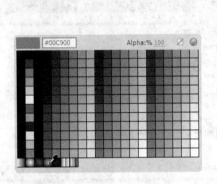

图 5-44　选择绿色放射状渐变

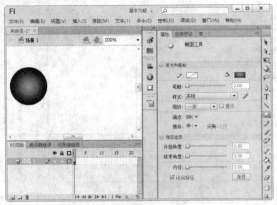

图 5-45　绘制一个正圆形小球

步骤 5　右击图层 1 中的第 25 帧，从弹出的快捷菜单中选择"插入关键帧"命令，如图 5-46 所示。

步骤 6　单击工具箱中的"选择工具"图标，选中舞台上的小球，将其移动到舞台右侧，如图 5-47 所示。

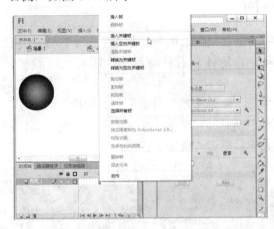

图 5-46　选择"插入关键帧"命令

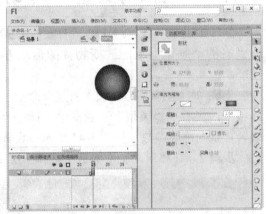

图 5-47　将小球移动到舞台的右侧

步骤 7　右击 1～25 帧中的任意一帧，在弹出的快捷菜单中选择"创建传统补间"命令，如图 5-48 所示。

步骤 8　此时就创建一个小球从舞台左侧移动到右侧的动画。创建完补间后的时间轴如图 5-49 所示。

步骤 9　右击 1～25 帧中的任意一帧，在弹出的快捷菜单中选择"复制帧"命令，如图 5-50 所示。

步骤 10　右击第 26 帧，在弹出的快捷菜单中选择"粘贴帧"命令，此时时间轴如图 5-51 所示。

步骤 11　右击 26～50 帧中的任意一帧，在弹出的快捷菜单中选择"翻转帧"命令，如图 5-52 所示。

图 5-48　选择"创建传统补间"命令

图 5-49　创建完补间后的时间轴

图 5-50　选择"复制帧"命令

图 5-51　选择"粘贴帧"命令

步骤 12 此时就创建了一个小球从舞台左侧移动到右侧，又从右侧移动到左侧的动画。通过复制帧、翻转帧等操作大大简化了动画的制作过程。按 Ctrl+Enter 组合键，可以测试动画效果，如图 5-53 所示。

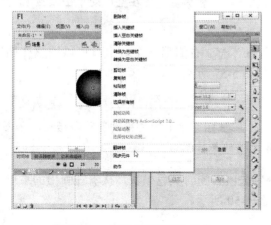

图 5-52　选择"翻转帧"命令

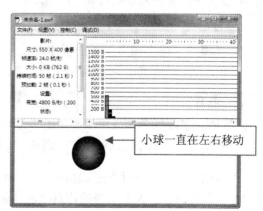

小球一直在左右移动

图 5-53　测试动画效果

5.4.2 修改 Flash 文档属性

在 Flash 中，对于已创建的 Flash 文档，用户可以根据需要调整文档属性，包括文档类型、大小、帧频、背景等参数，具体操作步骤如下。

步骤 1 首先打开要修改的 Flash 文档，然后在"时间轴"面板中单击空白处，这时在"属性"面板中将会显示该文档的属性参数，单击"发布"选项，接着在展开的子面板中设置脚本为"ActionScript 3.0"，调整文档类型，如图 5-54 所示。

步骤 2 单击"属性"选项，接着在展开的子面板单击 FPS 右侧的数值，接着输入"30"，调整文档帧频，如图 5-55 所示。

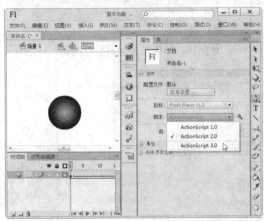 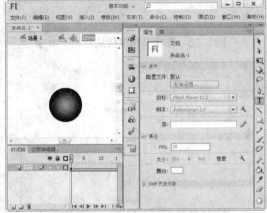

图 5-54　调整文档类型　　　　　　　图 5-55　调整文档帧频

技 巧

　帧频是动画播放的速度，以每秒每播放的帧数为度量单位，单位是 fps。例如，某 Flash 文档的帧频为 24，即表示每秒要播放的作品中 24 帧的画面内容。

　调整帧频就是调整动画的播放速度。帧频越大，播放速度越快；相反，帧频越小，播放速度越慢。用户也可以在"时间轴"面版中调整文档帧频，方法是在"时间轴"面版中单击下方的帧频超链接，打开文本框后直接输入帧频数，再在空白处单击或按 Enter 键确定，如图 5-56 所示。

步骤 3 在"属性"子面板中单击"大小"选项右侧第一个数值，可以调整文档宽度，单击第二个数值，可以调整文档高度，如图 5-57 所示。

技 巧

　在"属性"子面板中单击"编辑文档属性"图标，弹出"文档设置"对话框，如图 5-58 所示，在该对话框中也可以调整 Flash 文档的属性参数。

步骤 4 在"属性"子面板单击"舞台"选项右侧的颜色模块，接着在弹出的菜单中单击某颜色图标，调整文档的背景颜色，如图 5-59 所示。

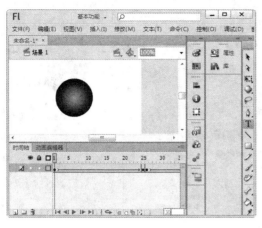

图 5-56　在"时间轴"面板中调整文档帧频

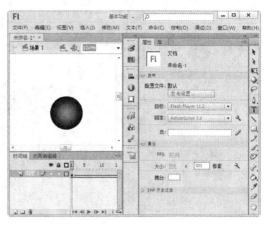

图 5-57　调整文档大小

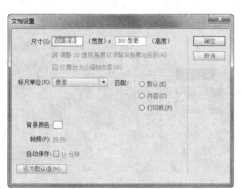

图 5-58　"文档设置"对话框

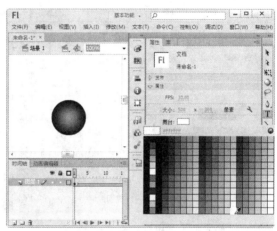

图 5-59　调整文档背景颜色

5.4.3　调整图层顺序

在动画的制作过程中，动画中的图形可能会放置在不同的图层中，为了使制作的效果更符合实际情况，可能会需要重新调整图层的排列顺序，具体操作步骤如下。

步骤 1　新建一个空白文档，然后在工具箱中单击"矩形工具"图标，接着在"属性"面板中设置笔触颜色为"无"、填充颜色为"黑色"(#000000)，再在舞台中绘制一个矩形，如图 5-60 所示。

步骤 2　在"时间轴"面板中右击图层 1，在弹出的快捷菜单中选择"插入图层"命令，新建图层 2，如图 5-61 所示。

步骤 3　在工具箱中再次单击"矩形工具"图标，接着在弹出的菜单中选择"多角星形工具"命令，如图 5-62 所示。

步骤 4　在"属性"面板中设置笔触颜色为"无"、填充颜色为"红色"(#FF0000)，接着在"工具设置"子面板中单击"选项"按钮，如图 5-63 所示。

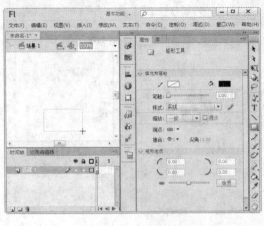

图 5-60　创建矩形

图 5-61　选择"插入图层"命令

图 5-62　选择"多角星形工具"

图 5-63　单击"选项"按钮

步骤 5　弹出"工具设置"对话框，设置样式为"星形"、边数为 5(星形类型下，边数表示星形图像的角数)，再单击"确定"按钮，如图 5-64 所示。

步骤 6　在舞台中按住鼠标左键并拖动鼠标，绘制红色五角星图形，如图 5-65 所示。

图 5-64　"工具设置"对话框

图 5-65　绘制五角星图形

技 巧

如果在"工具设置"对话框中设置样式为"多边形"、边数为 8，如图 5-66 所示。单击"确定"按钮后在舞台中按住鼠标左键拖动，将会绘制出一个八边形图形，如图 5-67 所示。

图 5-66　设置多边形参数

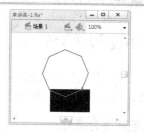

图 5-67　绘制八边形图形

步骤 7　因为图层 2 在图层 1 上方，故而在舞台中可以看到图层 2 中的五角星图形好像是粘贴在图层 1 中的矩形图形上的，如图 5-68 所示。在"时间轴"面板中单击图层 2 并向下拖动，可以在图层 1 下方看到一条黑色横线，此时释放鼠标左键。

步骤 8　这时即可发现图层 2 被移动到图层 1 下方了，这时看图层 2 中的五角星图形好像是嵌入到图层 1 中的矩形图形中的，如图 5-69 所示。

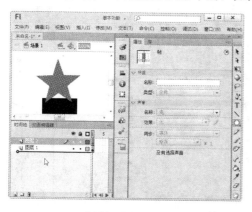

图 5-68　拖动图层 2

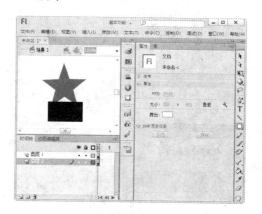

图 5-69　查看调整图层顺序后的效果

技 巧

除了上述方法外，用户还可以通过剪切、粘贴图层的方法来调整图层顺序。方法是在"时间轴"面板中单击图层 1 将其选中，然后在菜单栏中选择"编辑"|"时间轴"|"剪切图层"命令，如图 5-70 所示。接着在"时间轴"面板中右击图层 2，从弹出的快捷菜单中选择"粘贴图层"命令，即可将图层 1 移动到图层 2 上方了，如图 5-71 所示。

图 5-70　选择"剪切图层"命令

图 5-71　选择"粘贴图层"命令

5.4.4 巧用图形填充效果

在 Flash CS6 中提供了几种不同的填充效果，分别是将线条转换为填充、扩展填充和柔化填充边缘，下面逐一进行体验。

1. 将线条转换为填充

使用"将线条转换为填充"功能，不但可以对线条的色彩范围进行更精确地编辑，还可以避免在视图显示比例被缩小的情况下，线条出现锯齿和相对变粗的现象，具体操作步骤如下。

步骤1 新建"旭日.fla"文档，然后在工具箱中单击"椭圆工具"图标 <img>，如图 5-72 所示。

步骤2 在菜单栏中选择"窗口"|"颜色"命令，打开"颜色"面板，如图 5-73 所示。

图 5-72 单击"椭圆工具"图标

图 5-73 选择"颜色"命令

步骤3 在"颜色"面板中设置颜色类型为"径向渐变"，并在"流"选项组中单击第一个"扩展颜色"图标 <img>，接着设置填充颜色由"黄色"(#FFFF00)到"红色"(#FF0000)渐变，如图 5-74 所示。

步骤4 在渐变条靠近右侧部分单击，接着单击出现在下方的 <img> 图标，在弹出的菜单中单击"橘黄色"(#FF6666)，如图 5-75 所示。

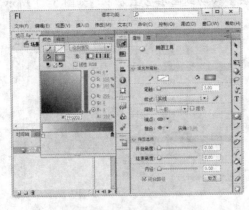

图 5-74 "颜色"面板

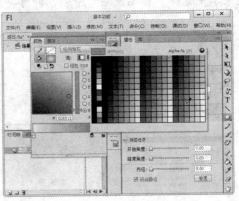

图 5-75 设置径向渐变填充参数

步骤 5　按住 Shift 键在舞台中绘制圆，如图 5-76 所示。

步骤 6　使用选择工具选中圆图形，按 Ctrl+C 组合键复制图形，按 Ctrl+V 组合键粘贴图形两次，如图 5-77 所示。

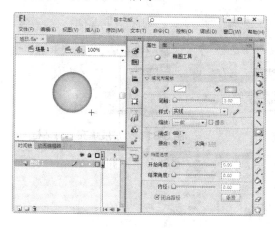

图 5-76　绘制圆

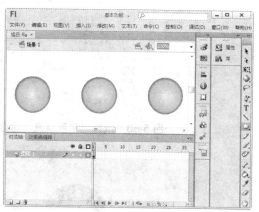

图 5-77　复制圆

步骤 7　使用选择工具选中第一个圆图形，然后在菜单栏中选择"修改"|"形状"|"将线条转换为填充"命令，如图 5-78 所示。

步骤 8　这时用户就可以对图形边框线条进行调整了，效果如图 5-79 所示。

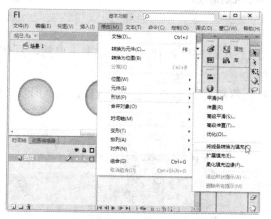

图 5-78　选择"将线条转换为填充"命令

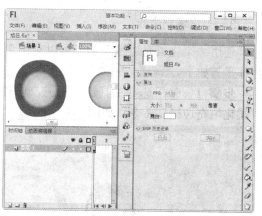

图 5-79　调整图形边框

2．扩展填充

使用"扩展填充"功能可以向内或向外扩展填充对象，具体操作步骤如下。

步骤 1　使用选择工具选中第二个圆图形，然后在菜单栏中选择"修改"|"形状"|"扩展填充"命令，如图 5-80 所示。

步骤 2　弹出"扩展填充"对话框，在"距离"文本框中设置扩充尺寸为"20 像素"，并在"方向"选项组选中"扩展"单选按钮，再单击"确定"按钮，如图 5-81 所示。

步骤 3　向外扩展填充后的效果如图 5-82 所示。

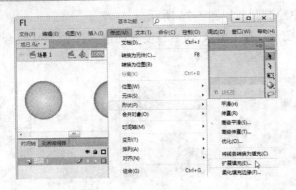

图 5-80　选择"扩展填充"命令　　　　　　图 5-81　"扩展填充"对话框

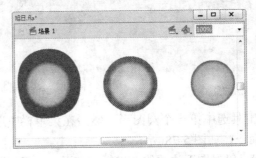

图 5-82　查看扩展填充后的效果

3. 柔化填充边缘

使用"柔化填充边缘"功能可以对图形的边界进行柔化，让对象看起来更自然，具体操作步骤如下。

步骤 1　使用选择工具选中第三个圆图形，然后在菜单栏中选择"修改"|"形状"|"柔化填充边缘"命令，如图 5-83 所示。

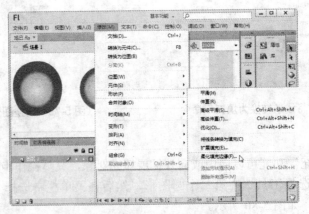

图 5-83　选择"柔化填充边缘"命令

步骤 2　弹出"柔化填充边缘"对话框，在"距离"文本框中设置柔化宽度为"20 像素"，在"步长数"文本框中设置柔化边缘的数目(数值越大，柔化边缘数越多，柔化效果越明显)，在"方向"选项组选中"扩展"单选按钮，再单击"确定"按钮，如图 5-84

所示。

步骤 3　向外柔化填充边缘后的效果如图 5-85 所示。

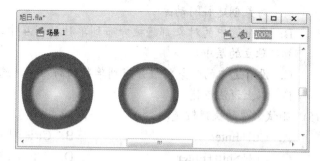

图 5-84　"柔化填充边缘"对话框　　　　图 5-85　查看柔化填充边缘后的效果

技 巧

　　上述介绍的填充功能可以组合起来使用，例如选中第一个应用"将线条转换为填充"功能的图形，然后打开"柔化填充边缘"对话框，设置距离为"50 像素"、步长数为 50，接着在"方向"选项组选中"插入"单选按钮，如图 5-86 所示。单击"确定"按钮，效果如图 5-87 所示。

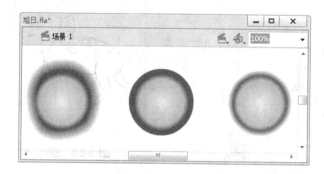

图 5-86　选中"插入"单选按钮　　　　图 5-87　查看应用多种填充功能后的效果

5.5　习　　题

1. 选择题

(1)　插入关键帧的快捷键是(　　)。

　　A. F5　　　　　　B. F6　　　　　　C. F7　　　　　　D. F8

(2)　在一个 Flash 动画中，最多可以创建(　　)个图层。

　　A. 50　　　　　　B. 100　　　　　　C. 200　　　　　　D. 无数

(3)　在 Flash 中，下面关于导入视频说法错误的是(　　)。

　　A. 在导入视频片断时，用户可以将它嵌入到 Flash 电影中

　　B. 用户可以将包含嵌入视频的电影发布为 Flash 动画

　　C. 一些支持导入的视频文件不可以嵌入到 Flash 电影中

　　D. 用户可以让嵌入的视频片断的帧频率同步匹配主电影的帧频率

(4) 关于为补间动画分布对象描述正确的是(　　)。

　　A. 用户可以快速将某一帧上的对象分布到各个独立的层中，从而为不同层中的对象创建补间动画

　　B. 每个选中的对象都将被分布到单独的新层中，没有选中的对象也分布到各个独立的层中

　　C. 没有选中的对象将被分布到单独的新层中，选中的对象则保持在原来的位置

　　D. 以上说法都错

(5) 测试影片的快捷键是(　　)。

　　A. Ctrl+Enter　　　　　　　　　　B. Ctrl+Alt+Enter

　　C. Ctrl+Shift+Enter　　　　　　　D. Alt+Shift+Enter

2. 实训题

(1) 在 Flash 中绘制梅花鹿，如图 5-88 所示。

提示：绘制梅花鹿主要运用的工具有钢笔工具、线条工具、椭圆工具、选择工具和任意变形工具。

图 5-88　鹿

(2) 在 2～10 帧上调整梅花鹿，使之"走动"起来(如图 5-89 所示是 2～4 帧上的鹿图形)。

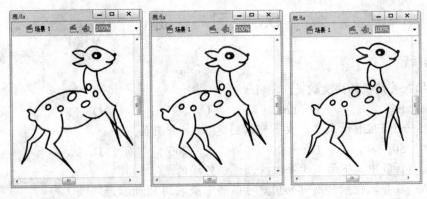

图 5-89　2～4 帧上的鹿

第 6 章

经典实例：绘制滑板少年

　　人物造型是 Flash 动画中应用最多的元素。在进行 Flash 动画创作时，用户需要根据人物在作品中的身份、年龄、性格、职业、民族等特点来设计角色，这些特点通常体现在角色的外部形象上，其中最常体现在人物头部的设计上。

本章主要内容

- 绘制人物
- 绘制滑板
- 让人和滑板一起滑动起来

6.1 要点分析

在前面的章节中我们已经学习了动画的基础操作，本章将在以前的基础上，以制作"滑板少年.fla"文档为例，为大家介绍如何设计人物角色，以帮助用户制作出更满意的动画作品。

6.2 绘制人物

下面将从头部、身体和四肢三部分为大家介绍绘制人物的方法和技巧，具体操作方法如下。

6.2.1 绘制人物头部

在 Flash 动画中，头部有椭圆形、方形、三角形和菱形等多种形状，其中，椭圆形是最常见的头部形状。在确定头部形状后，还需要确定五官的正确位置。人体头部结构是以鼻梁为垂直中线对称分布的，因此最容易确定五官在正面头部中的位置，然后在眉眼之间画一条水平线与鼻梁垂直中线构成十字线，接着转动十字线，可以得到正面、侧面、仰视、俯视等不同角度的头部结构，如图 6-1 所示。

五官的形状和位置决定了人体造型的美丑和要体现的表情，在绘制时可以根据需要简化五官的画法。同时根据选取角度的不同，可能只需要绘制五官中的一部分，其余部分被遮挡住，下面以绘制如图 6-2 所示人物图像为例进行解释，首先来绘制人物的头部结构，具体操作步骤如下。

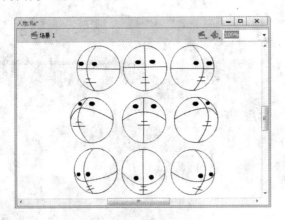
图 6-1 头部结构

图 6-2 绘制人物图像

步骤 1 新建一背景色为白色的 Flash 文档，并将其保存为"滑板少年.fla"，然后在"时间轴"面板中重命名"图层 1"为"头部"，如图 6-3 所示。

步骤 2 单击"头部"图层，然后在工具箱中单击"椭圆工具"图标，并在"属性"面板中设置笔触颜色为"黑色"(#000000)，填充颜色为"无"，笔触大小为 1，样式为

"实线"，接着在舞台中按住鼠标左键并拖动，绘制椭圆图形，如图 6-4 所示。

图 6-3　新建"滑板少年.fla"文档

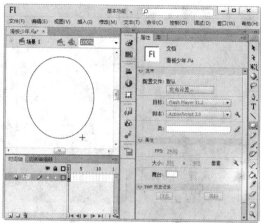

图 6-4　绘制椭圆

步骤 3　使用选择工具选中椭圆图形，然后按 Ctrl+T 组合键打开"变形"面板，在此调整图形大小和旋转角度，效果如图 6-5 所示。

步骤 4　在工具箱中单击"钢笔工具"图标，并在"属性"面板中设置笔触颜色为"黑色"，填充颜色为"无"，笔触大小为 1，样式为"实线"，接着在舞台中的椭圆上绘制线段，如图 6-6 所示。

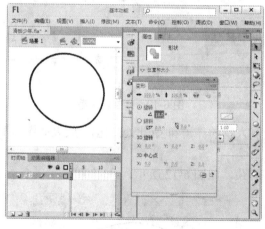

图 6-5　在"变形"面板中调整椭圆

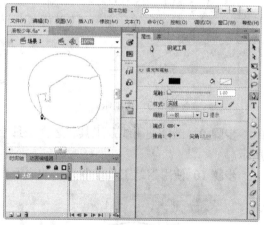

图 6-6　使用钢笔工具绘制线段

步骤 5　使用选择工具调整刚绘制线段的形状，效果如图 6-7 所示。

步骤 6　继续使用钢笔工具和选择工具绘制人物头顶处的一缕卷发，并删除该缕卷发与头顶之间的交线，效果如图 6-8 所示。

步骤 7　使用椭圆工具绘制人物头像上的眼睛，效果如图 6-9 所示。

步骤 8　在工具箱中单击"线条工具"图标，然后在"属性"面板中设置笔触颜色为"黑色"，填充颜色为"无"，笔触大小为 3，样式为"实线"，接着在舞台中的人物头像上绘制两条线段，并使用选择工具调整线段形状，效果如图 6-10 所示。

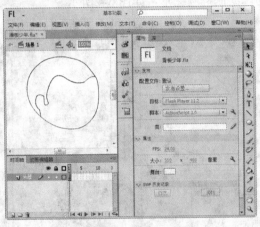

图 6-7　调整折线形状

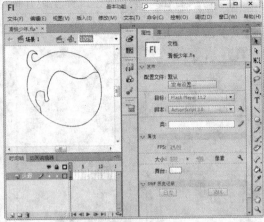

图 6-8　绘制一缕卷发

图 6-9　绘制眼睛

图 6-10　绘制眼睫毛

步骤 9　继续使用线条工具和选择工具绘制人物的鼻子和嘴(此处简化)，效果如图 6-11 所示。

步骤 10　使用钢笔工具绘制人物的眉毛和耳朵，如图 6-12 所示。

图 6-11　绘制人物的鼻子和嘴

图 6-12　绘制人物的眉毛和耳朵

步骤 11　使用选择工具选中眼睫毛线段，然后在菜单栏中选择"修改"|"形状"|"柔化填充边缘"命令，如图 6-13 所示。

步骤 12　弹出"柔化填充边缘"对话框，设置距离为"10 像素"，步长数为 10，并选中"插入"单选按钮，再单击"确定"按钮，如图 6-14 所示。

图 6-13　选中"柔化填充边缘"命令　　　　图 6-14　"柔化填充边缘"对话框

步骤 13　使用类似方法，对另一条眼睫毛进行柔化填充边缘操作，效果如图 6-15 所示。

步骤 14　单击工具箱中的"颜料桶工具"图标，然后在"属性"面板中设置填充颜色为"橙黄色"(#FFDFBF)，接着在舞台中单击人物脸部，填充脸部皮肤颜色，效果如图 6-16 所示。

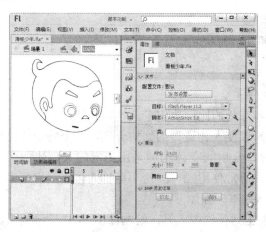

图 6-15　查看对眼睫毛柔化填充边缘后的效果　　　　图 6-16　填充脸部皮肤颜色

步骤 15　使用类似方法，继续填充人物的鼻子、耳朵、眉毛和头发，接着按 Alt+Shift+F9 组合键打开"颜色"面板，设置填充颜色类型为"线性渐变"，接着设置颜色由黑色经棕黑至白色渐变，如图 6-17 所示。

步骤 16　在舞台中单击人物眼睛，设置人物眼珠的颜色，效果如图 6-18 所示。接着使用白色填充两椭圆之间的环形部分。

图 6-17 "颜色"面板

图 6-18 查看填充颜色后的人物头像效果

步骤 17 在舞台中删除人物耳朵和鼻子图形的边缘线条，最终效果如图 6-19 所示。

图 6-19 删除耳朵和鼻子图形的边缘线条

6.2.2 绘制人物身体

身体是连接头部与四肢的躯干部分，其各部分的比例决定着人物是强壮还是瘦弱，所以在绘制人物身体时要遵循一个特定的比例，以使人物造型的结构合理。这个特定的比例以头部高度为基准，在制作写实风格动画时，人物的身体比例采用正常的人体比例，即"立七坐五盘三半"；制作卡通风格动画时，通常使用 2～5 倍头高的人体比例。下面以制作 1 倍头高的人物身体为例进行介绍，具体操作步骤如下。

步骤 1 使用钢笔工具、椭圆工具、线条工具等绘图工具，绘制如图 6-20 所示的人物上身图形(这里假设人物上身着黄色短袖衬衣，下身着蓝色背带短裤)。

步骤 2 使用类似方法，继续绘制人物下身图形，效果如图 6-21 所示。

步骤 3 单击工具箱中的"颜料桶工具"图标，然后在"属性"面板中设置填充颜色为"黄色"(#FF9900)，接着在舞台中单击，填充 T 恤颜色，效果如图 6-22 所示。

步骤 4 在"属性"面板中更换填充颜色为"蓝色"(#0099FF)，接着在舞台中单击，填充背带短裤的颜色，效果如图 6-23 所示。

图 6-20 绘制人物上身图形

图 6-21 绘制人物下身图形

图 6-22 填充短袖衬衣颜色

图 6-23 填充背带短裤颜色

步骤 5 使用钢笔工具和选择工具在人物图像以外的空白位置处绘制如图 6-24 所示的蝴蝶结领夹。

步骤 6 使用颜料桶工具给蝴蝶结填充颜色，效果如图 6-25 所示。

图 6-24 绘制蝴蝶结领夹

图 6-25 给蝴蝶结填充颜色

步骤 7 使用选择工具选中整个蝴蝶结，按住鼠标左键并向左拖动，移动蝴蝶结的位置，如图 6-26 所示。

步骤 8 拖动到目标位置后释放鼠标左键，效果如图 6-27 所示。

图 6-26　移动蝴蝶结　　　　　图 6-27　查看添加蝴蝶结后的人物图像效果

6.2.3　绘制人物四肢

通常情况下，人的小臂长度约是上臂的四分之三，小腿长度约为大腿的四分之三。在绘制手部时，可以分为手掌和手指两部分进行刻画。在绘制脚部时要注意脚和鞋要协调，以及不同类型的鞋，其跟部高度和前面的形状都是不同的。

在制作卡通风格的人物图像时可以将手部简化，具体操作步骤如下。

步骤 1　在"时间轴"面板中锁定并隐藏"头部"图层，然后新建一图层，并命名为"右手"，接着使用绘图工具绘制如图 6-28 所示的简化右上肢，并填充图形颜色。

步骤 2　在"时间轴"面板中取消隐藏"头部"图层，查看绘制右上肢后的效果，如图 6-29 所示。

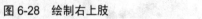

图 6-28　绘制右上肢　　　　　图 6-29　查看绘制右上肢后的效果

步骤 3　参考步骤 1 操作，新建"左手"图层，并在舞台中绘制如图 6-30 所示的简化左上肢，并填充图形颜色。

步骤 4　由于我们这里选取的是人物侧面图，人物左半身会被自身遮挡一部分，所以需要将"左手"图层移到"头部"图层下方，效果如图 6-31 所示。

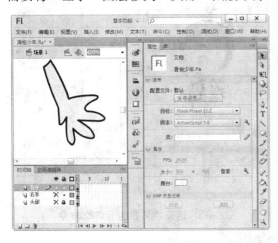

图 6-30　绘制左上肢

图 6-31　查看绘制左上肢后的效果

步骤 5　锁定"头部"和"左手"图层，然后选择"右手"图层中的第 1 帧，接着在舞台中绘制人物右下肢并进行颜色填充，效果如图 6-32 所示。

步骤 6　锁定"右手"图层，解锁"左手"图层，并选择"左手"图层中的第 1 帧，接着在舞台中绘制人物左下肢并进行颜色填充，效果如图 6-33 所示。

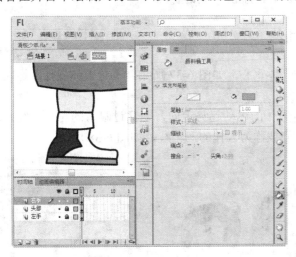

图 6-32　绘制右下肢

图 6-33　绘制左下肢

步骤 7　取消锁定所有图层，然后在菜单栏中选择"编辑"|"全选"命令，选中整个人物图像，如图 6-34 所示。

步骤8　在菜单栏中选择"修改"|"转换为元件"命令，如图 6-35 所示。

步骤 9　弹出"转换为元件"对话框，然后在"名称"文本框中输入元件名称，接着在"类型"下拉列表中选择"图形"选项，再单击"确定"按钮，如图 6-36 所示。

图 6-34 选择"全选"命令　　　　　图 6-35 选择"转换为元件"命令

图 6-36 "转换为元件"对话框

6.2.4　绘制人体动势线和三轴线

人体动势线起于人体头部，结束于人体重心，如图 6-37 所示。不论人体做什么运动，动势线都存在于人体之中。

除了动势线外，还有三条线决定着人体的运动趋势走向，即穿过眼睛的左右连线、左右肩之间的连线、胯部的左右连线，它们被称为人体的三轴线，如图 6-38 所示。

图 6-37 人体动势线　　　　　　　　图 6-38 人体三轴线

6.3　绘　制　滑　板

人物绘制好后，下面开始绘制滑板，具体操作步骤如下。

步骤 1　在"时间轴"面板中新建"滑板"图层，然后隐藏其他图层，接着使用矩形工具在舞台中绘制黑色的矩形方框，如图 6-39 所示。

步骤 2　使用选择工具调整矩形边框，效果如图 6-40 所示。

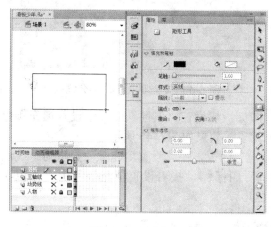

图 6-39　绘制矩形

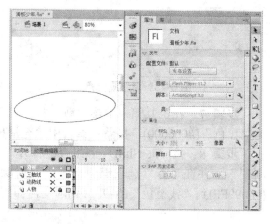

图 6-40　调整矩形边框

步骤 3　按 Ctrl+T 组合键打开"变形"面板，选中"倾斜"单选按钮，设置水平倾斜角度为 40°，如图 6-41 所示。

步骤 4　使用椭圆工具绘制一个小圆作为滑板的轮子，如图 6-42 所示。

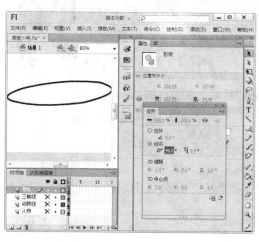
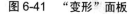

图 6-41　"变形"面板

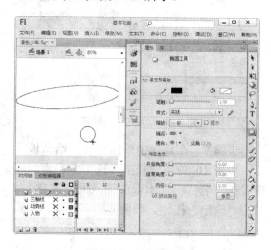

图 6-42　绘制圆

步骤 5　复制绘制的圆图形，并移动两圆的位置，效果如图 6-43 所示。

步骤 6　使用选择工具选中圆位于滑板上方的线条，按 Delete 键将其删除，效果如图 6-44 所示。

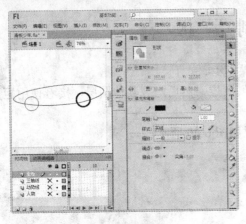

图 6-43　调整圆位置

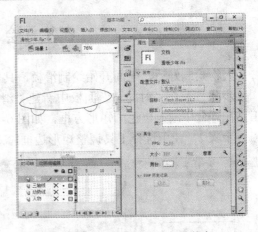

图 6-44　删除圆图形的部分线条

步骤 7　在工具箱中单击"颜料桶工具"图标，然后在"属性"面板中设置填充颜色为"黑色"(#000000)，接着在舞台中填充滑板轮子，效果如图 6-45 所示。

步骤 8　按 Alt+Shift+F9 组合键打开"颜色"面板，在此设置填充颜色类型为"线性渐变"，并在"流"选项组中单击"反射颜色"图标 🔲，接着设置填充颜色由"蓝色"(#0099FF)到"浅蓝色"(#99FFFF)渐变，如图 6-46 所示。

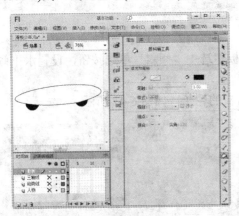

图 6-45　填充滑板轮子

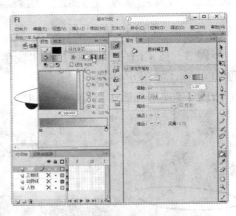

图 6-46　"颜色"面板

步骤 9　在舞台中单击滑板，给滑板上色，效果如图 6-47 所示。

步骤 10　使用选择工具选中整个滑板图形，然后按 F8 键打开"转换为元件"对话框，接着在"名称"文本框中输入元件名称，并在"类型"下拉列表中选择"图形"选项，再单击"确定"按钮，如图 6-48 所示。

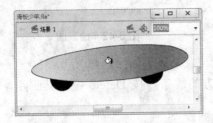

图 6-47　给滑板上色

图 6-48　转换为"滑板"图形元件

6.4　让人和滑板一起滑动起来

　　人物和滑板制作好后，接下来需要在运动引导层中绘制滑板滑动路径，让人和滑板一起滑动起来，具体操作步骤如下。

　　步骤 1　在"时间轴"面板中删除"滑板"、"三轴线"和"动势线"三个图层，并清空舞台，然后选择"人物"图层中的第 1 帧，并从"库"面板中将"滑板"图形元件拖至舞台中，接着按 Ctrl+T 组合键打开"变形"面板，在此设置滑板按 40% 的比例缩放，如图 6-49 所示。

　　步骤 2　从"库"面板中将"人物"图形元件拖至舞台中的滑板上方，接着在"变形"面板中设置人物图形按 50% 的比例缩放，如图 6-50 所示。

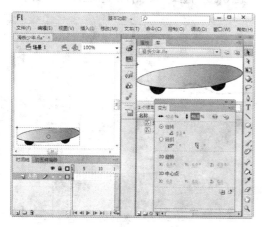

图 6-49　使用"滑板"图形元件　　　　　图 6-50　使用"人物"图形元件

　　步骤 3　在舞台中选中滑板和人物图形，按 F8 键打开"转换为元件"对话框，在"名称"文本框中输入元件名称，并在"类型"下拉列表中选择"影片剪辑"选项，再单击"确定"按钮，如图 6-51 所示。

图 6-51　"转换为元件"对话框

　　步骤 4　在"属性"面板中调整 Flash 文档的帧频为 8，舞台宽度为"1600 像素"，如图 6-52 所示。

　　步骤 5　在"时间轴"面板中右击"人物"图层，从弹出的快捷菜单中选择"添加传统运动引导层"命令，如图 6-53 所示。

　　步骤 6　使用铅笔工具在舞台中绘制如图 6-54 所示的线条。

　　步骤 7　使用选择工具选中绘制的线条，然后在菜单栏中选择"修改"|"形状"|"平滑"命令，如图 6-55 所示。

图 6-52　调整 Flash 文档属性

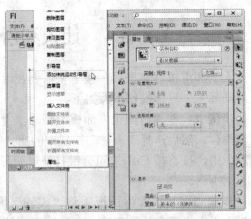

图 6-53　选择"添加传统运动引导层"命令

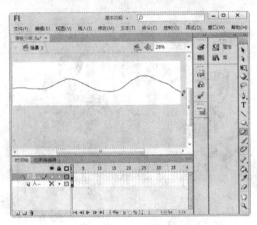

图 6-54　使用铅笔工具绘制线段

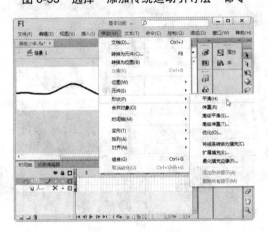

图 6-55　选择"平滑"命令

步骤 8　在"人物"图层中右击第 60 帧，从弹出的快捷菜单中选择"插入关键帧"命令，如图 6-56 所示。

步骤 9　在"引导：人物"图层中右击第 60 帧，从弹出的快捷菜单中选择"插入帧"命令，如图 6-57 所示。

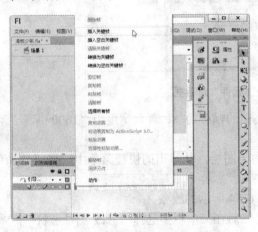

图 6-56　选择"插入关键帧"命令

图 6-57　选择"插入帧"命令

步骤 10 选择"人物"图层中的第 1 帧，接着在舞台中移动元件 1 实例的中心点到线条的起始位置，如图 6-58 所示。

步骤 11 选择"人物"图层中的第 60 帧，接着移动元件 1 实例的中心点到线条的末端位置，如图 6-59 所示。

图 6-58　移动实例到线条的起始位置

图 6-59　移动实例到线条的末端位置

步骤 12 至此，滑板少年动画制作完成，按 Ctrl+Enter 组合键在打开的窗口中预览制作的动画效果，如图 6-60 所示。

图 6-60　预览制作的动画效果

6.5　提高指导

6.5.1　巧用历史记录

在 Flash 中，通过历史记录不仅可以打开最近浏览的 Flash 文档，还可以知道在当前的活动文档中都进行了哪些操作，一起来研究一下吧。

1. 历史操作记录

在 Flash 中，用户可以通过"编辑"菜单中的"撤销"与"重复"命令来撤销或重复，但是有时候操作很多，不知道哪一步不合适，这时可以通过"历史记录"面板来查

看，具体操作步骤如下。

步骤 1 选择菜单栏中的"窗口"|"其他面板"|"历史记录"命令，如图 6-61 所示。

步骤 2 打开"历史记录"面板，如图 6-62 所示。

图 6-61 选择"历史记录"命令　　　图 6-62 "历史记录"面板

步骤 3 在该面板中，会显示自创建或打开某个文档以来，在该活动文档中执行的所有步骤。列表中的步骤数目最多为"首选参数"对话框中指定的最大步骤数。

> **提示**
>
> "历史记录"面板中默认的最大步骤数为 100。如果想要更改最大步骤数，可以在"首选参数"对话框的"常规"类别下，重新设置"撤销"的层级数，其值可以取 2～300 之间的任意整数，如图 6-63 所示。

步骤 4 选择"历史记录"面板中的某个步骤，然后单击"重放"按钮，则可以将所选步骤应用于文档中的同一对象或不同对象，如图 6-64 所示。

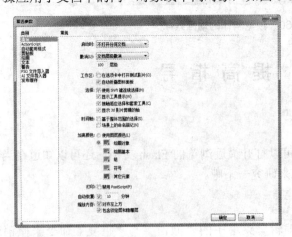

图 6-63 "首选参数"对话框　　　图 6-64 单击"重放"按钮

提示

在"历史记录"面板中，步骤的顺序是固定的，不可以重新排列。

步骤 5　在"历史记录"面板中选择要复制的步骤，然后单击"复制所选步骤到剪贴板"按钮，如图 6-65 所示。

步骤 6　切换到要粘贴步骤的文档，接着在菜单栏中选择"编辑"|"粘贴到中心位置"命令，即可将步骤对应的内容粘贴到文档中了，如图 6-66 所示。

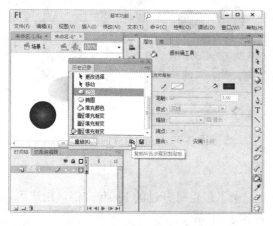

图 6-65　单击"复制所选步骤到剪贴板"按钮

图 6-66　选择"粘贴到中心位置"命令

提示

步骤会在粘贴到文档的"历史记录"面板时，进行重放。"历史记录"面板将这些步骤仅显示为一个步骤，称为"粘贴步骤"。

步骤 7　在"历史记录"面板中选择要保存的步骤，然后单击"将选定步骤保存为命令"按钮，如图 6-67 所示。

步骤 8　弹出"另存为命令"对话框，在"命令名称"文本框中输入"椭圆"，并单击"确定"按钮，如图 6-68 所示。

图 6-67　单击"将选定步骤保存为命令"按钮

图 6-68　"另存为命令"对话框

步骤 9 新建图层，然后在菜单栏中选择"命令"|"椭圆"命令，如图 6-69 所示。

步骤 10 这时将会在新图层中创建一个椭圆，如图 6-70 所示。

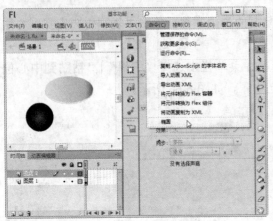
图 6-69 选择"椭圆"命令

图 6-70 运行命令创建椭圆

2. 历史文件记录

在 Flash 中的"打开最近的文件"命令下，记录了最近打开过的 Flash 文档，用户可以通过单击相应的名称选项来打开最近的文件，如图 6-71 所示。

文件打开后，会在"窗口"菜单中记录当前打开的所有 Flash 文件，单击相应的文件名称选项，即可切换到该文件窗口，如图 6-72 所示。

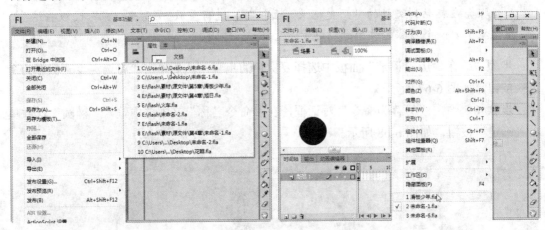

图 6-71 展开"打开最近的文件"菜单　　　　图 6-72 选择要切换的文件

3. 历史 SWF 记录

在 Flash 中的文档"属性"面板中，最下方记录了放映动画形成的 SWF 信息，单击"清除"按钮，可以清除 SWF 历史记录，如图 6-73 所示。

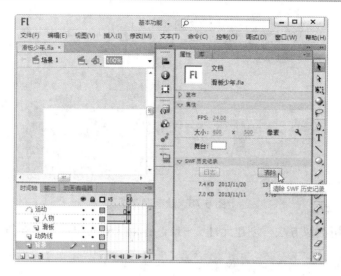

图 6-73 清除 SWF 历史记录

6.5.2 使用反向运动处理人物行动

反向运动(Inverse Kinematics，IK)是一种使用骨骼的关节结构对一个对象或彼此相关联的一组对象进行动画处理的方法。使用骨骼后，只需要做很少的设计工作，例如只需要指定对象的开始位置和结束位置，就可以让元件实例或者形状对象按照复杂而自然的方式移动。例如，人的手臂在运动的时候会影响到手掌，而手掌运动的时候也会反向影响到手臂。下面以创建骨骼人物为例进行介绍，具体操作步骤如下。

步骤 1 新建一个文档，并将其保存为"骨骼动画.fla"，所有参数均保持默认设置。接着在菜单栏中选择"插入"|"新建元件"命令，如图 6-74 所示。

步骤 2 打开"创建新元件"对话框，使用默认元件名称，接着在"类型"下拉列表框中选择"影片剪辑"选项，并单击"确定"按钮，如图 6-75 所示。

图 6-74 选择"新建元件"命令

图 6-75 "创建新元件"对话框

步骤 3 使用椭圆工具在舞台上绘制一个灰色的椭圆图形，如图 6-76 所示。

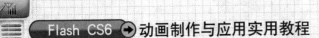

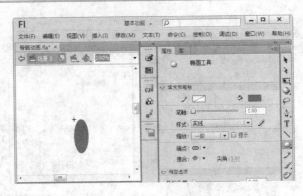

图 6-76 绘制椭圆图形

步骤 4 使用类似方法，创建元件 2～15，各元件中的图形如图 6-77 所示。

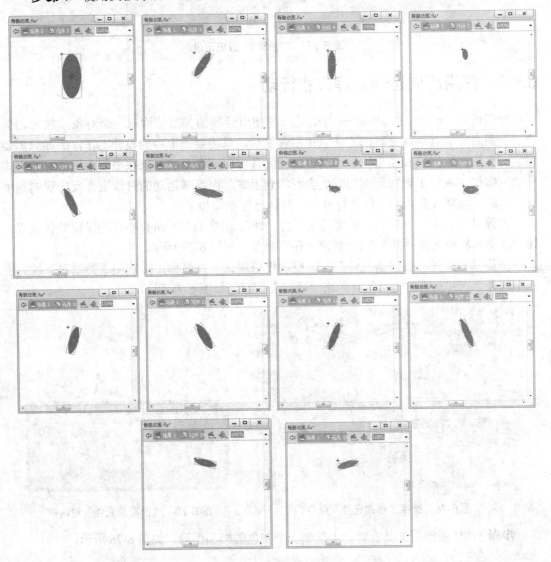

图 6-77 绘制其他元件

步骤 5　返回场景窗格，然后从"库"面板中将元件 1 和元件 2 拖动到舞台上，接着在工具箱中单击"骨骼工具"图标，如图 6-78 所示。

步骤 6　在舞台中单击选中要成为骨架根部的实例，接着按住鼠标左键将其拖动到另外一个实例上，显示出骨骼，如图 6-79 所示。

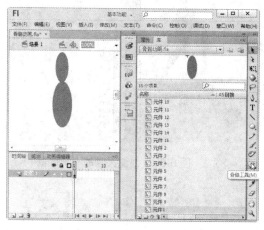

图 6-78　单击"骨骼工具"图标

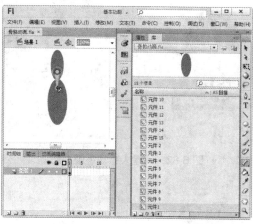

图 6-79　创建骨骼

步骤 7　释放鼠标，会在两个实例之间将显示实心的骨骼。每个骨骼都具有头部、圆端和尾部(尖端)。骨架中的第一个骨骼是根骨骼。它显示一个围绕着骨骼头部，如图 6-80 所示。

步骤 8　从"库"面板中依次将元件 9、元件 10、元件 11 拖动到舞台上，如图 6-81 所示。

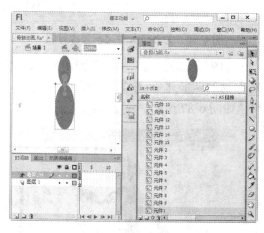

图 6-80　查看创建的骨架

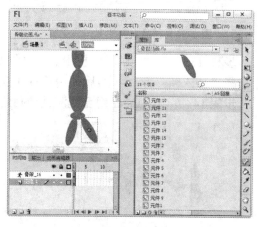

图 6-81　添加元件到舞台

步骤 9　继续从"库"面板中依次将元件 12、元件 13、元件 14 和元件 15 拖动到舞台上，并组成如图 6-82 所示的形状。

步骤 10　从"库"面板中依次将元件 3、元件 4、元件 5 拖动到舞台上，并组成人体的一只手臂，如图 6-83 所示。

步骤 11　从"库"面板中依次将元件 6、元件 7、元件 8 拖动到舞台上，并组成人体的另一只手臂，如图 6-84 所示。

步骤 12 使用骨骼工具为各个元件之间添加骨骼，结果如图 6-85 所示。

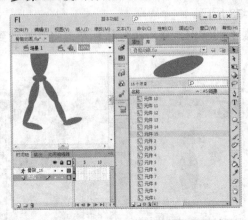

图 6-82　创建人物的小腿和脚

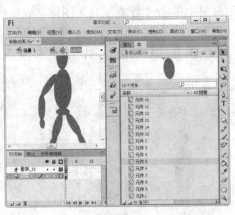

图 6-83　创建人物的一只手臂

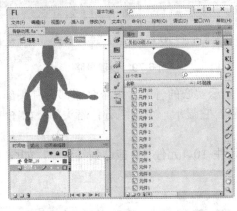

图 6-84　创建人物的另一只手臂

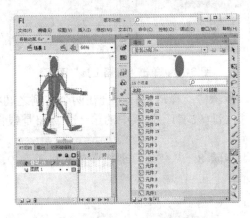

图 6-85　为各个元件之间添加骨骼

步骤 13 在"时间轴"面板中右击"骨架_16"图层上的第 25 帧，从弹出的快捷菜单中选择"插入帧"命令，然后使用选择工具对人物的四肢进行调整，如图 6-86 所示。

步骤 14 按 Ctrl+Enter 组合键测试动画效果，如图 6-87 所示。

图 6-86　调整人物四肢

图 6-87　测试骨骼动画效果

创建骨骼时，很难做到每次创建的骨架都合适。为此，下面为大家介绍如何编辑骨架和对象，如选择骨骼和关联的对象、重新定位骨骼和关联的对象以及删除骨骼等，具体方法如下。

步骤 1 如果用户需要选择单个骨骼，应先单击工具箱中的"选择工具"图标 ，然后单击要选择的骨骼，如图 6-88 所示，黄色的骨骼即为选中的骨骼。

步骤 2 若要将所选内容移动到相邻骨骼，可以通过"属性"面板中的"上一个同级"图标 、"下一个同级"图标 、"子级"图标 和"父级"图标 进行选择。如图 6-89 所示是单击"子级"图标后的效果。

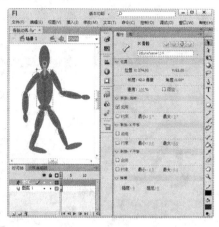
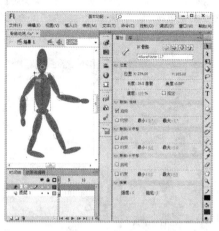

图 6-88　选择骨骼　　　　　　　图 6-89　将所选内容移动到相邻骨骼

技 巧

若要同时选择多个骨骼，可以在单击骨骼时按住 Shift 键；若要选择骨架中的所有骨骼，只要双击某个骨骼即可；若要选择整个骨架并显示骨架的属性，则需要单击姿势图层中包含骨架的帧。

步骤 3 若要重新定位骨架，可以拖动骨架中的任何骨骼。如果骨架已连接到其他实例，还可以拖动实例来实现相对其旋转，如图 6-90 所示。

步骤 4 若要重新定位骨架的某个分支，可以拖动该分支中的任何骨骼。该分支中的所有骨骼都将移动。骨架的其他分支中的骨骼不会移动，如图 6-91 所示。

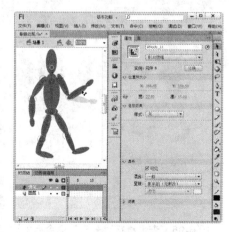
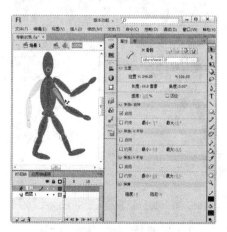

图 6-90　重新定位线性骨架　　　　　图 6-91　重新定位骨架的某个分支

技 巧

　　若要将某个骨骼与其子级骨骼一起旋转而不移动父级骨骼,需要按住 Shift 键并拖动该骨骼。

　　步骤 5　若要将骨架图形移动到舞台上的新位置,可以通过在"属性"面板中更改 X 和 Y 的值来实现,如图 6-92 所示。

　　步骤 6　若需要删除某个骨骼及其所有子级,可以单击该骨骼,然后按 Delete 键。如图 6-93 所示为删除身体中的骨架后的效果。

图 6-92　调整骨架图形的位置

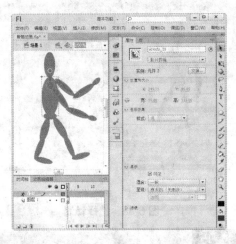

图 6-93　查看删除身体中的骨架后的效果

技 巧

　　如果要删除多个骨骼,则可以先按住 Shift 键,然后单击每个骨骼进行删除。

　　如果要删除所有骨骼,可以在骨架图层中的帧上右击,在弹出的快捷菜单中选择"删除骨架"命令即可,如图 6-94 所示。或者是在菜单栏中选择"修改"|"分离"命令删除所有骨骼,如图 6-95 所示为执行"分离"命令后的效果。

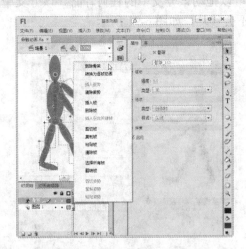

图 6-94　选择"删除骨架"命令

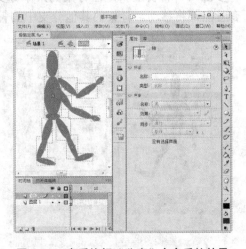

图 6-95　查看执行"分离"命令后的效果

步骤 7　如果要移动单个实例而不移动任何其他骨骼连接的实例，需要按住 Alt 键并拖动该实例，或者使用任意变形工具拖动。如图 6-96 所示为按住 Alt 键拖动实例的效果。

步骤 8　若要移动实例内骨骼连接、头部或尾部的位置，可以使用"变形"面板移动实例的变形点。这样，骨骼就可以随变形点而移动，如图 6-97 所示。

图 6-96　移动单个实例

图 6-97　使用"变形"面板移动骨架

6.5.3　创建文本到图形的转换动画

要创建文本到图形的转换动画，就需要使用到形状补间动画功能。在创建形状补间动画过程中，只需要绘制起始帧和终点帧上的图形形状即可，Flash 程序将通过计算插入中间帧的中间形状、位置、大小以及渐变颜色等，创建一个形状变形为另一个形状的动画，具体操作步骤如下。

步骤 1　新建 HAPPY.fla 文档，然后在工具箱中单击"文本工具"图标，接着在"属性"面板中设置文本类型为"静态文本"，在"字符"子面板中的"系列"下拉列表中选择 Impact 选项，并设置字体大小为"60.0 点"，颜色为"红色"(#FF0000)，如图 6-98 所示。

步骤 2　在舞台中添加"HAPPY"文本，然后使用选择工具选择文本，接着在菜单栏中选择"修改"|"分离"命令，如图 6-99 所示。

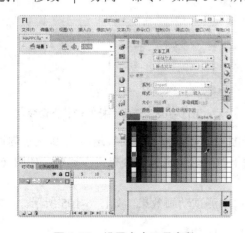

图 6-98　设置文本工具参数

图 6-99　选择"分离"命令

步骤 3 这时即可发现文本框中的文本被分离成单个字母了，再次选择菜单栏中的"修改"|"分离"命令，将文本转换为图形，效果如图 6-100 所示。

步骤 4 在"时间轴"面板中的第 30 帧插入关键帧，然后使用绘图工具在舞台绘制如图 6-101 所示的笑脸图形。

图 6-100 查看分离文本后的效果　　　　图 6-101 绘制笑脸图形

步骤 5 使用选择工具选择舞台中的字母和笑脸图形，然后按 Ctrl+K 组合键打开"对齐"面板，接着单击"垂直中齐"按钮，对齐图形，如图 6-102 所示。

步骤 6 在图层 1 中选择 1～30 帧中间的任意一帧，然后在菜单栏中选择"插入"|"补间形状"命令，如图 6-103 所示。

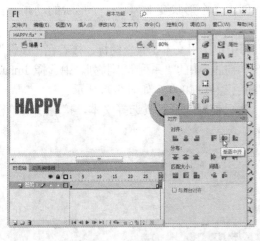

图 6-102 "对齐"面板　　　　图 6-103 选择"补间形状"命令

步骤 7 在"属性"面板中的"补间"子面板中，设置"缓动"速度为 0(表示匀速)，接着单击"混合"右侧的下拉按钮，从弹出的下拉列表中选择"分布式"选项，如图 6-104 所示。

步骤 8 按 Ctrl+Enter 组合键在弹出的窗口中测试动画效果，如图 6-105 所示。

图 6-104 "属性"面板

图 6-105 测试动画效果

提 示

　　若在"混合"下拉列表中选择"角形"选项，创建的动画形状会保留明显的角和直线。"角形"选项适合于锐化转角和直线的混合形状。如果选择的形状没有角，即使选择"角形"选项，Flash 还是会自动还原到分布式补间形状。

　　步骤 9 若要控制更加复杂或罕见的形状变化，可以使用形状提示，它可以标识起始形状和结束形状中的相对应的点。方法是在图层 1 中选择第 1 帧，然后在菜单栏中选择"修改"|"形状"|"添加形状提示"命令，如图 6-106 所示。

　　步骤 10 此时在舞台上起始形状提示会在该形状的某处显示，如图 6-107 所示，第 1 个字母 P 上的红色圆圈就是形状提示。

图 6-106 "添加形状提示"命令

图 6-107 查看添加的形状提示

　　步骤 11 单击并拖动形状提示，可以将其移动到所要标记的任意位置，如图 6-108 所示。

　　步骤 12 在时间轴上选择补间区间中的最后一个关键帧，在舞台中，结束形状提示也会在该形状的某处显示，如图 6-109 所示。

图 6-108　移动形状提示　　　　　　　图 6-109　查看结束形状提示

步骤 13 若要删除形状提示，可以选择起始形状提示对应的帧，然后在菜单栏中选择"修改"|"形状"|"删除所有提示"命令即可，如图 6-110 所示。

图 6-110　选择"删除所有提示"命令

6.6 习　　题

1. 选择题

(1) (　　)不可以直接制作形状补间动画。

  A. 按钮元件　　　　　　　　　　B. 图形元件

  C. 影片剪辑元件　　　　　　　　D. 图形

(2) 按(　　)组合键可以保存 Flash CS6 文档。

  A. Ctrl+X　　　　B. Ctrl+S　　　　C. Shift+C　　　　D. Ctrl+Alt+S

(3) Flash 中的时间轴是用(　　)记录画面的。

  A. 图层　　　　　B. 帧　　　　　　C. 场景　　　　　D. 元件

(4) 使用工具箱中的( )工具，可以绘制出各式各样的直线线段、曲线线段，甚至还可以绘制出椭圆形与矩形图形。

  A. 铅笔   B. 箭头   C. 钢笔   D. 椭圆

(5) 如果你想更改线条的颜色，必须用( )工具。

  A. 画笔   B. 墨水瓶   C. 颜料桶   D. 椭圆

2. 实训题

(1) 在 Flash 中绘制茄子，然后使用颜料桶工具给茄子上色(参考图 6-111)，并将图形转换为图形元件，接着创建茄子逐渐长大的动画。

提示：完成该实例主要运用的工具有线条工具、钢笔工具、选择工具和颜料桶工具，需要用到传统补间动画的知识。

(2) 在 Flash 中绘制喇叭花，然后使用颜料桶工具给喇叭花上色(参考图 6-112)，接着使用补间形状功能创建花朵颜色逐渐加深的动画。

提示：完成该实例主要运用的工具有线条工具、铅笔工具、钢笔工具、选择工具和颜料桶工具，需要用到"高级平滑"命令。

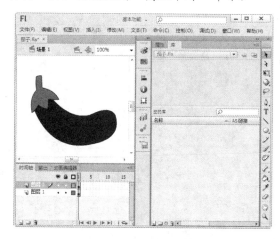

图 6-111　茄子

图 6-112　喇叭花

第 7 章

经典实例：绘制行驶的火车

在第 1 章中我们了解了什么是元件，知道元件在 Flash 动画制作过程中可以起到简化作用，大大提高作品创建速度。本章将借助元件和逐帧动画功能，制作列车由远及近驶过的动画，一起来操作吧。

本章主要内容

● 创建火车头元件
● 绘制火车车厢
● 制作火车车轨
● 让火车行驶起来

7.1 要 点 分 析

本章介绍使用线条工具、椭圆工具、矩形工具、选择工具、自由变换工具等工具，"变形"面板以及动画功能来绘制行驶的火车的方法。在制作过程中需要把绘制的火车头和火车车厢保存成元件，这样用户就可以重复使用了。

7.2 创建火车头元件

创建元件既可以创建一个空元件，然后在元件编辑模式下制作或导入内容，也可以在舞台上选定对象后，将其转换成元件。本节以绘制火车头为例进行介绍，先绘制出火车头图形，然后将其转换为元件，具体操作步骤如下。

步骤 1 在 Flash 窗口中新建"火车.fla"文档，然后在工具箱中单击"矩形工具"图标，接着在"属性"面板中设置笔触颜色为"#000000"，填充颜色为"无"，笔触大小为 1，如图 7-1 所示。

步骤 2 在舞台中绘制矩形，接着使用选择工具调整矩形边框，使四条边框向外凸出，如图 7-2 所示。

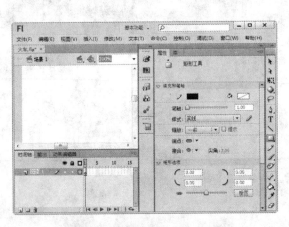

图 7-1 新建"火车.fla"文档

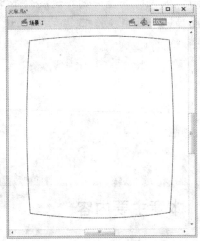

图 7-2 调整矩形边框

步骤 3 假设矩形是火车头前盖的右视图，需要将其倾斜，方法是选中矩形，然后按 Ctrl+T 组合键打开"变形"面板，接着在面板中选中"倾斜"单选按钮，并设置水平倾斜角度为 30°，垂直倾斜角度为 15°，倾斜后的效果如图 7-3 所示。

步骤 4 在"时间轴"面板中新建图层 2，然后绘制一个矩形，并使用选择工具调整其形状，接着在"变形"面板中设置其倾斜角度，再移动其位置，使其一条边与图层 1 中的大矩形部分重合，如图 7-4 所示。

步骤 5 在工具箱中单击"线条工具"图标，然后在"属性"面板中设置笔触颜色为"#000000"，笔触大小为 1，接着在第二个矩形中绘制一条斜线，并使用选择工具调出小弧度，完成火车前盖挡风玻璃的制作，如图 7-5 所示。

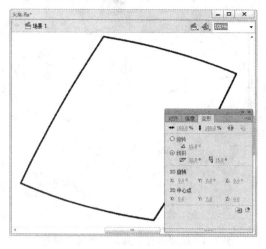

图 7-3　调整矩形倾斜角度　　　　　　图 7-4　制作另一个倾斜的矩形图形

步骤 6　在"时间轴"面板中新建图层 3，并隐藏图层 1 和图层 2，然后使用矩形工具在舞台中绘制矩形，并使用选择工具调整其外观，接着在"变形"面板中选中"倾斜"单选按钮，并设置水平倾斜角度为 30°，垂直倾斜角度为 15°，结果如图 7-6 所示。

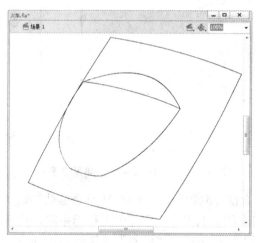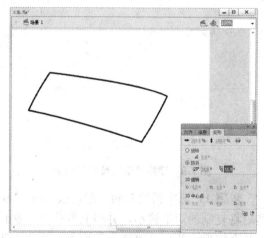

图 7-5　绘制一条斜线　　　　　　　　图 7-6　制作倾斜矩形

步骤 7　在"时间轴"面板中取消隐藏图层 1，然后移动新绘制的矩形，使其靠近图层 1 中的矩形，如图 7-7 所示。

步骤 8　将新矩形看作火车头的顶盖，使用选择工具调整矩形的边框，使两个矩形具有立体效果，如图 7-8 所示。

步骤 9　在"时间轴"面板中新建图层 4，然后以火车头顶盖矩形的右上角为起点，使用线条工具绘制垂直直线，以火车头前盖矩形右下角为起点，绘制斜线交于垂直直线，如图 7-9 所示。再使用选择工具调整斜线弧度。

步骤 10　使用矩形工具绘制矩形，然后使用选择工具调整矩形上、下边框线的弧度，将其看作火车头上的简易门，如图 7-10 所示。

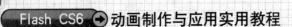
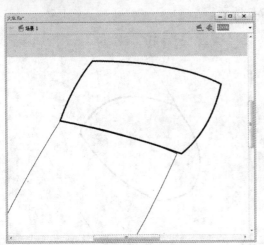

图 7-7　调整新绘制的矩形的位置

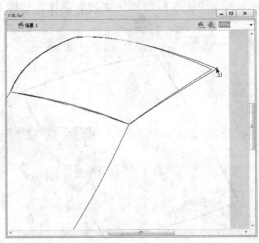

图 7-8　使用选择工具调整新矩形的边框

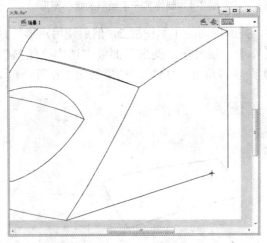

图 7-9　使用线条工具绘制线条

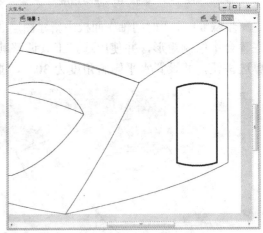

图 7-10　绘制火车头上的简易门图形

步骤 11 选中新绘制的矩形，按 Ctrl+C 组合键复制矩形，按 Ctrl+V 组合键粘贴矩形，然后将复制的矩形调小，并将其看作火车头门上的玻璃窗，把它置于大矩形中间，接着选中两个矩形，并打开"变形"面板，在"变形"面板中选中"倾斜"单选按钮，并设置水平倾斜为1°，垂直倾斜角度为-8°，如图 7-11 所示。

步骤 12 在工具箱中单击"橡皮擦工具"图标，并设置橡皮擦形状，接着将火车头顶盖和前盖相交处的线条擦除，如图 7-12 所示。

步骤 13 使用选择工具选中所有图形，然后使用任意变形工具将图形等比例缩小，如图 7-13 所示。

步骤 14 由于这里要绘制的是动车组列车的火车头，右视图看到的前盖应该是上宽下窄，因此需要调整前盖矩形的下边框线宽度，方法是使用选择工具先将缩小后的图形向舞台右上方移动，接着拖到前盖矩形(即在图层 2 中绘制的倾斜矩形)右下角，让矩形下边框变短，效果如图 7-14 所示。

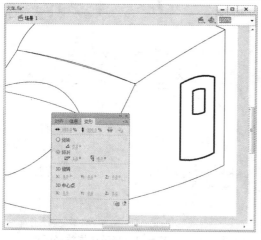

图 7-11　绘制火车头门上的玻璃窗

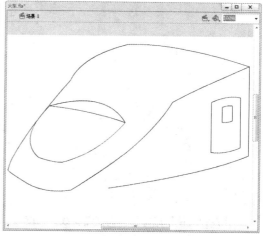

图 7-12　使用橡皮擦工具擦除线条

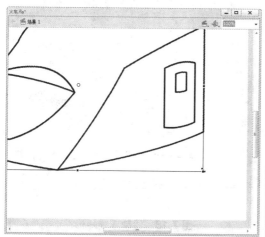

图 7-13　使用任意变形工具缩小图形

图 7-14　调整前盖矩形下边框线宽度

步骤 15 在"时间轴"面板中新建图层 5，然后使用椭圆工具绘制椭圆，并打开"变形"面板，接着选中"旋转"单选按钮，并设置旋转角度为 18°，再将其移动到前盖矩形的下边框上，使前盖矩形左右两侧的边框线看起来像是椭圆图形的两条切线，如图 7-15 所示。

步骤 16 使用选择工具调整前盖矩形下边框线的弧度。接着使用线条工具再绘制一条斜线，效果如图 7-16 所示。

步骤 17 使用选择工具调整新绘制的斜线的弧度，然后使用橡皮擦工具擦除两弧线之间的椭圆图形的边框线，效果如图 7-17 所示。

步骤 18 在"时间轴"面板中新建图层 6，并隐藏图层 5，然后在工具箱中单击"矩形工具"图标，并在"属性"面板中设置样式为"虚线"，接着在舞台中绘制矩形，并在"变形"面板中设置其水平倾斜角度为-15°，垂直倾斜角度为-5°，如图 7-18 所示。

步骤 19 使用选择工具移动虚线矩形，并调整边框外形。然后取消隐藏图层 5，并调整火车头左侧底部的弧线，将其连接到虚线矩形的右下角，接着从该点出发，绘制斜线段至前盖矩形的右下角，再调整线段弧度，如图 7-19 所示。

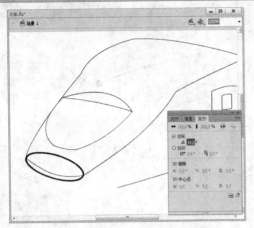

图 7-15　绘制椭圆

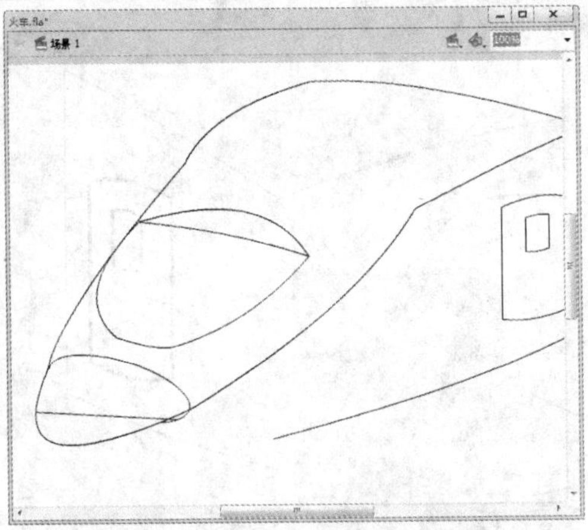

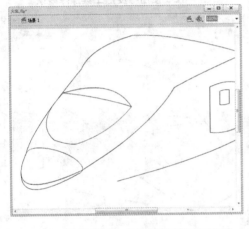

图 7-16　调整前盖矩形下边框线的弧度

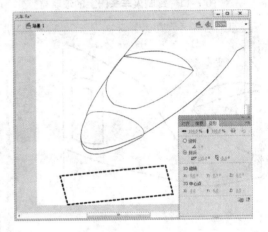

图 7-17　使用选择工具调整新斜线的弧度

图 7-18　绘制虚线矩形

步骤 20 使用矩形工具再绘制一个虚线矩形，然后在"变形"面板中设置其大小和倾斜角度，接着移动其位置，使其上边框线与第一个虚线矩形的下边框线重合，制作火车头尖头下方的阴影部分，如图 7-20 所示。

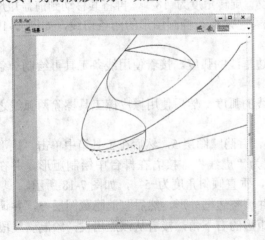

图 7-19　移动虚线矩形位置

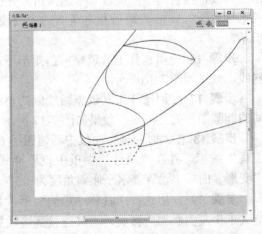

图 7-20　制作火车头尖头下方的阴影部分

步骤 21 延长火车头门右侧的垂直线，然后以第二个虚线矩形右下角为起点，沿底部边框线方向向垂直线画线段，绘制火车头左侧底边部分。再使用橡皮擦工具擦除垂直线多余部分，效果如图 7-21 所示。

步骤 22 使用矩形工具绘制矩形，并使用选择工具调整矩形左、上、右三条边框线外形，然后删除矩形下边框线，选中另外三条边框线，接着在"变形"面板中选中"旋转"单选按钮，并设置旋转角度为-18°，再将其移动到火车头左侧第二条底边线上方，制作火车头左侧的车轮，如图 7-22 所示。

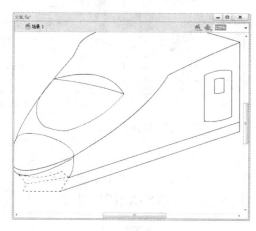

图 7-21 绘制火车头左侧底边部分　　图 7-22 制作火车头左侧的车轮

步骤 23 在"时间轴"面板中新建图层 7，然后使用线条工具绘制一个倾斜着的三角形，接着使用选择工具调整其形状，制作火车头上面的车灯，如图 7-23 所示。

步骤 24 复制绘制的车灯图形，接着调整两灯的位置和大小，如图 7-24 所示。

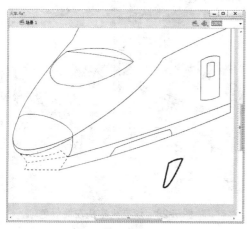

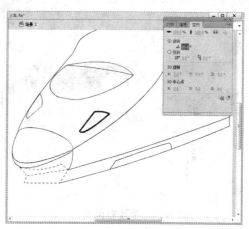

图 7-23 使用线条工具绘制三角形　　图 7-24 制作火车头前头的车灯

步骤 25 在工具箱中单击"线条工具"图标，设置笔触大小为 3，然后在前盖挡风玻璃上绘制两条倾斜的线条代表刷子，如图 7-25 所示。至此，动车组列车的火车头的轮廓基本制作完成，下面给车头填充颜色。

步骤 26 在"时间轴"面板中新建图层 8，并锁定其他图形。接着使用钢笔沿火车头

左侧形状描图，形成封闭图形，如图 7-26 所示，再使用选择工具调整图形边框，使其与所描图形完全重合。

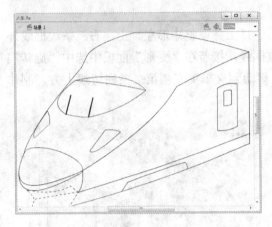

图 7-25　绘制挡风玻璃上的刷子

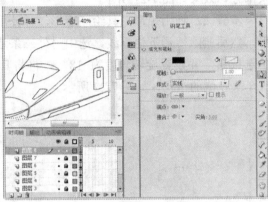

图 7-26　使用钢笔工具描图

步骤 27 由于现在的动车组列车大都是白色的，因此在给车头上色时需要更换舞台颜色，例如换成浅灰色，方法是在"属性"面板中展开"属性"子面板，接着单击"舞台"选项右侧的颜色模块，在弹出的菜单中单击"浅灰色"(#CCCCCC)图标即可，如图 7-27 所示。

步骤 28 在工具箱中单击"颜料桶工具"图标，并在"属性"面板中设置填充颜色为"白色"(#FFFFFF)，接着在舞台中单击钢笔描制的图形，填充火车头左侧颜色，效果如图 7-28 所示。

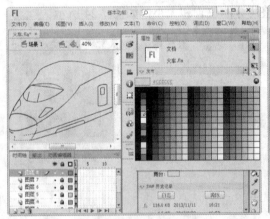

图 7-27　更换舞台颜色

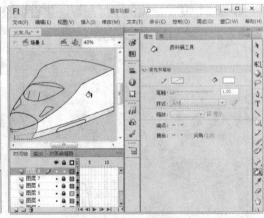

图 7-28　填充火车头左侧颜色

步骤 29 使用类似方法对火车顶盖和前盖描图，并填充颜色，效果如图 7-29 所示。

步骤 30 在"时间轴"面板中单击图层 8 右侧的实心方形图标▣，使其显示为轮廓，此时实心方形▣变成空心方形▢了。接着使用钢笔工具对门描图，如图 7-30 所示。

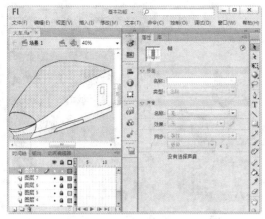

图 7-29　填充火车头顶盖和前盖颜色

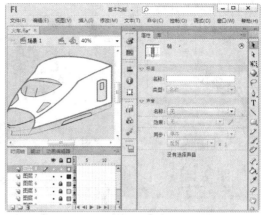

图 7-30　使图层 8 显示为轮廓

步骤 31 在"时间轴"面板中单击图层 8 右侧的空心方形图标□，接着换一种填充颜色(#F7F7F7)，对门图形进行填充，效果如图 7-31 所示。

步骤 32 使用类型方法，先在图层 8 显示为轮廓的情况下对火车头前盖上的挡风玻璃和灯以及左侧门上的玻璃窗描图，然后在"属性"面板中设置颜料桶工具的填充颜色为"蓝色"(#204DFF)，接着取消图层 8 显示为轮廓，分别在挡风玻璃、灯和玻璃窗图形上单击进行颜色填充，效果如图 7-32 所示。

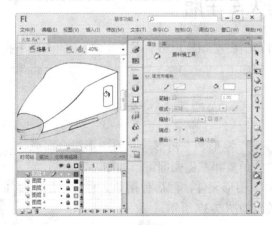

图 7-31　填充门图形

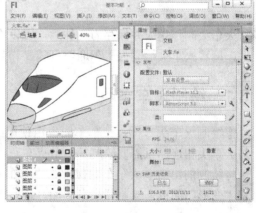

图 7-32　设置挡风玻璃、灯和玻璃窗的颜色

步骤 33 使用类型方法，设置火车头其他部分的颜色，最终效果如图 7-33 所示。

步骤 34 选中火车头图形中的线条，然后使用工具箱中的"笔触颜色"工具设置线条颜色为"灰白色"(#DBDBDB)，效果如图 7-34 所示。

步骤 35 按 Ctrl+A 组合键选中整个火车头图形，然后按 F8 键打开"转换为元件"对话框，在"名称"文本框中输入元件名称，并设置元件类型为"影片剪辑"，再单击"确定"按钮，如图 7-35 所示。

2**Flash CS6 动画制作与应用实用教程**

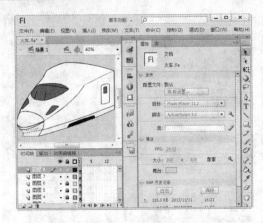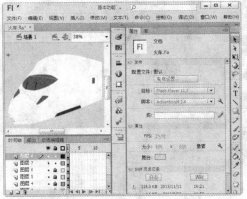

图 7-33 查看火车头上色后的效果　　　图 7-34 设置图形的线条颜色

图 7-35　"转换为元件"对话框

7.3　绘制火车车厢

　　火车头制作完成并保存为元件后，可以将其他图层删除，然后在图层 1 中插入火车头元件，接着火车头绘制火车车厢，具体操作步骤如下。

7.3.1　绘制火车车厢

　　像绘制火车头一样，火车车厢也由使用线条、矩形、三角形等几何图形组合而成，因为与火车头相连，只需要绘制第一节火车车厢的顶盖和左侧面即可，如图 7-36 所示。

　　将绘制的第一节火车车厢保存为"车车厢"图形元件，然后使用该元件，借助选择工具和"变形"面板，绘制其余车车厢，最终效果如图 7-37 所示。

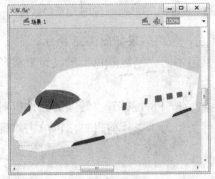

图 7-36　绘制第一节火车车厢　　　　图 7-37　绘制其余火车车厢

7.3.2　设置火车车厢渐隐渐显

一列火车从远处驶来，列车是逐渐显示出来的。为此，下面就逐节设置火车车厢的透明度，制作火车车厢的渐隐渐显效果，具体操作步骤如下。

步骤 1　在"火车.fla"文件窗口中按 Ctrl+A 组合键选中所有图形，并按 Ctrl+X 组合键剪切图形。

步骤 2　在"时间轴"面板中选择图层 1，然后按 Ctrl+V 组合键粘贴图形，并将粘贴的图形移动到舞台中间，接着在"时间轴"面板中删除其余图层，如图 7-38 所示。

步骤 3　假设列车的火车头已完全显示，设置第一节火车车厢的透明度为 90%，方法是单击第一节车厢，然后在"属性"面板中的"色彩效果"子面板中，从"样式"下拉列表框中选择 Alpha 选项，如图 7-39 所示。

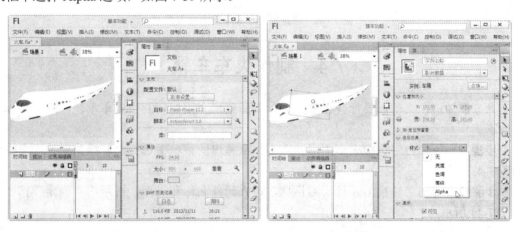

图 7-38　将所有图形移动到同一图层中　　　　图 7-39　设置色彩效果

步骤 4　这时在"色彩效果"子面板中将会出现 Alpha 设置项，调整其值为 90，如图 7-40 所示。

步骤 5　使用类似方法，逐节设置其余火车车厢的 Alpha 值，最后一节车厢的 Alpha 值设为 20，如图 7-41 所示。

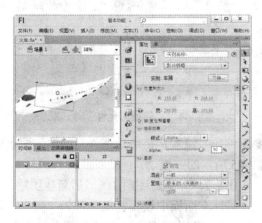
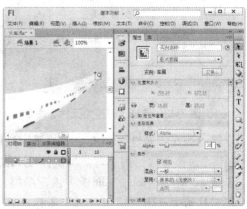

图 7-40　设置第一节车厢的透明度　　　　图 7-41　设置最后一节车厢的透明度

步骤 6　按 Ctrl+S 组合键保存设置，再按 Ctrl+Enter 组合键在打开的窗口中预览设置效果，如图 7-42 所示。

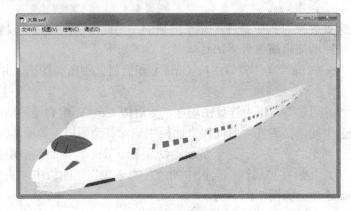

图 7-42　预览火车车厢渐隐渐显效果

7.4　制作火车车轨

大家都知道，火车需要行驶在车轨上。下面就来介绍如何制作火车车轨，具体操作步骤如下。

步骤 1　在舞台中选中火车图形并右击，从弹出的菜单中选择"转换为元件"命令，如图 7-43 所示。

步骤 2　弹出"转换为元件"对话框，设置元件名称和类型，再单击"确定"按钮，如图 7-44 所示。

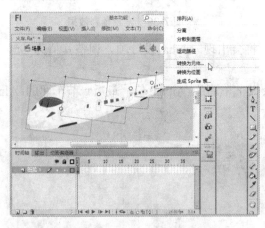

图 7-43　选择"转换为元件"命令

图 7-44　"转换为元件"对话框

步骤 3　在"属性"面板中调整舞台高度为"300 像素"，然后在"时间轴"面板中新建图层 2，接着根据列车弯曲情况绘制如图 7-45 所示的弧线。

步骤 4　在"时间轴"面板中锁定图层 1 和图层 2，并隐藏图层 1，然后新建图层 3，接着在工具箱中单击"矩形工具"图标，并在"属性"面板中设置笔触颜色为"无"，填充颜色为"褐色"(#993300)，再在舞台中绘制矩形图形(为了便于查看，这里将舞台颜色调整为白色)，如图 7-46 所示。

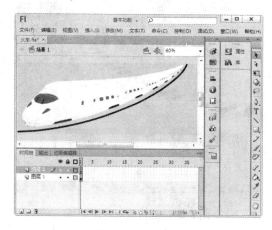

图 7-45　绘制弧线

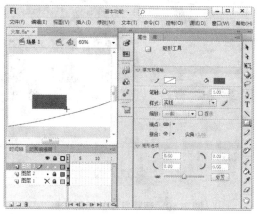

图 7-46　绘制矩形

步骤 5　使用选择工具选中刚绘制的矩形，按 Ctrl+T 组合键打开"变形"面板，通过调整旋转角度和倾斜角度调整矩形图形的三维效果，结果如图 7-47 所示。

步骤 6　向左下角移动矩形图形，使其中心点在弧线上，效果如图 7-48 所示。

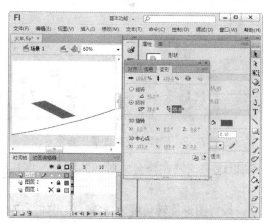

图 7-47　调整矩形图形的三维效果

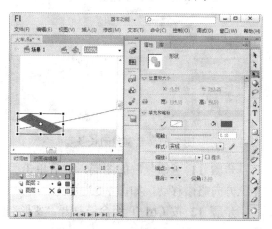

图 7-48　移动矩形图形

步骤 7　按 Ctrl+C 组合键复制矩形图形，按 Ctrl+V 组合键粘贴矩形图形，接着在"变形"面板中略微缩小新复制的矩形图形，并将图形旋转-3°，再移动图形位置，效果如图 7-49 所示。

步骤 8　使用类型方法继续复制调整矩形图形，并按图层 2 中的弧线趋势排列这些矩形，效果如图 7-50 所示。

步骤 9　在"时间轴"面板中锁定图层 3，并新建图层 4，然后使用线条工具在舞台中绘制如图 7-51 所示的封闭长条。

步骤 10　在"时间轴"面板中锁定图层 4 并右击，从弹出的快捷菜单中选择"复制图层"命令，如图 7-52 所示。

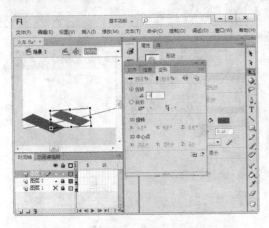

图 7-49　调整复制的矩形图形

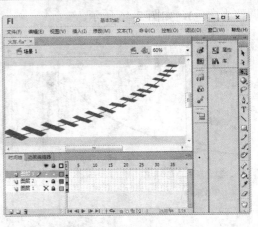

图 7-50　继续复制调整矩形

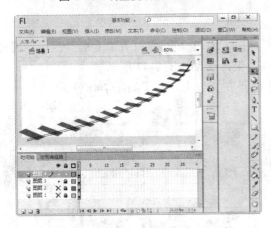

图 7-51　绘制封闭长条

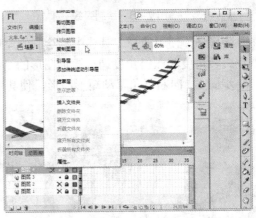

图 7-52　选择"复制图层"命令

步骤 11 解锁复制的图层，然后单击第 1 帧以选中该帧在舞台中对应的图形，将其沿左上方向略微移动，如图 7-53 所示。

步骤 12 按 Ctrl+T 组合键打开"变形"面板，设置图形旋转角度为 3°，效果如图 7-54 所示。

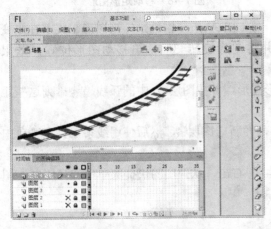

图 7-53　移动复制图层中的图形位置

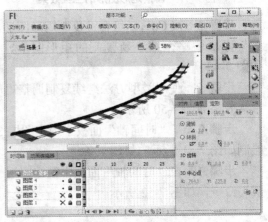

图 7-54　"变形"面板

步骤 13 在工具箱中单击"颜料桶工具"图标，并在"属性"面板中设置填充颜色为"灰色"(#666666)，接着在舞台中填充图层 4 及复制图层中的图形，设置火车轨迹，效果如图 7-55 所示。

步骤 14 取消锁定图层 3，然后借助"变形"面板调整火车轨迹下方的矩形图形，最终效果如图 7-56 所示。

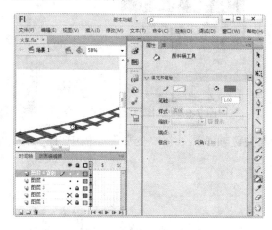
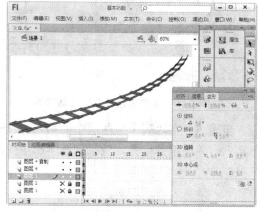

图 7-55　填充火车轨迹颜色　　　　图 7-56　按制作的轨迹调整图层 3 中的矩形图形

步骤 15 选中绘制的列车轨迹图形，按 F8 键打开"转换为元件"对话框，在此设置元件名称和类型，再单击"确定"按钮，如图 7-57 所示。

图 7-57　"转换为元件"对话框

7.5　让火车行驶起来

下面使用逐帧动画制作火车由远及近行驶过来的动画，具体操作步骤如下。

步骤 1 由于动车组列车是白色的，这里将舞台设置成黑色的背景。

步骤 2 在"时间轴"面板中将"图层 4 复制"重命名为"车轨"，"图层 1"重命名为"列车"，并将其移动到"车轨"图层上方，接着使用任意变形工具调整"列车"元件实例的大小和位置，效果如图 7-58 所示。

步骤 3 在"车轨"图层中右击第 25 帧，从弹出的快捷菜单中选择"插入帧"命令，如图 7-59 所示。

步骤 4 在"列车"图层中右击第 2 帧，从弹出的快捷菜单中选择"插入关键帧"命令，然后按 Ctrl+T 组合键打开"变形"面板，借助"变形"面板略微放大列车实例，再调整其位置，效果如图 7-60 所示。

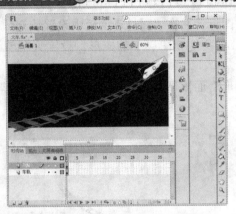

图 7-58　调整列车在车轨上的位置

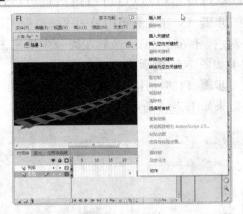

图 7-59　选择"插入帧"命令

步骤 5　在"列车"图层中的第 3 帧插入关键帧，然后在"变形"面板中再次放大列车实例，并调整其位置，效果如图 7-61 所示。

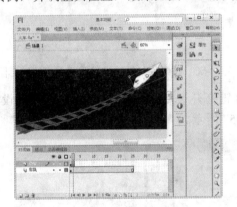

图 7-60　编辑第 2 帧上的列车实例

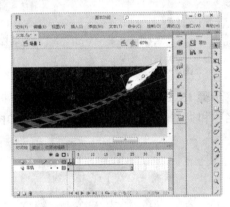

图 7-61　编辑第 3 帧上的列车实例

步骤 6　使用类似的方法，在 4～25 帧分别插入关键帧，并调整每帧上列车实例的大小和位置，各帧对应的效果如图 7-62 所示。

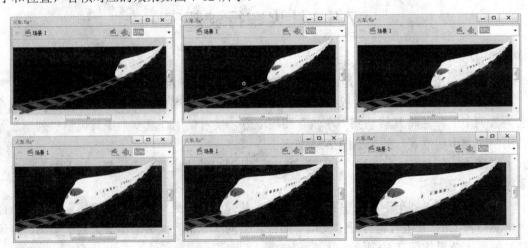

图 7-62　编辑 4～25 帧上的列车实例

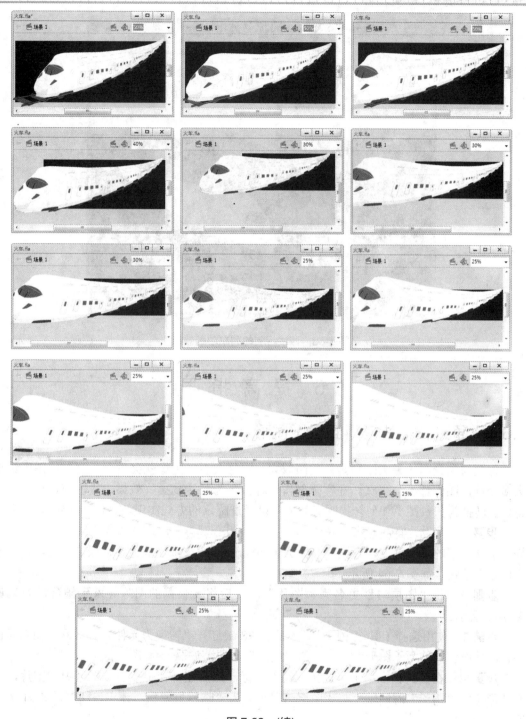

图 7-62 （续）

步骤 7 按 Ctrl+Enter 组合键测试制作的动画效果，如图 7-63 所示。

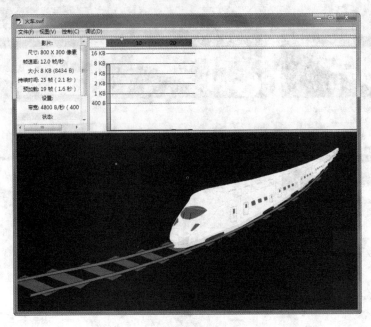

图 7-63　测试行驶的列车动画效果

7.6　提　高　指　导

7.6.1　通过临摹快速得到位图图形

位图与矢量图的最大区别是：位图放大一定倍数后，图像就会失真；而矢量图无论放大多少倍，图像都不会失真。在实际创作过程中，为了达到更好效果，我们应该尽可能地将位图转换为矢量图。如何转换呢？我们可以通过临摹的方式实现。具体操作步骤如下。

步骤 1　启动 Flash CS6 程序，按 Ctrl+N 组合键打开"新建文档"对话框，在"常规"选项卡下的"类型"列表框中选择 ActionScript 2.0 选项，其他参数保持不变，再单击"确定"按钮，如图 7-64 所示。

步骤 2　将"图层 1"更名为"图片"，然后将要临摹的图片导入到舞台，效果如图 7-65 所示。

步骤 3　使用选择工具选中图片，然后按 F8 键打开"转换为元件"对话框，输入元件名称，并设置类型为"图形"，再单击"确定"按钮，如图 7-66 所示。

步骤 4　在工具箱中单击"选择工具"图标，然后在舞台中双击编辑区中的图片，打开图形元件"鸭子"时间轴，将"图层 1"更名为"临摹位图"，锁定该图层，如图 7-67 所示。

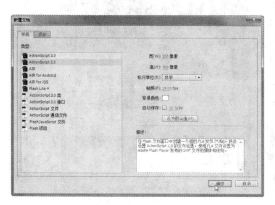

图 7-64　"新建文档"对话框

图 7-65　查看导入的图片

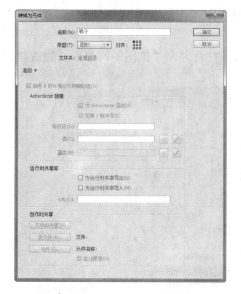

图 7-66　"转换为元件"对话框

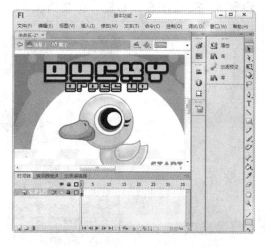

图 7-67　将"图层 1"更名为"临摹位图"

步骤 5　新建图层，并重命名为"线条描绘"，接着使用线条工具勾画鸭子的所有线条，如图 7-68 所示。绘制时将编辑区放大到合适的大小，鸭子的线条轮廓是由一段曲线构成，因此，我们可以绘制一条直线，用"选择工具"将这些直线拉成曲线，最终临摹出鸭子的形状。

步骤 6　下面要给鸭子各个区域填充上相应的颜色。首先单击"填充颜色"图标，然后"样本"在色板中单击欲取色的颜色图标，如图 7-69 所示，接着给各个区域填充颜色，如果是未封闭的区域，请先封闭该区域。

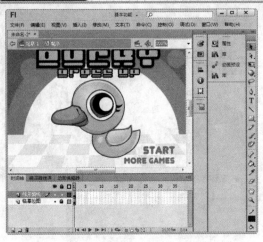

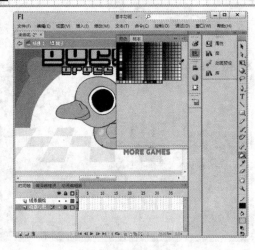

图 7-68 临摹出"鸭子"的形状   图 7-69 选取填充色

步骤 7 颜色填充完成后，删除"临摹位图"图层，接着返回场景窗格，如图 7-70 所示。

步骤 8 按 Ctrl+S 组合键，将文档保存起来，并命名为"位图的临摹"，完成位图的临摹操作。

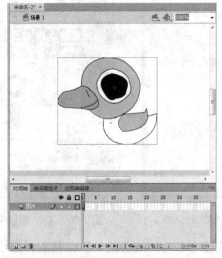

图 7-70 最终临摹位图效果

提 示

图形元件时间轴只能显示时间轴第 1 帧上的内容，它是静态的，不能用于制作动画。多数情况下用于处理图片，或者作为制作动画时的对象使用。

7.6.2 使用遮罩动画制作旋转的地球

在前面的章节中，我们已经学习了如何制作逐帧动画、传统补间动画、骨骼动画和补间形状动画，除此之外，还有补间动画和遮罩动画，其含义如下。

● 补间动画：补间动画是根据同一个对象在两个不同的关键帧中的大小、位置、旋转、倾斜和透明度等属性的差别计算生成的。补间动画在时间轴中显示为连续的帧范围，默认情况下可以作为单个对象进行选择。补间动画的特点是功能强大，易于创建。

● 遮罩动画：是由遮罩层和被遮罩层组成的动画效果。遮罩层是一种特殊的图层，在遮罩层中绘制的对象具有透明的效果，可以将图形位置的背景显露出来。因此，当使用遮罩层后，遮罩层下方图层中的内容将通过遮罩层中绘制的对象的形状显示出来。

在 Flash 中，程序通过在时间轴上显示不同的动画帧标识，帮助用户快速地识别文档中的各种动画类型和含义。为了更好地创建 Flash 的各种动画效果，下面来熟悉一下各种常见的动画类型标识。

● ：一段具有蓝色背景的帧表示补间动画。其中，第一帧中的黑点表示补间范围分配有目标对象；黑色菱形表示最后一个帧和任何其他属性的关键帧(包含用户自定义属性的帧)。

● ：第一帧中的空心点表示补间动画的目标对象已删除。补间范围仍包含其属性关键帧，并可应用到新的目标对象上。

● ：一段具有绿色背景的帧表示反向运动(IK)姿势图层。姿势图层包含 IK 骨架和姿势。每个姿势在时间轴中显示为黑色菱形。Flash 会在姿势之间自动添加帧中缺少的骨架位置动画。

● ：带有黑色箭头、蓝色背景，并在第 1 帧中以黑色圆点显示的动画帧表示传统补间动画。

● ：表示传统补间是断开或不完整的。

● ：带有黑色箭头、淡绿色背景，并在起始关键帧处以黑色圆点显示的动画帧区域表示形状补间动画。

● ：一个没有任何动画效果的普通动画帧区域。其中，黑色圆点表示一个关键帧；其他浅灰色的帧区域和最后一个空心矩形均表示普通帧。

● ：在普通动画帧区域中显示出一个"α"标识，则表示已使用"动作"面板为该帧分配了一个帧动作。

● ：红色的小旗标识表示该帧中包含一个标签。

● ：绿色的双斜杠标识表示该帧中包含一个注释，且帧中的文字则为注释的内容。用户可以在"属性"面板中自定义注释的内容。

● ：金色的锚记标识表示该帧是一个命名锚记。同样，其中的文字也可以在"属性"面板中进行编辑。

下面通过一个地球旋转效果的实例来介绍一下如何制作遮罩动画，具体操作步骤如下。

步骤 1　启动 Flash CS6 程序，新建一个文档，在其"属性"面板中单击"编辑文档属性"图标，如图 7-71 所示。

步骤 2　打开"文档设置"对话框，设置背景颜色为"黑色"，帧频为 8，最后单击"确定"按钮，如图 7-72 所示。再按 Ctrl+S 组合键保存文件。

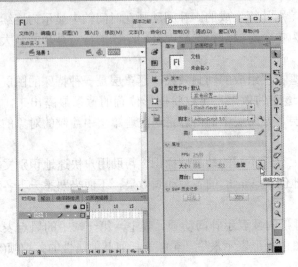

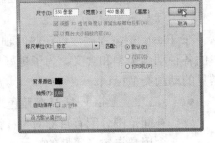

图 7-71 单击"编辑文档属性"图标 　　　　图 7-72 "文档设置"对话框

步骤 3　在菜单栏中选择"文件"|"导入"|"导入到舞台"命令，打开"导入"对话框，选择要导入到舞台的图片，再单击"打开"按钮，如图 7-73 所示。

步骤 4　在舞台中导入的图片如图 7-74 所示。

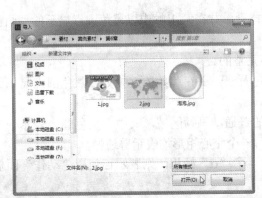

图 7-73　"导入"对话框 　　　　　　　图 7-74　在舞台中导入的图片

步骤 5　在工具箱中单击"任意变形工具"图标，按住 Shift+Alt 组合键，拖动地图周围的控制点，调整地图的大小，如图 7-75 所示。

步骤 6　单击工具箱中的"选择工具"图标，按住 Alt 键的同时的在舞台上拖动地图，复制一张新的地图，然后将两张地图水平对齐排列，如图 7-76 所示。

步骤 7　使用选择工具同时选中两张地图，然后在菜单栏中选择"修改"|"转换为元件"命令(或者按 F8 键)，如图 7-77 所示。

步骤 8　打开"转换为元件"对话框，在"类型"下拉列表框中选择"图形"选项，并单击"确定"按钮，如图 7-78 所示。

图 7-75　调整地图大小

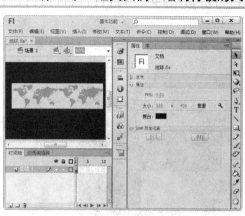

图 7-76　复制一张新的地图

图 7-77　选择"转换为元件"命令

图 7-78　"转换为元件"对话框

步骤 9　右击图层 1 中的第 40 帧，从弹出的快捷菜单中选择"插入关键帧"命令，此时的时间轴如图 7-79 所示。

步骤 10　选择图层 1 中的第 1 帧，在舞台上选中两张地图，按住鼠标左键并向右拖动图形元件，效果如图 7-80 所示。

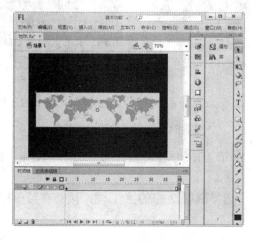

图 7-79　插入关键帧

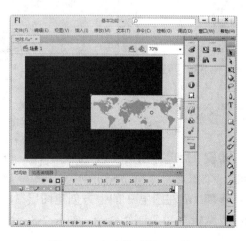

图 7-80　向右拖动图形元件

步骤 11 选择图层 1 的第 40 帧,再次调整图形元件的位置,如图 7-81 所示。

步骤 12 右击图层 1 中 1~40 帧中的任意一帧,从弹出的快捷菜单中选择"创建传统补间"命令,此时的时间轴如图 7-82 所示。

图 7-81 向左拖动图形元件

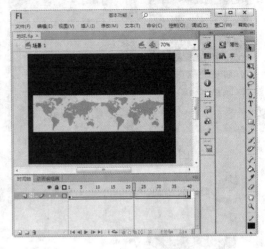

图 7-82 创建传统补间

步骤 13 在"时间轴"面板中右击图层 1,从弹出的快捷菜单中选择"插入图层"命令,新建图层 2,如图 7-83 所示。

步骤 14 在工具箱中单击"椭圆工具"图标 ◯,设置笔触颜色为"无",填充颜色为"白色"(#FFFFFF),如图 7-84 所示。

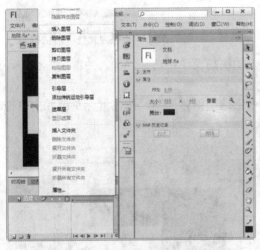

图 7-83 新建图层 2

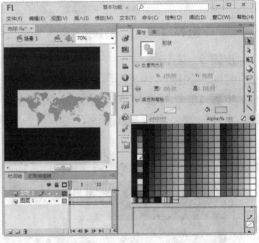

图 7-84 设置笔触和填充颜色

步骤 15 选择图层 2 中的第 1 帧,按住 Shift 的同时在舞台上按住鼠标左键拖动,绘制一个图形,如图 7-85 所示。

步骤 16 在图层 2 的上方创建图层 3,然后选择图层 2 中的第 1 帧,接着在菜单栏中选择"编辑"|"复制"命令,如图 7-86 所示。

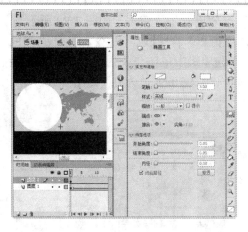

图 7-85　绘制一个图形

图 7-86　选择"复制"命令

步骤 17 选择图层 3 中的第 1 帧，在菜单栏中选择"编辑"|"粘贴到当前位置"命令，将圆形粘贴到图层 3 的相同位置处，如图 7-87 所示，再隐藏图层 3。

步骤 18 右击图层 2，从弹出的快捷菜单中选择"遮罩层"命令，如图 7-88 所示，将其转换为遮罩层。

图 7-87　将圆形粘贴到图层 3 的相同位置处

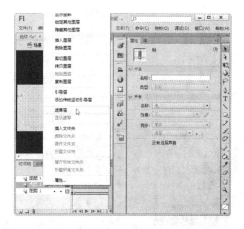

图 7-88　选择"遮罩层"命令

> **技 巧**
>
> 下面总结几条制作遮罩动画的技巧。
>
> - 遮罩层中的对象可以是按钮、影片剪辑、图形、文本等，但不能使用线条；被遮罩层中则可以使用除了动态文本之外的任意对象。
> - 在遮罩层和被遮罩层中可以使用补间形状、传统补间、补间动画、引导动画等多种动画形式。
> - 在制作遮罩动画的过程中，遮罩层可能会挡住下面的图层中的元件。如果要对遮罩层中的对象的形状进行编辑，可以单击时间轴中的"将所有图层显示为轮廓"按钮，使遮罩层中的对象只显示轮廓形状，以便对遮罩层中对象的形状、大小和位置进行调整。
> - 不能用一个遮罩层来遮罩另一个遮罩层，即遮罩层之间不存在嵌套关系。

步骤 19 创建遮罩层后，图形在舞台中的表现效果发生了变化，如图7-89所示。

步骤 20 显示图层3，并在菜单栏中选择"窗口"|"颜色"命令，打开"颜色"面板，设置颜色类型为"径向渐变"，并在"流"选项组中单击"反射颜色"图标，接着单击渐变条左侧的模块，设置颜色为"黑色"(#000000)，Alpha值为0，如图7-90所示。

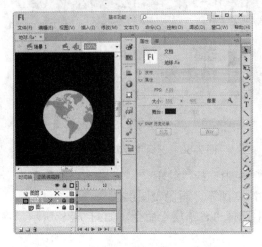
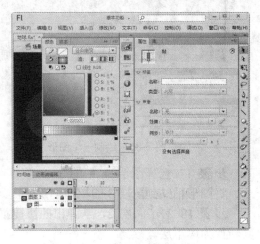

图7-89　查看创建遮罩层后的效果　　　　图7-90　"颜色"面板

步骤 21 单击渐变条右侧的模块，设置颜色为"蓝色"(#000033)，Alpha值为100，如图7-91所示。

步骤 22 单击工具箱中的"渐变变形工具"图标，在舞台中单击圆的中间位置，填充图形，效果如图7-92所示。

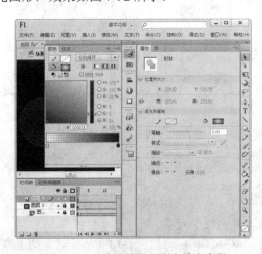
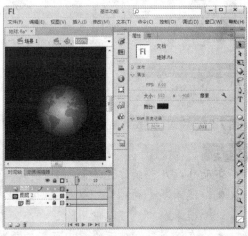

图7-91　继续设置径向渐变填充参数　　　　图7-92　填充图形

步骤 23 按Ctrl+Enter组合键测试动画效果，如图7-93所示。

技巧

　　在测试动画效果时，如果出现如图7-94所示的情况，表明第40帧上被遮罩图层中的图形位置靠左了，这时可以在图层1中的第40帧上单击图形，将其向右移动，如图7-95所示。

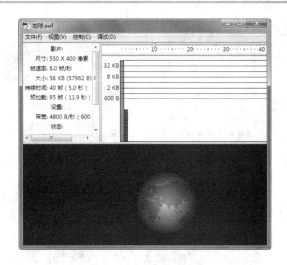

图 7-93 测试动画效果

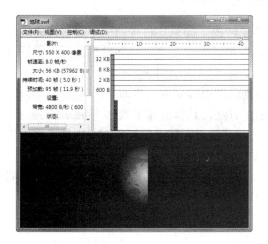

图 7-94 查看第 40 帧上的动画

图 7-95 向右移动图形

7.6.3 制作沿路径运动的动画

要制作沿路径运动的动画，就需要用到引导层。在 Flash 中，引导层可以分为普通引导层和运动引导层两种。

- 普通引导层：在动画中起辅助静态对象定位的作用，右击要作为引导层的图层，从弹出的快捷菜单中选择"引导层"命令，即可将该图层转换为普通引导层。在图层管理器中，普通引导层的图标为 ，如图 7-96 所示。
- 运动引导层：可以使对象沿曲线或指定的路径进行运动。运动引导层可以根据需要与一个图层或任意多个图层相关联，这些被关联的图层就称为被引导层。被引导层上的任意对象沿着运动引导层上的路径运动。创建运动引导层后，被引导层的图标会向内缩进显示，而引导层的图标则没有缩进，非常形象地表现出两者之间的关系，如图 7-97 所示。

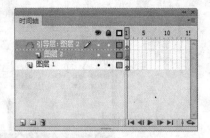

图 7-96　认识普通引导层　　　　　图 7-97　认识运动引导层

提示

　　默认情况下，任何一个新创建的运动引导层都会自动放置在用来创建该运动引导层的普通图层的上方。移动引导层则所有同它相连接的被引导层都将随之移动，以保持图层间的引导和被引导关系。并且，引导层上的所有内容只作为运动对象的参考路线，在发布动画时并不会输出。

　　普通引导层和运动引导层之间可以进行相互转换。如果要将普通引导层转换为运动引导层，只需要给普通引导层添加一个被引导层即可。方法是在"时间轴"面板中拖动普通引导层上方的图层到普通引导层的下方即可。如果要将运动引导层转换为普通引导层，只需要将运动引导层相关联的所有被引导层拖动到运动引导层的上方即可。

　　下面通过具体实例，介绍运动引导层的创建方法，具体操作步骤如下。

　　步骤 1　启动 Flash CS6 程序，新建一个文档，接着在其"属性"面板中的"属性"子面板中设置 FPS 的值为 8，如图 7-98 所示。

　　步骤 2　在菜单栏中选择"文件"|"导入"|"导入到舞台"命令，打开"导入"对话框，选择文件路径和文件，再单击"打开"按钮，如图 7-99 所示。

图 7-98　设置文档帧频　　　　　图 7-99　"导入"对话框

　　步骤 3　右击导入的图片，从弹出的快捷菜单中选择"转换为元件"命令，打开"转换为元件"对话框，在"名称"文本框中输入"泡泡"，在"类型"下拉列表框中选择"图形"选项，再单击"确定"按钮。

　　步骤 4　选择图层 1 中的第 1 帧，然后在"库"面板中查看已经创建的"泡泡"图形元件, 并将其拖动到舞台上, 如图 7-100 所示。

步骤 5 右击图层 1 中的第 50 帧, 从弹出的快捷菜单中选择"插入关键帧"命令。

步骤 6 在"时间轴"面板中右击图层 1, 从弹出的快捷菜单中选择"添加传统运动引导层"命令, 为图层 1 添加运动引导层, 如图 7-101 所示。

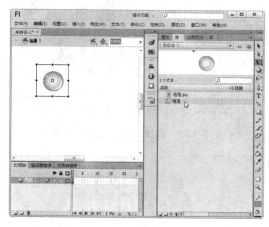
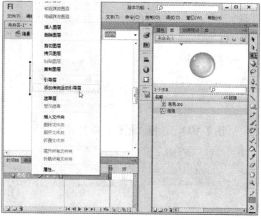

图 7-100 查看创建的"泡泡"图形元件　　　图 7-101 选择"添加传统运动引导层"命令

步骤 7 使用铅笔工具 ✏ 在舞台中绘制一个泡泡上升的路径, 如图 7-102 所示。

步骤 8 在图层 1 中选择第 50 帧, 然后将泡泡移动到引导线的终点, 如图 7-103 所示。

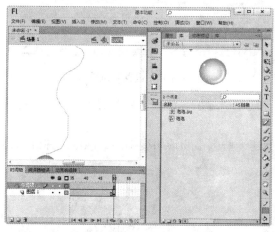
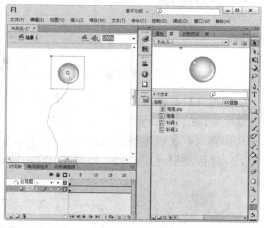

图 7-102 绘制一个泡泡上升的路径　　　图 7-103 将泡泡移动到引导线的终点

步骤 9 在图层 1 中 1～50 帧之间的任意位置处右击, 从弹出的快捷菜单中选择"创建传统补间"命令, 如图 7-104 所示。

步骤 10 在"时间轴"面板中右击"引导层: 图层 1", 从弹出的快捷菜单中选择"插入图层"命令, 如图 7-105 所示。

步骤 11 在"引导层: 图层 1"上方创建一个图层 3, 然后选择图层 3 中的第 1 帧, 接着将"泡泡"图形元件拖动到舞台的其他位置重新创建一个实例, 如图 7-106 所示。

步骤 12 使用任意变形工具调整其大小, 并在其"属性"面板中, 将"色彩效果"子面板中的"样式"设置为 Alpha, 其值为 40, 如图 7-107 所示。

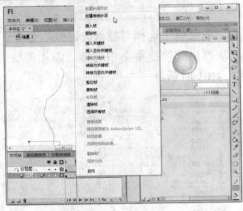

图 7-104　选择"创建传统补间"命令

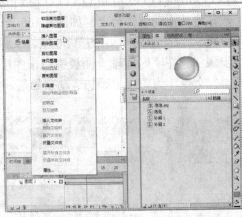

图 7-105　选择"插入图层"命令

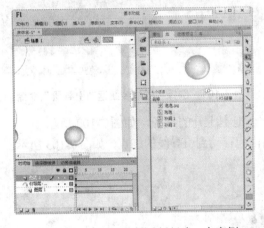

图 7-106　在其他位置重新创建一个实例

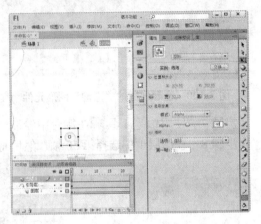

图 7-107　设置实例属性

　　步骤 13　参照前面的方法，为图层 3 创建运动引导层，绘制一条新的运动路径，并完成这个泡泡的引导动画，如图 7-108 所示。

　　步骤 14　参照前面的方法，在舞台上再创建一些大小和透明度不同的泡泡，并分别为它们创建运动引导层动画，如图 7-109 所示。

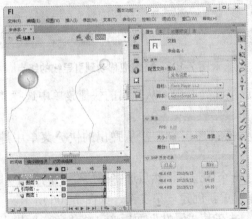

图 7-108　为图层 3 创建运动引导层

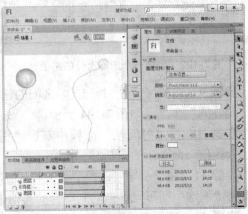

图 7-109　创建其他运动引导层动画

步骤 15 按 Ctrl+Enter 组合键测试动画效果，如图 7-110 所示。

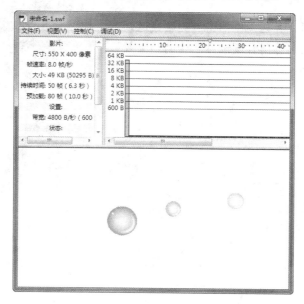

图 7-110 测试动画效果

7.7 习　　题

1. 选择题

(1) 在进行对象缩放操作中，按(　　)键可以等比例改变当前对象的尺寸。

　　A. Ctrl　　　　　　　B. Alt　　　　　　　C. Shift　　　　　D. Esc

(2) 在 Flash 中，不能直接作为遮罩层对象的是(　　)。

　　A. 图形　　　　　　　B. 按钮　　　　　　　C. 线条　　　　　D. 文字

(3) 下列图层中，(　　)不可以由普通图层转换得到。

　　A. 引导层　　　　　　B. 被引导层　　　　　C. 遮罩层　　　　D. 被遮罩层

(4) 下面关于引导层动画说法正确的是(　　)。

　　A. 在动画播放时，引导层和被引导层上的内容都不可见

　　B. 在动画播放时，引导层上的内容可见，被引导层上的内容不可见

　　C. 在动画播放时，引导层和被引导层的内容都可见

　　D. 在动画播放时，引导层上的内容不可见，被引导层上的内容可见

(5) 下面关于遮罩动画说法中正确的是(　　)。

　　A. 只能在遮罩层上创建补间动画

　　B. 只能在被遮罩层上创建补间动画

　　C. 遮罩层和被遮罩层上均不能创建补间动画

　　D. 遮罩层和被遮罩层上均能创建补间动画

2. 实训题

(1) 绘制一个圆，并让圆图形沿着抛物线运动。

(2) 使用遮罩层制作圆月逐渐被吞食的动画效果。

第 8 章

经典实例：制作按钮

在前面的章节中，我们已经学习了元件的基础知识，本章将在以前的基础上，为大家介绍创建元件的其他方法以及使用"库"面板管理元件的技巧。还等什么，赶快一起来领略元件和库的妙用吧。

本章主要内容

- 直接创建按钮元件
- 使用库中的元件
- 编辑元件
- 使用文件夹管理元件
- 排序元件
- 修改元件属性
- 删除元件
- 使用元件制作闪烁的星星

8.1　要　点　分　析

元件是构成动画的基础，是可反复取出使用的图形、按钮或影片剪辑，可以在当前影片或其他影片中重复使用。在制作动画的过程中，使用元件可以使动画编辑变得更容易。因为元件一旦被创建后，当需要对许多重复的对象进行修改的时候，只需要对元件做出修改，Flash 便会自动根据修改的内容对所有元件的实例进行更新，大大提高了工作效率。

8.2　设计按钮元件

在 Flash 中，每个元件都有唯一的时间轴和舞台以及若干个图层。它可以独立于主动画进行播放。下面以设计按钮元件为例，介绍元件的创建方法，一起来试试吧。

8.2.1　直接创建按钮元件

直接创建元件即先利用"创建新元件"命令创建一个空元件，然后在元件编辑模式下制作元件。直接创建元件的具体操作步骤如下。

步骤 1　在 Flash 窗口中新建"按钮.fla"文件，然后在菜单栏中选择"插入"|"新建元件"命令，如图 8-1 所示。

步骤 2　弹出"创建新元件"对话框，在"名称"文本框中输入元件名称，然后设置类型为"按钮"，再单击"确定"按钮，如图 8-2 所示。

图 8-1　选择"新建元件"命令　　　　　图 8-2　"创建新元件"对话框

步骤 3　返回 Flash 窗口，即可发现此时已进入按钮元件的编辑窗口，而在"时间轴"面板中帧则处于"弹起"帧位置处。然后在工具箱中单击"椭圆工具"图标，接着在"属性"面板中设置笔触颜色为"无"，并单击"填充颜色"图标，在弹出的菜单中单击"线性填充"图标，如图 8-3 所示。

步骤 4　在元件编辑窗口中按住鼠标左键并拖动鼠标，绘制渐变色椭圆图形，如图 8-4 所示。

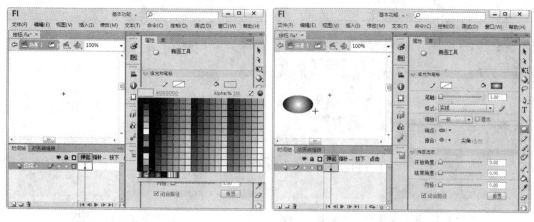

图 8-3　设置椭圆工具属性　　　　　　　图 8-4　绘制渐变色椭圆图形

步骤 5　在工具箱中单击"文本工具"图标，然后在元件编辑窗口中插入文本框，并输入字符"Play"，如图 8-5 所示。

步骤 6　单击插入的文本框，然后在"属性"面板中的"系列"下拉列表中选择一种字体样式，如图 8-6 所示。

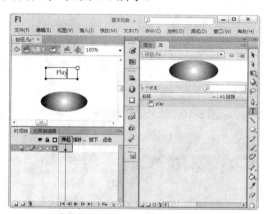

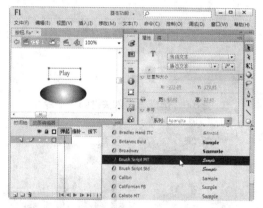

图 8-5　插入文本　　　　　　　　　图 8-6　设置文本的字体样式

步骤 7　继续设置文本的字体颜色为"红色"，大小为 28，如图 8-7 所示。

步骤 8　使用选择工具将文本框移动到椭圆图形上，接着使用任意变形工具调整椭圆图形的大小，再选中椭圆图形和文本框，按 Ctrl+G 组合键组合图形，如图 8-8 所示。

步骤 9　在"时间轴"面板中右击"指针经过"帧，在弹出的快捷菜单中选择"插入关键帧"命令，这样即可将"弹起"帧中的图形复制到"指针经过"帧中了，如图 8-9 所示。

步骤 10　单击图形，然后在菜单栏中选择"修改"|"取消组合"命令，如图 8-10 所示。

步骤 11　单击文本框，然后在"属性"面板中设置文本颜色为绿色(#00FF00)，如图 8-11 所示。

步骤 12　单击椭圆图形，然后按 Alt+Shift+F9 组合键打开"颜色"面板，设置径向渐变填充两端的颜色分别为"#FFFFFF"、"#B0FFB0"，如图 8-12 所示。

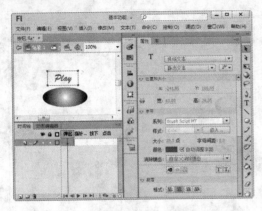

图 8-7 设置文本颜色和大小

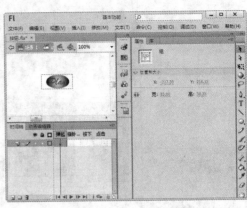

图 8-8 组合文本和椭圆图形

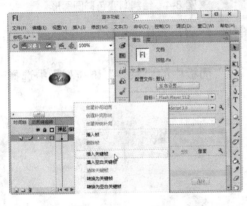

图 8-9 选择"插入关键帧"命令

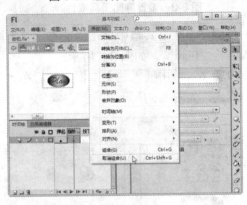

图 8-10 选择"取消组合"命令

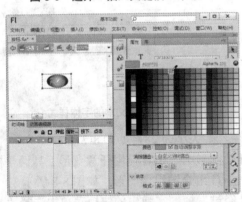

图 8-11 设置文本颜色为绿色

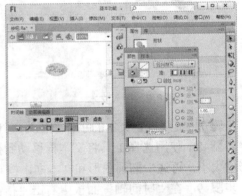

图 8-12 设置径向渐变填充参数

步骤 13 再次组合文本框和椭圆图形，然后右击"按下"帧，在弹出的快捷菜单中选择"插入关键帧"命令，在该帧处插入关键帧，效果如图 8-13 所示。

步骤 14 参考前面的步骤，先取消图形组合，然后为椭圆图形设置另一种填充颜色，并将文本颜色设置为"黄色"(#FFFF00)，再次将两图形组合起来，如图 8-14 所示。

步骤 15 右击"点击"帧，在弹出的快捷菜单中选择"插入关键帧"命令，效果如图 8-15 所示。

步骤 16 单击"返回场景"图标↩，返回到场景编辑状态，如图 8-16 所示。

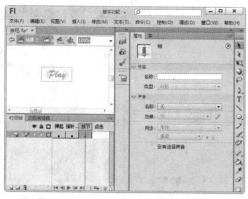

图 8-13　在"按下"帧位置处插入关键帧

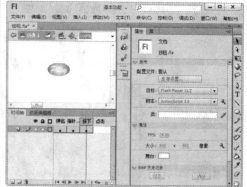

图 8-14　为文本和椭圆图形设置另一种颜色

图 8-15　在"点击"帧位置处插入关键帧

图 8-16　单击"返回场景"图标

步骤 17 切换到"库"面板，会看到刚才制作的按钮元件已经自动添加到库中了，把按钮元件拖动到舞台，即可创建按钮元件的实例，如图 8-17 所示。

步骤 18 选择菜单栏中的"控制"|"启用简单按钮"命令，就可以在场景中测试按钮元件，如图 8-18 所示。

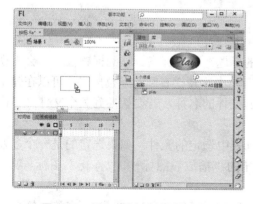

图 8-17　插入新创建的按钮元件

图 8-18　选择"启用简单按钮"命令

步骤 19 将指针定位到按钮上，此时的效果如图 8-19 所示。

步骤 20 单击按钮，此时的效果如图 8-20 所示。释放鼠标左键后，按钮将恢复到"经过"帧中的颜色。

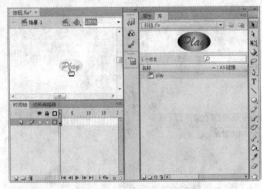
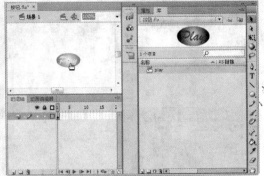

图 8-19 查看将指针定位到按钮上时的效果　　　图 8-20 查看单击按钮时的效果

8.2.2 使用库中的元件

元件库在动画制作中经常会用到，在使用元件库之前，先来熟悉一下"库"面板。

1. 认识"库"面板

在 Flash 程序中，按 F11 键或 Ctrl+L 组合键即可打开或隐藏"库"面板了，如图 8-21 所示。

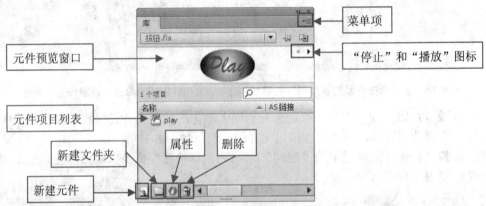

图 8-21 "库"面板

- 标题栏：用于显示当前 Flash 文件的标题。将鼠标指针移到标题栏上，会出现该文件的存储地址，如图 8-22 所示。若单击标题栏右侧的下拉按钮，可以在弹出的下拉列表中看到所有被打开的 Flash 文件的名称，若要切换到某个文件，单击相应的文件名称即可。
- 元件预览窗口：用于预览元件项目列表中选定的元件。如果选定的是一个多帧动画文件，还可以通过预览窗口右上角的"播放"图标▶和"停止"图标▪观看动画的播放效果。
- 元件项目列表：该列表中列出了库中所有元素的各种属性，包括名称、链接、使用次数、修改日期和类型。由于"属性"面板空间的限制，一般只显示了元件的名称和链接信息，只要单击面板下方的滑块并向右拖动，即可查看元件的其他属性。

- 菜单项 ：单击该图标，可以打开"库"面板菜单，该菜单中包含了"库"面板中的所有操作，如图 8-23 所示。

在库中可以新建元件、文件夹、字型和视频

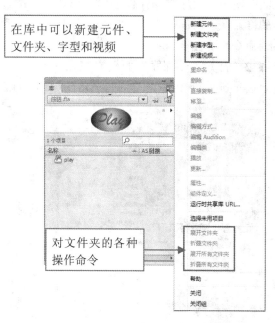

对文件夹的各种操作命令

图 8-22　显示 Flash 文件的存储位置　　　　图 8-23　展开菜单项

- "新建元件"图标 ：单击该图标，也会弹出"创建新元件"对话框，可以为新元件命名并选择类型。
- "新建文件夹"图标 ：单击该图标可以新建一个文件夹，如图 8-24 所示，接着可以对文件夹进行重命名，再将类似或相互关联的一些文件存放在该文件夹中。
- "属性"图标 ：单击该图标，将弹出"元件属性"对话框，在此查看和修改库中文件的属性，如图 8-25 所示。
- "删除"图标 ：单击该图标，可以删除库中元件项目列表中被选中的元件。

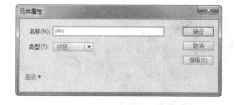

图 8-24　查看新建的文件夹　　　　图 8-25　"元件属性"对话框

技 巧

当元件较多的时候，如果要在元件项目列表中一个一个地查找无用的元件再删除就会很浪费时间，而且还有可能会误删掉一些有用的元件。此时，可以单击"库"面板右上角的菜单项图标，在弹出的下拉列表中选择"选择未用项目"命令，选中库中所有未用项目后，再进行删除操作就方便快捷得多。

2. 使用库中的元件新建元件

下面以使用公用库中的元件创建播放按钮为例进行介绍，具体操作步骤如下。

步骤 1 在"时间轴"面板中新建图层 2，然后在菜单栏中选择"窗口"|"公用库" | Buttons 命令，如图 8-26 所示。

步骤 2 打开"外部库"面板，在元件项目列表中选择要使用元件所在的文件夹，这里单击 classic buttons 文件夹左侧的三角图标▶，如图 8-27 所示。

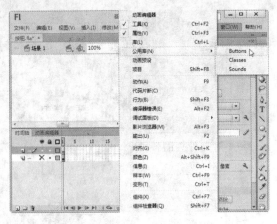

图 8-26 选择 Buttons 命令

图 8-27 "外部库"面板

提 示

如果在菜单栏中选择"窗口"|"公用库"| Classes 命令，则会打开如图 8-28 所示的外部库面板，里面含有类元件；若选择"窗口"|"公用库"| Sounds 命令，则会打开放置了声音元件的外部库面板，如图 8-29 所示。

图 8-28 在外部库面板查看类元件

图 8-29 在外部库面板查看声音元件

步骤 3 在展开的 classic buttons 文件夹列表中单击 Playback 文件夹左侧的三角图标▶，如图 8-30 所示。

步骤 4 在展开的 playback 文件夹列表中单击要使用的按钮元件，这里单击 gel Right 元件，并按住鼠标左键向舞台中拖动，插入该元件，如图 8-31 所示。

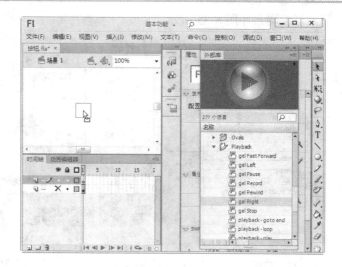

图 8-30　单击 Playback 文件夹　　　　图 8-31　插入元件按钮

步骤 5　在舞台中单击"编辑元件"图标 ，从弹出的菜单中选择 classic buttons | Playback | gel Right 命令，如图 8-32 所示。

步骤 6　进入元件编辑窗口，即可编辑插入的按钮元件了，如图 8-33 所示。

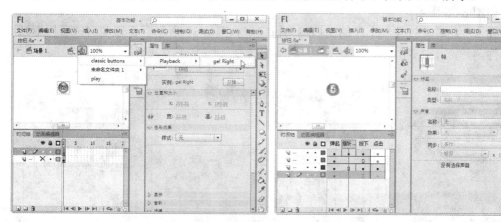

图 8-32　选择要编辑的元件　　　　　　图 8-33　编辑元件

8.2.3　编辑元件

编辑元件时，Flash 会自动将动画中该元件的所有实例都进行更新。用户一般可以通过以下三种方法对元件进行编辑。

1. 在当前位置编辑元件

在当前位置编辑元件的操作步骤如下。

步骤 1　在舞台中右击要编辑的元件，在弹出的快捷菜单中选择"在当前位置编辑"命令，如图 8-34 所示，或者在菜单栏中选择"编辑"|"在当前位置编辑"命令。

步骤 2　此时，在舞台上即可编辑该元件，且其他对象也会以灰色方式显示在舞台

上，但不可编辑，如图 8-35 所示。

 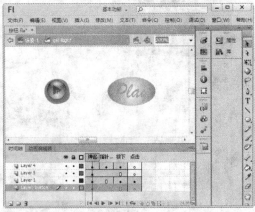

图 8-34　选择"在当前位置编辑"命令　　　　图 8-35　进入元件编辑窗格

2．在新窗口中编辑元件

在新窗口中编辑元件的操作步骤如下。

步骤 1　在舞台中右击要编辑的元件，在弹出的快捷菜单中选择"在新窗口中编辑"命令，如图 8-36 所示。

步骤 2　此时将打开一个新的文档编辑窗口，如图 8-37 所示。在该窗口中可以继续编辑该元件。

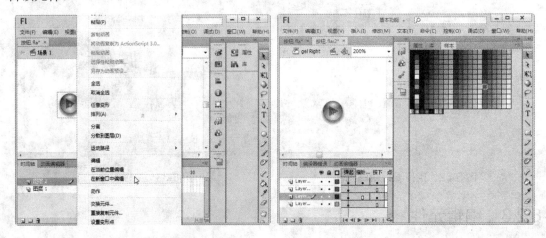

图 8-36　选择"在新窗口中编辑"命令　　　　图 8-37　在新窗口中打开元件

3．在元件编辑模式下编辑元件

在元件编辑模式下编辑元件的操作步骤如下。

步骤 1　在舞台中单击要编辑的元件，然后在菜单栏中选择"编辑"|"编辑元件"命令，如图 8-38 所示。或是在舞台中右击元件，在弹出的快捷菜单中选择"编辑"命令。

步骤 2　这样，即可将窗口从舞台视图改为只显示该元件的单独视图。正在编辑的元件名称会显示在舞台左上角的信息栏内，如图 8-39 所示。

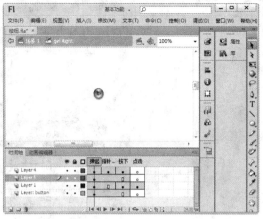

图 8-38　选择"编辑元件"命令　　　　　　　　　图 8-39　编辑元件

8.2.4　使用文件夹管理元件

在一些比较复杂的 Flash 文件中可能需要新建或插入多个元件，为了方便找到需要的元件，可以使用文件夹来管理这些元件，具体操作步骤如下。

1．新建文件夹

在"库"面板中新建文件夹的操作步骤如下。

步骤 1　在"迷你网站.fla"文件窗口中打开"库"面板，然后单击"新建文件夹"图标，如图 8-40 所示。

步骤 2　创建的新文件夹名称以高亮显示，如图 8-41 所示。接着在文本框中输入新建文件夹的名称。

图 8-40　单击"新建文件夹"图标　　　　　　　图 8-41　输入新建文件夹的名称

步骤 3　名称输入完成后，按 Enter 键或者在"库"面板的其他位置处单击，即可确认文件夹名称的输入，如图 8-42 所示。

图 8-42　查看修改名称后的文件夹

　　在创建文件夹时，其名称应该尽量按照一定规律命名，例如按照元件的类型命名，将图形元件都拖入到"图形"文件夹中。当然，用户也可以按照其他形式对文件夹进行命名和组织，尽量符合个人习惯，方便自己迅速在相应的文件夹中找到需要的元件。

2. 将元件移动到文件夹中

将元件移动到文件夹中的方法如下。

步骤 1　如果要将元件放入到文件夹中，只要选中该元件，然后按住鼠标左键向文件夹拖动将元件拖动至文件夹上，如图 8-43 所示。

步骤 2　释放鼠标左键即可将元件移动到文件夹中，如图 8-44 所示。

图 8-43　拖动元件

图 8-44　在文件夹中查看移动后的元件

　　如果想要使元件脱离文件夹，只要单击元件，按住鼠标左键并向文件夹外拖动，到达满意的位置后再释放鼠标左键即可。

步骤 3　使用类似方法，继续移动元件至文件夹中，整理后的"库"面板如图 8-45 所示，看起来非常整洁。

步骤 4　在"库"面板中单击某文件夹左侧的▶图标，即可展开该文件夹，查看其中的元件了，如图 8-46 所示。

图 8-45　整理后的"库"面板

图 8-46　展开文件夹

8.2.5　排序元件

在默认情况下，"库"面板中的元件是按照名称进行排序的，如图 8-47 所示。用户也可以按"链接"、"类型"、"使用次数"、"修改日期"等方式对所有的元件及文件夹进行排序，方法如下。

步骤 1　在"库"面板中，单击"名称"选项右侧的▼图标，按名称对元件进行升序排序，如图 8-48 所示。

步骤 2　在"库"面板中向右拖动水平滚动条，接着单击"修改日期"选项，按修改日期对元件排序，如图 8-49 所示。

图 8-47　按名称排序元件后的效果

图 8-48　按名称对元件进行升序排序

图 8-49　按修改日期对元件排序

步骤3　若要按类型对元件排序，只需要单击"类型"选项即可，如图 8-50 所示。

提示

为了方便操作，用户可以将"库"面板调大，将所有的项目按钮显示出来。方法是将鼠标指针移动到"库"面板右侧的边框上，当光标变成双键头形状时按住鼠标左键向右拖动，如图 8-51 所示，再松开鼠标左键即可。

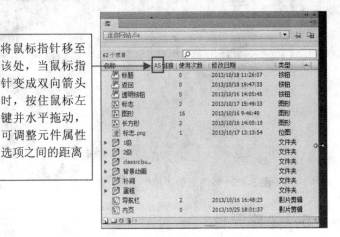

　　图 8-50　按类型对元件排序　　　　　　　　　　图 8-51　调整"库"面板大小

8.2.6　修改元件属性

元件创建后，用户仍然可以更改其属性，具体操作步骤如下。

步骤1　在"库"面板中右击要修改的元件，在弹出的快捷菜单中选择"属性"命令，如图 8-52 所示。

技巧

在"库"面板中选择需要更改属性的元件，然后单击"库"面板中的"属性"图标，也可以打开"元件属性"对话框，如图 8-53 所示。

　　图 8-52　选择"属性"命令　　　　　　　　　　图 8-53　单击"属性"图标

步骤 2 弹出"元件属性"对话框，在"名称"文本框中可以为元件重新命名，在"类型"下拉列表中可以为元件重新设置元件类型，如图 8-54 所示。设置完成后，单击"确定"按钮即可。

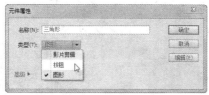

图 8-54 "元件属性"对话框

技巧

如果要重命名元件，可以在"库"面板中双击元件，或是右击元件，在弹出的快捷菜单中选择"重命名"命令，如图 8-55 所示。这时，元件的名称会处于编辑状态，如图 8-56 所示，接着输入新名称，按 Enter 键确认即可。

图 8-55 选择"重命名"命令

图 8-56 输入元件新名称

8.2.7 删除元件

一个动画制作完成后，有时会发现"库"中存在一些无用的元件，此时就可以把它们删除以减小动画文件的大小。方法是在"库"面板中选择需要删除的元件，然后单击下方的"删除"图标即可，如图 8-57 所示。或者是右击要删除的元件，在弹出的快捷菜单中选择"删除"命令，如图 8-58 所示。

技巧

如果元件较多，在"库"面版中一个一个地查找无用的元件再删除就会很浪费时间，而且还有可能会误删掉一些有用的元件。此时，可以单击"库"面板右上角的菜单项按钮，在弹出的下拉列表中选择"选择未用项目"命令，选中库中所有未用项目后，再进行删除操作就方便快捷得多，如图 8-59 所示。

图 8-57 单击"删除"图标　　图 8-58 选择"删除"命令　　图 8-59 选择"选择未用项目"命令

8.3 使用元件制作闪烁的星星

在学习了如何设计按钮元件后,相信大家已经掌握了按钮元件的创建方法,也会举一反三,创建图形元件和影片剪辑元件。下面以使用刚学习的知识,制作沿着鼠标指针滑过的轨迹而闪烁的星星作品,具体操作步骤如下。

步骤 1 新建"满天星.fla"文件,并在"属性"面板中调整文档参数,如图 8-60 所示。

步骤 2 在菜单栏中选择"插入"|"新建元件"命令,打开"创建新元件"对话框。在"类型"下拉列表中选择"按钮"选项,在"名称"文本框中输入"星星",再单击"确定"按钮,如图 8-61 所示。

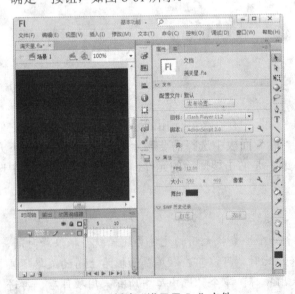

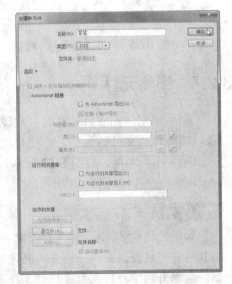

图 8-60 新建"满天星.fla"文件　　　　图 8-61 "创建新元件"对话框

步骤 3　在工具箱中单击"多角星形工具"图标，然后在菜单栏中选择"窗口" | "颜色"命令，打开"颜色"面板，在此设置填充颜色从黄色到白色透明的径向渐变，如图 8-62 所示。

步骤 4　在舞台上按住鼠标左键并拖动鼠标，绘制一个五角星形，如图 8-63 所示。

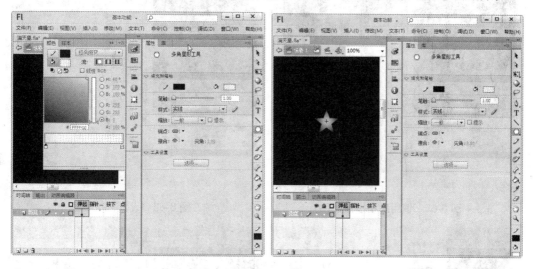

図 8-62　"颜色"面板　　　　　　　　図 8-63　绘制五角星形

步骤 5　在菜单栏中选择"插入" | "新建元件"命令，打开"创建新元件"对话框，然后在"名称"文本框中输入"星星剪辑"，在"类型"下拉列表中选择"影片剪辑"选项，创建一个影片剪辑元件，再单击"确定"按钮，如图 8-64 所示。

图 8-64　创建"星星剪辑"元件

步骤 6　打开"库"面板，把其中的"星星"按钮元件拖到场景中心位置，如图 8-65 所示。

步骤 7　选择舞台上的"星星"实例，在"属性"面板中展开"色彩效果"子面板，接着单击"样式"右侧的下拉按钮，从弹出的下拉列表中选择 Alpha 选项，设置 Alpha 值为 0，如图 8-66 所示。

步骤 8　在时间轴上右击图层 1 中的第 2 帧，在弹出的快捷菜单中选择"插入关键帧"命令，如图 8-67 所示。

步骤 9　使用选择工具在舞台上单击第 2 帧上的星星图形，接着在"属性"面板中将其 Alpha 值设置为 70，如图 8-68 所示。

步骤 10　在图层 1 中右击第 6 帧，在弹出的快捷菜单中选择"插入关键帧"命令，接着选中该帧中的星星，在"属性"面板中将 Alpha 值设置为 55，如图 8-69 所示。

步骤 11　在菜单栏中选择"窗口" | "变形"命令，打开"变形"面板，将星星的"缩

放高度"和"缩放宽度"都设置为 70.0%,如图 8-70 所示。

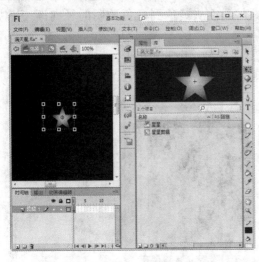

图 8-65　使用星星按钮元件

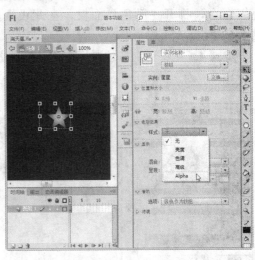

图 8-66　设置 Alpha 值

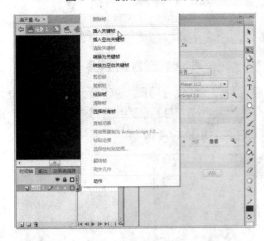

图 8-67　选择"插入关键帧"命令

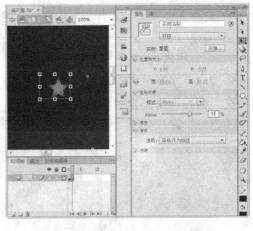

图 8-68　调整第 2 帧上图形的色彩效果

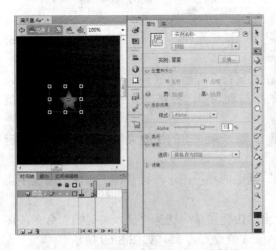

图 8-69　调整第 6 帧上图形的色彩效果

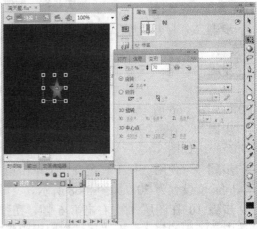

图 8-70　"变形"面板

步骤 12 在图层 1 中的第 10 帧处插入关键帧，然后选中该帧中的星星，在"属性"面板中将 Alpha 值设置为 100，如图 8-71 所示。

步骤 13 按 Ctrl+T 组合键打开"变形"面板，将星星的"缩放高度"和"缩放宽度"都设置为 100%。此时的星星效果如图 8-72 所示。

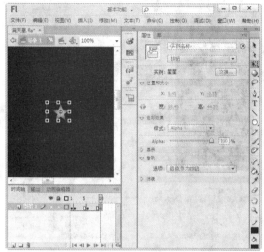

图 8-71　调整第 10 帧上图形的色彩效果

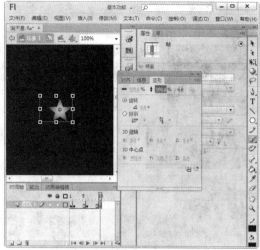

图 8-72　调整第 10 帧上图形的大小

步骤 14 采用同样的方法，在图层 1 中的第 13 帧处插入关键帧。然后，选中该帧中的星星，在"属性"面板中将其 Alpha 值设置为 90。打开"变形"面板，将星星的"缩放高度"和"缩放宽度"都设置为 80%，如图 8-73 所示。

步骤 15 在图层 1 中的第 18 帧处插入关键帧，选中该帧中的星星。在"属性"面板中将其 Alpha 值设置为 100%。接着打开"变形"面板，将星星的"缩放高度"和"缩放宽度"都设置为 100%。此时的星星效果如图 8-74 所示。

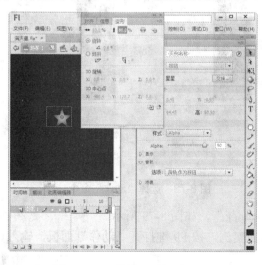
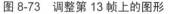

图 8-73　调整第 13 帧上的图形

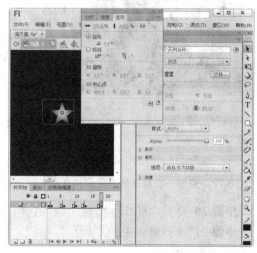

图 8-74　调整第 18 帧上的图形

步骤 16 在图层 1 中的第 25 帧处插入关键帧。选中该帧中的星星，在"属性"面板中将其 Alpha 值设置为 15。接着打开"变形"面板，将星星的"缩放高度"和"缩放宽度"都设置为 30%。此时的星星效果如图 8-75 所示。

步骤 17 在图层 1 中选中 2～25 帧并右击，在弹出的快捷菜单中选择"创建传统补间"命令，如图 8-76 所示。

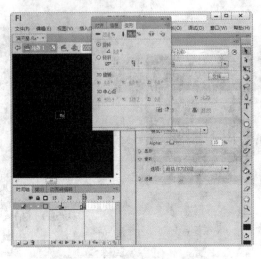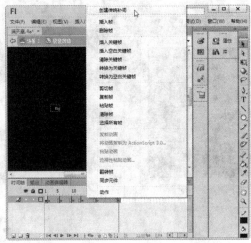

图 8-75 调整第 18 帧中的图形　　　　图 8-76 选择"创建传统补间"命令

步骤 18 此时的时间轴如图 8-77 所示。

步骤 19 在图层 1 中右击第 1 帧，在弹出的快捷菜单中选择"动作"命令，如图 8-78 所示。

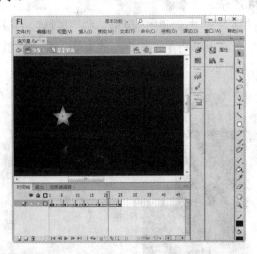

图 8-77 查看一次创建多个补间动画后的时间轴　　图 8-78 选择"动作"命令

步骤 20 打开"动作"面板，输入代码"stop();"，如图 8-79 所示。

步骤 21 选择舞台中的"星星"按钮元件的实例，按 F9 键打开"动作"面板，输入如图 8-80 所示的代码：

```
on(rollOver) {
    gotoAndPlay(2);
```

}

图 8-79 输入 "stop();" 语句

图 8-80 "动作" 面板

步骤 22 单击 "返回到场景" 图标 ⇦，返回场景，然后将图层 1 重命名为 "背景"，如图 8-81 所示。

步骤 23 在菜单栏中选择 "文件" | "导入" | "导入到舞台" 命令，如图 8-82 所示。

图 8-81 修改图层 1 名称

图 8-82 选择 "导入到舞台" 命令

步骤 24 弹出 "导入" 对话框，选择 "背景.jpg" 文件，再单击 "打开" 按钮，将图片导入到舞台中，如图 8-83 所示。

步骤 25 按舞台大小调整图形，接着新建图层 2，并重命名为 "星星"，再将 "星星剪辑" 元件拖到舞台中适当的位置创建实例，如图 8-84 所示。

步骤 26 由于 "星星剪辑" 影片剪辑元件是透明的，拖动到舞台上之后不容易识别其位置，这时可以在菜单栏中选择 "视图" | "预览模式" | "轮廓" 命令，将影片剪辑元件的轮廓显示出来，如图 8-85 所示。

步骤 27 同时会发现画面的显示方式也改变了，如图 8-86 所示。

图 8-83 "导入"对话框

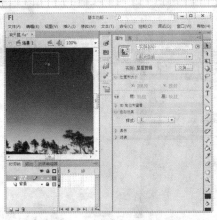

图 8-84 使用"星星剪辑"元件

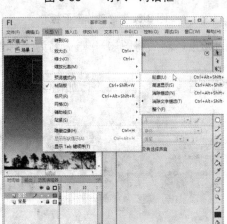

图 8-85 选择"轮廓"命令

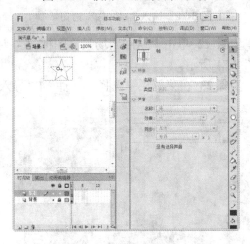

图 8-86 以轮廓方式显示画面

步骤 28 在舞台中选择"星星剪辑"实例，按住 Alt 键的同时拖动鼠标以复制多个实例，再使用任意变形工具调整每个星星的位置和大小，效果如图 8-87 所示。

步骤 29 选择菜单栏中的"视图"|"预览模式"|"整个"命令，恢复常用的预览模式，如图 8-88 所示。

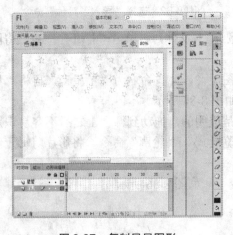

图 8-87 复制星星图形

图 8-88 选择"整个"命令

步骤 30 为了能在画面中看到星星图形，可以在画面添加一些"星星"按钮元件。这里新建"星空"图层，接着将"星星"按钮元件拖至舞台中，如图 8-89 所示。

步骤 31 按 Ctrl+T 组合键打开"变形"，在此按 20%的比例缩放图形，如图 8-90 所示。

图 8-89　使用"星星"按钮元件

图 8-90　调整星星元件的大小

步骤 32 在"时间轴"面板中锁定"星星"图层，并单击图层右侧的方形图标 ▣，显示该图层中的星星轮廓，然后将添加的"星星"按钮实例移动到某个星星轮廓中，如图 8-91 所示。

步骤 33 使用类似方法继续添加"星星"按钮元件到星星轮廓中，如图 8-92 所示。

图 8-91　显示"星星"图层的轮廓

图 8-92　继续添加"星星"按钮元件

步骤 34 单击"星星"图层右侧的方形图标 ▢，这时可以在舞台中看到如图 8-93 所示的星空效果。

步骤 35 整个动画制作好后，按 Ctrl+Enter 组合键即可测试影片。当鼠标指针移动至有"星星"影片剪辑实例的地方，将会有星星闪烁，如图 8-94 所示。

图 8-93　查看添加多个"星星"按钮元件后的效果　　　图 8-94　预览动画效果

8.4　提　高　指　导

8.4.1　将元件批量移至文件夹中

如果要放进一个文件夹中的元件很多，一个一个地拖动文件则比较麻烦，可以通过以下三种方法批量移动元件。

1．批量拖动元件

批量拖动元件的操作步骤如下。

步骤 1　借助 Shift 或 Ctrl 键在"库"面板中选中要移动的元件，如图 8-95 所示。

步骤 2　按住鼠标左键并拖动鼠标将指针移至"补间"文件夹上，然后释放鼠标左键，即可在该文件夹下看到移动过来的元件了，如图 8-96 所示。

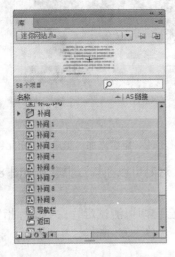

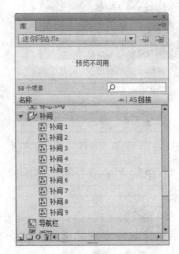

图 8-95　选中多个元件　　　　　　　　图 8-96　查看批量移动到文件夹中的元件

2．使用"移至"命令

如果要移动的元件与文件夹相距比较远，拖动元件就不太方便了，这时可以使用"移至"命令来批量移动元件，具体操作步骤如下。

步骤 1　在"库"面板中选中多个要移动的元件并右击，在弹出的快捷菜单中选择"移至"命令，如图 8-97 所示。

步骤 2　弹出"移至文件夹"对话框，选中"现有文件夹"单选按钮，接着在下方的列表框中单击"蛋糕"文件夹，再单击"选择"按钮即可，如图 8-98 所示。

图 8-97　选择"移至"命令　　　　　图 8-98　"移至文件夹"对话框

3．使用"剪切"命令

除了上述两种方法外，使用剪切、粘贴命令也可以移动元件，具体操作步骤如下。

步骤 1　在"库"面板中选中多个要移动的元件并右击，在弹出的快捷菜单中选择"剪切"命令，如图 8-99 所示。

步骤 2　右击目标文件夹，在弹出的快捷菜单中选择"粘贴"命令即可，如图 8-100 所示。

图 8-99　选择"剪切"命令　　　　　图 8-100　选择"粘贴"命令

8.4.2　复制元件

在 Flash 中复制元件的具体操作步骤如下。

步骤 1 右击"库"面板中需要复制的元件，在弹出的快捷菜单中选择"复制"命令，如图 8-101 所示。

步骤 2 切换到目标文档，右击"库"面板的"元件项目列表"，在弹出的快捷菜单中选择"粘贴"命令，如图 8-102 所示。

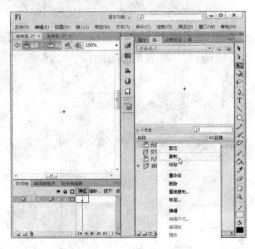 

图 8-101 选择"复制"命令　　　　　　图 8-102 选择"粘贴"命令

步骤 3 如果要在同一个文档中复制元件，可右击元件，从弹出的快捷菜单中选择"直接复制"命令，如图 8-103 所示。

步骤 4 在打开的"直接复制元件"对话框的"名称"文本框中输入元件名称，如图 8-104 所示，然后单击"确定"按钮即可完成复制。

图 8-103 选择"直接复制"命令　　　　　图 8-104 "直接复制元件"对话框

8.4.3 调整元件实例属性

每个元件实例都有独立于该元件的属性，可以单独改变实例的色彩、透明度或亮度，甚至可在图形模式中改变动画播放模式，对其进行扭曲、旋转、缩放等操作。因此同一个元件可以拥有不同效果的实例。

1. 设置图形元件实例属性

有关元件实例的颜色、透明度等属性可以在"属性"面板中进行设置。打开素材文件，在"库"中将图形元件拖动到舞台中，查看该图形元件的"属性"面板，如图 8-105 所示。

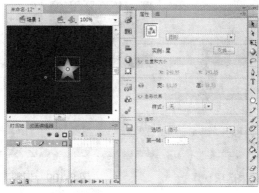

图 8-105　图形元件的"属性"面板

1）图形属性

单击"图形"右侧的下拉按钮，在弹出的下拉列表中可以改变对象的类型，如图形、按钮和影片剪辑，如图 8-106 所示。

单击"交换"按钮，将会弹出"交换元件"对话框，可以替换场景中的实例，如图 8-107 所示。

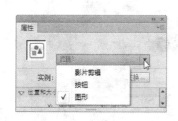

图 8-106　调整对象类型　　　　图 8-107　"交换元件"对话框

2）位置和大小

X、Y、"宽"和"高对象"这 4 个设置项用于设置对象的大小以及对象在场景中的具体位置。单击"将宽度值和高度值锁在一起"按钮，可以同时更改对象的宽度值和高度值。

3）色彩效果

单击"样式"下拉按钮，在弹出的下拉列表中包括"无"、"亮度"、"色调"、"高级"和 Alpha 共 5 个选项，如图 8-108 所示。

其中各选项的具体含义分别如下。

● "亮度"：该选项用于调整图像的相对亮度和暗度。选择该选项后，将在"样式"下方显示出"亮度"滑竿和文本框，如图 8-109 所示。亮度值的范围

227

为-100～100。其中，-100%为黑色，100%为白色。如果想要设置图像的亮度，可以在右边的文本框中直接输入数值，也可以通过拖动滑块来调节亮度值，默认情况下亮度值为0。

图 8-108　色彩效果选项

图 8-109　调整亮度值

- "色调"：该选项用于设置图像的色调。选择该选项后，将在"样式"下方显示"色调"、"红"、"绿"和"蓝"共 4 个选项，如图 8-110 所示。
- "高级"：该选项用于对色彩效果进行更加详细地设置。选择该选项后，将在"样式"下方显示 Alpha、"红"、"绿"和"蓝"共 4 个选项，如图 8-111 所示。

图 8-110　色调参数

图 8-111　高级参数

- Alpha：该选项用于设置元件实例的透明度。选择该选项后，将在"样式"下方显示 Alpha 参数的滑竿和文本框，如下图所示。其中，Alpha 的数值范围为(0%，100%)。当值为 0 时，实例将完全不可见；当为 100 时，实例完全可见。

4) 循环

在该下拉列表中可以设置元件实例的播放状态，包括"循环"、"播放一次"和"单帧" 3 个选项，如图 8-112 所示。

- 选择"循环"选项，实例会以无限循环的方式播放。

- 选择"播放一次"选项，实例只在舞台上播放一次。
- 选择"单帧"选项，则当用户选取实例中的某一帧时，才会显示该帧中的对象。

2．设置按钮元件实例属性

在场景中选取按钮元件后，其"属性"面板如图 8-113 所示。

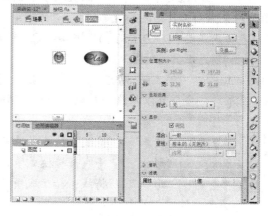

图 8-112　循环参数　　　　图 8-113　按钮元件的"属性"面板

按钮元件的"属性"面板和图形元件的"属性"面板相比，多了一个"实例名称"文本框以及三个子面板("显示"、"音轨"和"滤镜")。其中，滤镜已在第 7 章中详细介绍，这里就不再赘述。

- "实例名称"：在该文本框中可以重命名按钮元件。
- "显示"：单击"混合"右侧的下拉按钮，弹出的下拉列表如图 8-114 所示。用户可以根据需要，选择不同的混合模式。
- "音轨"：单击"选项"右侧的下拉按钮，弹出的下拉列表如图 8-115 所示。用户可以根据需要，选择音轨的方式。

3．设置影片剪辑元件实例属性

影片剪辑元件实例的"属性"面板和按钮元件实例的"属性"面板相比，增加了一个"3D 定位和查看"子面板，可以对 3D 对象进行编辑，如图 8-116 所示。

图 8-114　"显示"子面板　　　图 8-115　"音轨"子面板　　　图 8-116　影片剪辑元件的"属性"面板

8.5 习　　题

1. 选择题

(1) 用于记忆所选对象的填充属性或线条属性，再配合颜料桶工具和墨水瓶工具复制到其他图形对象上的工具是(　　)。

    A. 橡皮工具　　　B. 滴管工具　　　C. 铅笔工具　　　D. 钢笔工具

(2) (　　)不是工具箱的组成部分。

    A. 工具　　　　　B. 查看　　　　　C. 颜色　　　　　D. 菜单

(3) 选择(　　)命令可以将线条对象转换成区域对象。

    A. "修改" | "文本" | "将线条转换成填充"

    B. "查看" | "文本" | "将线条转换成填充"

    C. "修改" | "形状" | "将线条转换成填充"

    D. "查看" | "形状" | "将线条转换成填充"

(4) 下面关于元件实例的叙述，错误的是(　　)。

    A. 电影中的所有地方都可以使用由元件派生的实例，包括该元件本身

    B. 修改众多元件实例中的一个，将不会对其他的实例产生影响

    C. 如果用户修改元件，则所有该元件的实例都将立即更新

    D. 创建元件之后，用户就可以使用元件的实例

(5) 以下关于共享库的叙述，错误的是(　　)。

    A. 共享的库资源允许用户在多个目标电影中使用源电影中的资源

    B. 库资源可分为两类：运行时共享和编辑时共享

    C. 使用共享库资源可以优化工作流程，使电影的资源管理更加有效

    D. 共享库的资源添加方式与普通的库是一样的

2. 实训题

(1) 新建"厨师.fla"文件，然后重命名图层 1 为"厨师"，接着在该图层中绘制厨师人物(参考图 8-117)，再使用颜料桶工具对人物图像进行颜色填充(参考图 8-118)。

提示：完成该实例主要运用的工具有线条工具、钢笔工具、椭圆工具、选择工具、橡皮擦工具和颜料桶工具。

(2) 将 1.png 和 2.png 文件导入到"厨师.fla"文件的库中，然后新建"盘子"图层，接着将"2.png"文件拖至舞台中，并调整图片大小和位置，效果如图 8-119 所示；接着新建"蛋糕"图层，并将 1.png 文件拖至舞台中的 2.png 上，效果如图 8-120 所示。再选中所有图形，将其转换为"厨师"图形元件，并导出"厨师.png"图形。

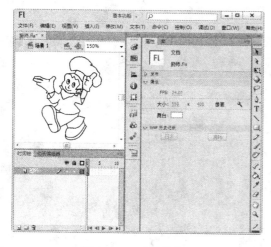

图 8-117 绘制人物

图 8-118 给人物上色

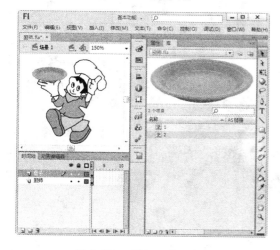

图 8-119 添加 2.png 文件

图 8-120 添加 1.png 文件

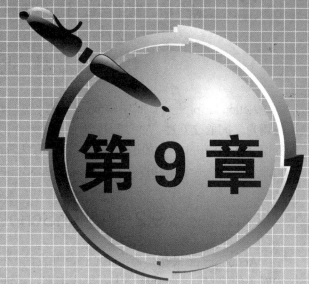

第 9 章

经典实例：制作下雪中的风景图片

ActionScript 语句是 Flash 的重要组成部分，是 Flash 强大交互功能的核心。用户可以利用 ActionScript 语句为制作的动画添加交换功能或是实现某种特定的功能。下面将为大家介绍 ActionScript 语句的语法规则和使用方法。

本章主要内容

- 了解 ActionScript 的语法规则
- 在时间轴上输入代码
- 创建单独的 ActionScript 文件
- ActionScript 常用语句
- 处理对象
- 制作下雪效果动画

9.1 要点分析

ActionScript 是 Flash 中内嵌的一种动作脚本语言，具有强大的交互功能，提高了动画与用户之间的交互性，并使得用户对动画元件的控制得到加强。为此，本章将为大家详细介绍 ActionScript 语句的语法规则、添加方法等内容，并通过实例介绍利用 ActionScript 语句制作具有交互动画功能及实用动画的基本思路和方法。

9.2 ActionScript 语句应用概述

ActionScript 最初是为 Flash 产品开发的一种简单的脚本语言，现在已是一种完全的面向对象的编程语言，功能强大，类库丰富，语法类似 JavaScript，多用于 Flash 互动性、娱乐性、实用性开发等。

9.2.1 了解 ActionScript 的语法规则

ActionScript 语句一般由语句、变量和函数组成。具体来说，是由变量、函数、表达式和运算符等组成，其属性和使用方法如下。

1. 变量

在 ActionScript 语句中，变量用来存储数值、逻辑值、对象、字符串以及动画片段等信息，一个变量由变量和变量值组成，变量名用于区分不同的变量；变量值用于确定变量的类型和大小，它可以随特定的条件而改变。在 Flash 中为变量命名时必须遵循以下规则。

- 变量名必须是一个标识符。标识符的第一个字符必须为字母、下划线或美元符号($)。其后字符可以是数字、字母、下划线或美元符号。
- 在一个动画中变量名必须是唯一的。
- 变量名不能是关键字或 ActionScript 文本，如 true、false、null 等。
- 变量不能是 ActionScript 语言中的任何元素，例如类名称。
- 变量名区分大小写，当变量中出现一个新单词时，新单词的第一个字母要大写。

用户在 Flash 中声明变量后，该变量就包含一个默认值，该值取决于它的数据类型(见表 9-1)，此时的变量处于"未初始化"状态，当首次设置变量值时，就是初始化变量。

表 9-1 变量的默认值

数据类型	默认值
Boolean	false
int	0
Number	NaN

续表

数据类型	默认值
Object	null
String	null
uint	0
未声明(与类型注释*等效)	undefined
其他所有类(包括用户定义的类)	null

2. 数据类型

数据类型描述一个数据片段以及可以对其执行的各种操作。在创建变量、对象实例和函数定义时，应使用数据类型来指定要使用的数据的类型。在 ActionScript 中内置的数据类型有 String、Numeric、Boolean、Null 以及 void 等。除此之外，程序员还可以定义一些数据类型，如 MovieClip、TextField、Date 等。

- String：表示文本值，例如一本书的章节名称或者标题。
- Numeric：表示数值，在 ActionScript 中包含 3 种特定的数据类型，分别是 Number(包括含有或者不含有小数的值在内的任何数值)、int(不含有小数的整数)和 uint(无符号的整数，即非负整数)。
- Boolean：一个 true 或 false 值，例如两个值是否相等。
- Null：只包含一个 null 值。该值是 String 数据类型以及定义复合数据类型的所有类的默认值。
- void：只包含一个特殊值 undefined。用户只能将 undefined 值赋值给未定义数据类型的变量。
- MovieClip：影片剪辑元件。
- TextField：动态文本字段或输入文本字段。
- Date：表示单个值，如时间中的某个片刻。然而，该日期值实际上表示为年、月、时、分、秒等几个值，它们都是单独的数字动态文本字段或输入文本字段。

3. ActionScript 的基本语法

在了解 ActionScript 语句的组成后，还需要熟悉 ActionScript 语句的基本语法，才能利用 ActionScript 语句编辑出具有交互功能的脚本。ActionScript 的基本语法如下。

- 点语法：在 ActionScript 语句中，点(.)用于指定访问对象的属性和方法，并标识指向的动画片段或变量的目标路径。它包括_root 和_parent 两个特殊的别名。其中，_root 用于创建一个绝对路径，表示动画中的主时间轴，而_parent 则用于对嵌套在当前动画中的动画片段进行引用。
- 圆括号()：用于放置使用动作时的参数，定义一个函数，以及对函数进行调用等，也可以用来改变 ActionScript 的优先级。
- 大括号{}：用于将代码分成不同的块，以作为区分程序段落的标记。
- 分号：在 ActionScript 语句的结束处，用来表示语句的结束。

- 关键字：是指具有特殊含义且供 ActionScript 进行调用的特定单词。在 ActionScript 中，较为重要的关键字主要有 Break、Continue、Delete、Else、For、Function、IF、In、New、Return、This、Typeof、Var、Void、While 和 With 等。

提 示

在编辑脚本时，不能使用系统保留的关键字作为变量、函数以及标签等的名称，以免发生脚本混乱。

- 字母的大小写：在 ActionScript 中，除了关键字区分大小写之外，其余 ActionScript 的大小写字母可以混用，但是遵守规则的书写约定可以使脚本代码更容易被区分，便于阅读。
- 注释：在编辑语句时，为了便于语句的阅读和理解，可以在语句后面添加注释。添加注释的方法直接在语句后面输入"//"，然后输入注释的内容即可。注释内容以灰色显示，它的长度不受限制，也不会执行。

9.2.2 在时间轴上输入代码

在 Flash CS6 中，可以对时间轴上的任何帧添加代码，该代码将在影片播放期间播放头进入该帧时执行。方法是在 Flash 窗口中选择"窗口"|"动作"命令，或按 F9 键打开"动作"面板，如图 9-1 所示，在脚本编辑窗格中可以输入编辑代码。

图 9-1 "动作"面板

1．动作工具箱

面板的左上方为动作工具箱，分别列出了 Flash 中能用到的所有动作脚本。只要将该列表框中的脚本命令插入到脚本编辑窗格即可进行相关的操作。

动作工具箱中的动作脚本命令很多，用户可以借助键盘上的一些按键更加快捷地进行操作。

- Home 键：选择动作工具箱中的第一项。

- End 键：选择动作工具箱中的最后一项。
- ↑键：选择动作工具箱中的前一项。
- ↓键：选择动作工具箱中的下一项。
- →键：展开动作工具箱中的父命令，再按该键可以将鼠标指针移动至相应的子命令。
- ←键：由子命令返回到父命令。
- Enter 键或空格键：展开或折叠文件夹。

在动作工具箱的最下面给出了全部脚本命令的索引，按照命令的首字符进行排序，如图 9-2 所示。

2．动作说明区域

在动作工具箱中将鼠标移动至某个动作命令上，将会出现该命令的相应提示；如果选中该动作命令，在动作说明区域将会出现对该命令的描述，如图 9-3 所示。

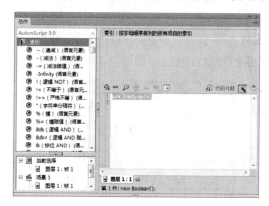

图 9-2　查看全部脚本命令的索引

图 9-3　查看动作命令的提示说明信息

3．脚本导航器

"动作"面板的左下方窗格为脚本导航器，可以查看动画中已经添加脚本的对象的具体信息(如所在图层、帧和场景等信息)。通过该列表框，可以在 Flash 文档中的各个脚本间快速切换。

4．脚本编辑窗格

在脚本编辑窗格中可以直接为选择的对象输入脚本命令。如果用户单击脚本导航器中的某一项目，与该项目关联的脚本也将会显示在脚本编辑窗格中，并且播放头将移到时间轴上的相应位置。双击脚本导航器中的某一项目可固定脚本，将其锁定在当前位置。

在脚本编辑窗格上方有一些辅助功能图标，其含义如下。

- "将新项目添加到脚本中"图标🕂：单击该图标，在弹出的菜单中列出了可用于创建脚本类型的动作命令，如图 9-4 所示。
- "删除所选动作"图标━：在脚本编辑窗格选择某动作脚本，然后单击该图标可以将其删除。

图 9-4　单击"将新项目添加到脚本中"图标

- "查找"图标：单击该图标，将会弹出"查找和替换"对话框，使用该对话框可以查找并替换脚本中的文本，如图 9-5 所示。
- "插入目标路径"图标⊕：单击该图标，将会弹出"插入目标路径"对话框，在此可以为脚本中的某个动作设置绝对或相对目标路径，如图 9-6 所示。

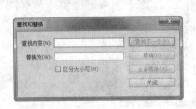

图 9-5　"查找和替换"对话框　　　图 9-6　"插入目标路径"对话框

- "向上移动所选动作"图标△：单击该图标，在脚本编辑窗格中向上移动选中的动作。
- "向下移动所选动作"图标▽：单击该图标，在脚本编辑窗格中向下移动选中的动作。
- "显示/隐藏工具箱"图标：单击该图标，可以隐藏左侧的动作工具箱，如图 9-7 所示。再次单击该图标，可以显示被隐藏的动作工具箱。
- "代码片段"图标：单击该图标，将会弹出"代码片段"面板，如图 9-8 所示。在此选择某动作，然后单击动作选项右侧的"显示说明"图标，可以在弹出对话框中查看动作说明信息，如图 9-9 所示；若单击"显示代码"图标{}，可以在对话框查看该动作的代码，如图 9-10 所示；若单击"添加到当前帧"图标，可以对当前选中的影片剪辑元件应用该动作；若单击"复制到剪贴板"图标，可以复制选中的动作。

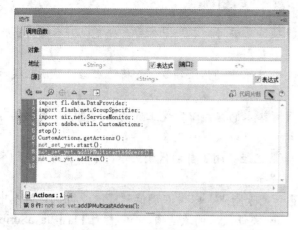

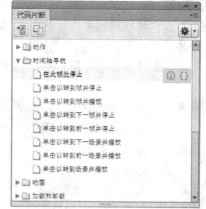

图 9-7 动作工具箱被隐藏后的"动作"面板　　　　图 9-8 "代码片段"面板

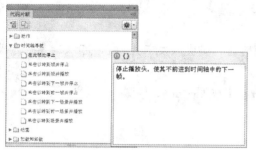

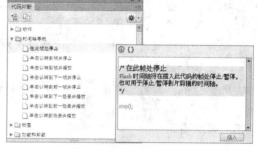

图 9-9 查看动作说明信息　　　　　　　　图 9-10 查看动作代码

- "通过从'动作'工具箱选择项目来编写脚本"图标 ：单击该图标，可以在脚本编辑窗格中编辑添加的动作脚本，同时会隐藏动作说明区域，如图 9-11 所示。

- "帮助"图标：显示脚本窗格中所选 ActionScript 元素的参考信息。例如，如果单击 import 语句，再单击该图标，"帮助"面板中将显示 import 的参考信息。

图 9-11 在脚本编辑窗格中编写脚本

提示

　　单击"通过从'动作'工具箱选择项目来编写脚本"图标后，会发现脚本编辑窗格上方的辅助按钮略有变化，出现以下几个新图标。

- "语法检查"图标✔：检查当前脚本中的语法错误，并将语法错误显示在提示框中。
- "自动套用格式"图标▤：设置脚本的格式以实现正确的编码语法和更好的可读性。在"首选参数"对话框中，可以设置自动套用格式的参数。
- "显示代码提示"图标🗇：如果已经关闭了自动代码提示，可以单击该按钮来显示正在处理的代码行的代码提示。
- "调试选项"图标⚏：设置和删除断点，以便在调试时可以逐行执行脚本中的每一行。它只能对 ActionScript 文件使用调试选项，而不能对 Flash JavaScript 文件使用这些选项。
- "折叠成对大括号"图标{ }：对出现在当前包含插入点的成对大括号或者小括号之间的代码进行折叠。
- "折叠所选"图标⊟：折叠当前所选的代码块。按下 Alt 键，可以折叠所选代码外的所有代码。
- "展开全部"图标✶：展开当前脚本中所有折叠的代码。

5．菜单项

　　如果用户单击"动作"面板右上角的"菜单项"图标 ，则可以打开"动作"面板的选项菜单，如图 9-12 所示。

图 9-12 　"动作"面板的选项菜单

该菜单中的命令的含义分别如下。

- "重新加载代码提示"：在不重新启动软件的情况下重新加载代码提示。
- "固定脚本"：选择该命令，可以使脚本出现在"动作"面板中脚本编辑窗格左下角的选项卡内。
- "关闭脚本"：取消固定脚本。

- "关闭所有脚本"：取消所有固定脚本。
- "转到行"：在脚本中搜索文本，可利用该命令转到脚本中的特定行。选择该命令后，将打开"转到行"，如图 9-13 所示。用户只需要在"行号"文本框中输入数值，并单击"确定"按钮即可快速地转到相应的行。
- "查找和替换"：查找和替换脚本中的文本。
- "再次查找"：用于再次查找所需要的文本。
- "自动套用格式"：按自动套用格式设置代码格式。如果脚本中有语法错误，执行该命令会弹出如图 9-14 所示的警告对话框。

图 9-13 "转到行"对话框   图 9-14 警告对话框

- "语法检查"：检查当前脚本。
- "显示代码提示"：选中该命令，在输入脚本时，可以检测到正在输入的动作并显示代码提示。
- "导入脚本"：导入外部 AS 文件。
- "导出脚本"：从"动作"面板中导出脚本。
- "打印"：选择该命令，将打开"打印"对话框，如图 9-15 所示。用户可以设置相应的打印参数，再单击"确定"按钮打印脚本。
- "脚本助手"：选择该命令，将使用"脚本助手"模式。如果脚本中有错误，将弹出警告框。
- "Esc 快捷键"：选择该命令，可查看快捷键列表。
- "隐藏字符"：选择该命令后，将隐藏 ActionScript 语句中的空格、制表符和换行符等字符。
- "行号"：选择该命令，会在该命令前出现"√"标记，此时在脚本编辑窗格中会显示行编号。

> **提 示**
>
> 若想隐藏行编号，只需要再次选中该命令，此时该命令前的"√"将消失，脚本编辑窗格中也不再显示行编号。

- "自动换行"：启用或禁用自动换行。
- "首选参数"：选择该命令，将打开"首选参数"对话框，如图 9-16 所示。

6. 添加 ActionScript 语句

在熟悉了"动作"面板后，下面学习如何在时间轴上添加 ActionScript 语句，具体操作步骤如下。

步骤 1 在"时间轴"面板中选择要添加 ActionScript 语句的关键帧，如图 9-17 所示，然后在菜单栏中选择"窗口"|"动作"命令，打开"动作"面板。

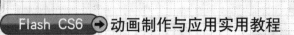

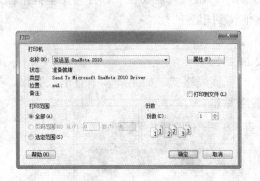

图 9-15 "打印"对话框

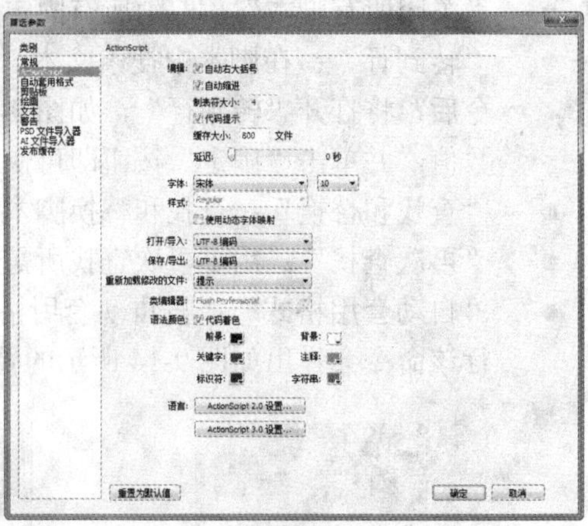

图 9-16 "首选参数"对话框

图 9-17 选择要添加 ActionScript 语句的帧的位置

步骤 2 在"动作"面板右侧单击"通过从'动作'工具箱选择项目来编写脚本"图标，接着在脚本编辑窗格中输入如图 9-18 所示的语句(注意大小写)。

步骤 3 语句输入完毕后，关闭"动作"面板，此时即可在"时间轴"面板中看到选择的关键帧中出现一个"α"符号，表示该帧已经被添加了 ActionScript 语句，如图 9-19 所示。

图 9-18 输入 ActionScript 语句

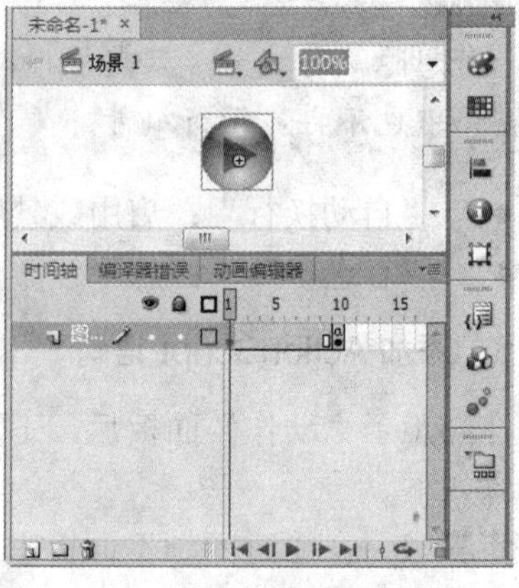

图 9-19 查看添加语句后的帧

> **技 巧**
>
> 在"动作"面板中还可以使用下述方法在脚本编辑窗格中添加 ActionScript 语句。
> ● 直接从动作工具箱中将需要的动作命令拖动到脚本编辑窗格中。
> ● 在动作工具箱中双击需要的动作命令。
> ● 单击"将新项目添加到脚本中"图标 ➕，在弹出的菜单中选择要添加的语句即可。

9.2.3 创建单独的 ActionScript 文件

由于在时间轴上输入代码容易导致无法跟踪哪些帧包含哪些脚本，随着时间的推移，应用程序会越来越难以维护，因此，如果用户要构建较大的应用程序或包含重要的 ActionScript 代码时，建议在单独的 ActionScript 源文件(扩展名为.as 的文本文件)中编辑代码。

在 Flash CS6 中，创建 ActionScript 源文件的方法如下。

步骤 1 在 Flash 窗口中选择"文件"|"新建"命令，打开"新建文档"对话框。

步骤 2 在"常规"选项卡下的"类型"列表框中单击"ActionScript 3.0 类"选项，接着在"类名称"文本框中输入类名称，再单击"确定"按钮，定义一个 ActionScript 类，如图 9-20 所示。

步骤 3 接着即可像对任何内置的 ActionScript 类一样，在脚本编辑窗口中通过创建该类的实例并使用它的属性、方法和事件来访问该类中的 ActionScript 代码，如图 9-21 所示。

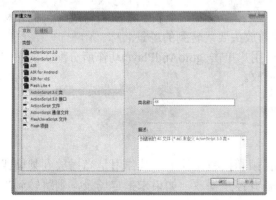
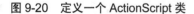

图 9-20 定义一个 ActionScript 类

图 9-21 脚本编辑窗口

9.2.4 了解 ActionScript 常用语句

下面将简单介绍一些 ActionScript 的常用语句，包括 play 语句、stop 语句以及 gotoAndPlay 语句等。

1. play 语句

play 是一个播放命令，用于控制时间轴上指针的播放，使动画从当前帧开始继续播放。运行语句后，动画开始在当前时间轴上连续显示场景中每一帧的内容。该语句比较简单，无任何参数选择，一般与 stop 语句及 goto 语句配合使用。play 语句通常用于控制影片剪辑。

play 语句的语法如下。

```
play();
```

2. stop 语句

stop 语句是 Flash 中最简单的 Action 语句，其作用是停止当前正在播放的动画文件。stop 语句通常也是用于控制影片剪辑。默认情况下或者在使用 play 语句播放动画后，动画将一直持续播放，不会停止。如果用户想要动画停止，则需要在相应的帧或者按钮上添加 stop(停止)语句。

stop 语句的语法如下。

```
stop();
```

3. gotoAndPlay 和 gotoAndStop 语句

gotoAndPlay 和 gotoAndStop 都是跳转语句，主要用于控制动画的跳转。

gotoAndPlay(跳转并播放)语句通常添加在帧和按钮元件上，其作用是当播放到某帧或者单击某按钮时，跳转到指定场景中指定的帧，并从该帧开始播放影片。如果未指定场景，则跳转到当前场景中的指定帧。

gotoAndPlay 语句的语法如下。

```
gotoAndPlay([scene],frame);
```

其中，frame 表示播放头将跳转到的帧的序号，或者一个表示播放头将跳转到的帧标签的字符串。scene 为可选字符串，用于指定播放头要跳转到的场景名称。

下面为一个跳转语句的具体实例，表示当用户单击 gotoAndPlay()动作所分配到的按钮时，将跳转到当前场景中的第 300 帧并开始播放。

```
on(release){
    gotoAndPlay(300);
}
```

gotoAndStop(跳转并停止)语句通常添加在帧和按钮元件上，其作用是当播放到某帧或者单击某按钮时，跳转到指定场景中指定的帧并停止播放。如果未指定场景，则跳转到当前场景中的帧。

gotoAndStop 语句的语法如下。

```
gotoAndStop ([scene],frame);
```

其中，frame 和 scene 参数的含义与 gotoAndPlay 语句相同，这里就不再赘述。

下面的例子表示当用户单击 gotoAndStop()动作分配到的按钮时，跳转到当前场景中的第 100 帧并停止播放动画。

```
on(release){
    gotoAndStop(100);
}
```

4. nextFrame 和 preFrame 语句

nextFrame 和 preFrame 语句通常用于按钮实例上，这两个语句可以分别实现跳转到下一帧/前一帧并停止播放的功能。

例如下面的语句表示单击按钮时，画面会跳转到当前帧后面的第 20 帧处。

```
on (release){
    nextFrame(20);
}
```

5. nextScene 和 preScene 语句

nextScene 和 preScene 语句主要用于跳转到下一个/前一个场景并停止播放。在有多个场景的时候，这两个语句可以方便地使各场景产生交互。

6. stopAllSounds 语句

stopAllSounds 语句可以停止当前播放动画中的所有声音，但不影响动画的播放效果。不过，stopAllSounds 语句并不是永久禁止播放声音文件，只是在不停止播放头的情况下停止影片中当前正在播放的所有声音文件。

例如，下面的代码可以应用到一个按钮，单击此按钮，影片中所有的声音将会停止。

```
on (realease){
    stopAllSounds();
}
```

通过这个简单的语句，就可以制作出静音按钮。

7. fscommand 语句

fscommand 是 Flash 用来和支持它的其他应用程序互相传达命令的工具，使用 fscommand 动作可将消息发送到承载 Flash Player 的程序。fscommand 动作包含两个参数，即命令和参数。要把消息发送到独立的 Flash Player，必须使用预定义的命令和参数。

Fscommand 语句主要针对 Flash 独立播放器的命令，fscommand 语句的语法如下。

```
fscommand("命令", "参数");
```

其中，常用的命令主要有以下几种。

- quit(退出命令)：关闭播放器。
- exec(执行程序命令)：exec 命令可以使 SWF 文件具有读写磁盘的功能，与操作系统进行交互，包括如何打开本地文件、存储文件、建立目录、打开浏览器窗口以及其他外部程序。
- fullscreen(全屏命令)：若参数设置为 true，则表示选择全屏；若参数设置为 false，则表示选择普通视图。
- allowscale(缩放命令)：若参数设置为 true，则允许缩放播放器和动画；若参数设置为 false，将不能缩放显示动画。
- showmenu(显示菜单命令)：用于控制弹出的菜单条目。若参数设置为 true，则可以在播放器中通过右击操作显示出所有条目；若参数设置为 false，则隐藏菜单。

例如下面的语句，表示选择普通视图方式。

```
on (release){
    fscommand("fullscreen", "false");
}
```

8. getURL 语句

getURL 动作可以将 URL 载入指定的文档，并将文档传送到指定的窗口中，或者将定义的 URL 变量传送到另一个程序中。在创建网站时会常用到 getURL 语句，该命令不但可以完成超文本链接，而且还可以连接 FTTP 地址、CGI 脚本和其他 Flash 影片的内容。在 URL 中输入要链接的 URL 地址可以是任意的，但是只有 URL 正确的时候，链接的内容才会正确显示出来。getURL 的书写方法与网页链接的书写方法类似，如 http://www.baidu.com。在设置 URL 链接的时候，可以选择相对路径，也可以选择绝对路径。不过，建议用户选择绝对路径。

getURL 语句的语法如下。

```
getURL(url[,windows[,"variables"]]);
```

其中，各参数的含义分别如下。

● url：可以从该处获取文档的 URL。
● 窗口：可选参数，设置所要链接的资源在网页中的打开方式，可指定文档应加载到其中的窗口或 HTML 框架。用户可以输入特定窗口的名称，或者从_self(指定在当前窗口的当前框架中打开链接)、_blank(指定在新窗口中打开链接)、_parent(指定在当前框架的父级窗口中打开链接)、_top(指定在当前窗口的顶级框架中打开链接)等保留目标名称中选择一种方式打开窗口。
● 变量：用于发送变量的 GET 或 POST 方法。如果没有变量，则省略此参数。GET 方法将变量追加到 URL 的末尾，该方法用于发送少量变量；POST 方法在单独的 HTTP 标头中发送变量，该方法用于发送长的变量字符串。这些选项可以在变量下拉列表中进行选择。

9. loadMovie 和 unloadMovie 语句

通常情况下，Flash 播放器仅显示一个 Flash SWF 文件，loadMovie 可以一次显示多个影片，或者不用载入其他的 HTML 文档就可以在影片中随意切换。(un)loadMovie 可以移除前面在 loadMovie 中载入的电影。

(un)loadMovie 语句用于载入影片或者取消影片，(un)loadMovie 语句的语法如下。

```
(un)loadMovie ("url",level/target,[variables])
```

其中，各参数的含义分别如下。

● url：表示要加载/卸载的 SWF 文件或 JPEG 文件的绝对或相对 URL。

> **提　示**
>
> 　　(un)loadMovie 语句中的 URL 必须与影片当前驻留的 URL 在同一子域。为了在 Flash Player 中使用 SWF 文件或在 Flash 创作应用程序的测试模式下测试 SWF 文件，必须将所有的 SWF 文件存储在同一文件夹中，而且其文件名不能包含文件夹或磁盘说明。

- 位置：即 target 选项，用于指向目标影片剪辑的路径。目标影片剪辑将替换为加载的影片或图像，它只能指定目标影片剪辑或目标影片其中之一，而不能同时指定两者。选择"级别"选项，用来指定 Flash Player 中影片中将被加载到的级别。在将影片或图像加载到某级别时，标准模式下"动作"面板中的 loadMovie 动作将切换为 loadMovieNum。
- 变量：可选参数，用来指定发送变量所使用的 HTTP 方法。该参数须是字符串 GET 或 POST，其意义与 getURL 控制命令中的变量是一样的，这里就不再赘述。

　　在播放原始影片的同时将 SWF 或 JPEG 文件加载到 Flash Player 中后，loadMovie 动作可以同时显示几个影片，并且无须加载另一个 HTML 文档就可在影片之间切换。如果不使用 loadMovie 动作，则 Flash Player 将显示单个影片(SWF 文件)，然后将其关闭。

> **提　示**
>
> 　　在使用 loadMovie 动作时，必须指定 Flash Player 中影片将加载到的级别或目标影片剪辑。如果指定级别，则该动作将变成 loadMovieNum；如果影片加载到目标影片剪辑，则可使用该影片剪辑的目标路径来定位加载的影片。
>
> 　　而加载到目标影片剪辑的影片或图像会继承目标影片剪辑的位置、旋转和缩放等属性。加载的图像或影片的左上角与目标影片剪辑的注册点对齐。另一种情况是，如果目标为_root(时间轴)，则该图像或影片的左上角与舞台的左上角对齐。

10. loadVariables 语句

　　如果用户提交了一个订货表格，可能想看到从远端服务器收集得来的订货号信息的确认。这时就可以使用 loadVariables 语句，其语法如下。

```
loadVariables ("url",level/target,[variables])
```

　　其中，各参数的含义分别简介如下。

- url：为载入的外部文件指定绝对或相对的 URL。
- 位置：选择"级别"选项，指定动作的级别。在 Flash 播放器中，外部文件通过它们载入的顺序被指定号码；选择"目标"选项，定义已载入影片替换的外部变量。
- 变量：允许指定是否为定位在 URL 域中已载入的影片发送一系列存在的变量。

11. if 语句

　　条件控制语句，一般是以 if 开始的语句，用于判定一个条件是否满足，也就是判定它的值是 true，还是 false。如果条件值为 true，则 ActionScript 按顺序执行后面的语句；如果条件值为 false，则 ActionScript 将跳过这个代码段，执行下面的语句。

例如下面的程序语句。

```
if (password==ok)
{
(语句1);
}
(语句2);
```

在这个语句中，当 ActionScript 执行到 if 语句时，先判断括号内的逻辑表达式，若为 true，则先执行语句1，然后再执行语句2，若为 flash，则跳过 if 语句，直接执行语句2。

12. If…else 语句

if 还经常与 else 结合使用，用于多重条件的判断和跳转执行。
例如下面的程序语句。

```
if(password==ok)
{
(语句1);
}
else{
(语句2);
}
```

这个语句和上面的语句十分相似，但执行起来略有区别。如果括号内的逻辑表达式的值为 true 时，将执行语句 1，但不会再执行语句 2；如果括号内的逻辑表达式的值为 false，将执行语句2。

13. while 语句

在 ActionScript 中，循环语句 while 用来实现"当"循环，表示当条件满足时，循环体中的代码将被执行。当循环体中的所有语句都被执行之后，会再次判断条件是否满足，就这样反复进行直到条件不满足时将会跳出循环，执行循环后的语句。
例如下面的程序语句。

```
i=3
while(i>=0)
{
(循环语句);
i=i-1;
}
```

在这个例子中 i 可以被看成一个计数器，该 while 语句先判断循环开始的条件 "i>=0" 是否满足。如果条件满足，将执行循环语句，直到条件不满足为止。这个例子中循环被执行了 4 次。

14. do…while 语句

在 ActionScript 中，do…while 语句用来实现"直到"循环。在 do…while 语句中，将先执行循环语句，然后再进行条件的判断。如果条件满足，将再次执行循环语句，如果条件不满足将跳出循环。

例如，可将上面的语句用 do…while 形式改写如下。

```
i=3
do{
(循环语句);
i=i-1;
}while(i>=0);
```

该语句实现的功能和 while 实现的功能是一样的，但是值得注意的是如果 i 的初始值为负值，while 语句将不会执行循环语句，而 do…while 语句会执行一次循环体。

15. for 语句

在 ActionScript 中，for 为指定次数的条件语句，先判断条件是否符合。如果条件符合则继续执行，不符合则跳出循环，执行循环外的下一行程序。

例如下面的程序语句。

```
for(i=3;i>=0;i--)
{
(循环语句);
}
```

该语句首先判断"i>=0"条件是否满足，只要条件满足，就顺序执行循环语句，并且计算 i-- 表达式。

9.3 处 理 对 象

程序是计算机执行的一系列步骤或指令。从概念上理解，可以认为程序是一个很长的指令列表。但是在面向对象的编辑中，程序指令被划分到不同的对象中，构成代码功能块。而 ActionScript 就是一种面向对象的编程语言，目前最高版本是 3.0 版。下面就来介绍如何使用 ActionScript 语句处理对象。

9.3.1 设置对象属性

属性是对象的基本特征，如影片剪辑元件的位置、大小和透明度等，它表示某个对象中绑定在一起的若干数据块中的一个。下面制作一个可以输入数值控制影片剪辑属性的动画，在该动画中应用透明度属性控制，具体操作步骤如下。

步骤 1 在 Flash 窗口中新建一个空白文档，然后将需要的素材导入到库中，如图 9-22 所示。

步骤 2 按 Ctrl+F8 组合键打开"创建新元件"对话框，输入元件名称，并设置元件类型为"影片剪辑"，再单击"确定"按钮，如图 9-23 所示。

步骤 3 从"库"面板中拖动"海豚.png"文件到元件编辑窗口中，如图 9-24 所示，再返回场景编辑窗口。

步骤 4 从"库"面板中将 13.bmp 文件拖至舞台中，并调整图形的大小和位置，使其和舞台重合，接着新建图层 2，如图 9-25 所示。

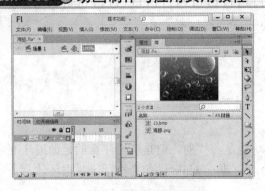

图 9-22 导入需要的素材　　　　　图 9-23 创建影片剪辑元件

图 9-24 编辑元件　　　　　图 9-25 设置动画背景

步骤 5 锁定图层 1，然后从"库"面板中依次将"海豚剪辑"元件拖至舞台中，接着在"属性"面板中将其名称改为"ht"，如图 9-26 所示。

步骤 6 新建图层 3，然后使用绘图工具在舞台中绘制粉红色的心形图形，接着在该图上方添加"透明"文本，如图 9-27 所示。

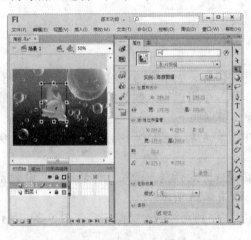

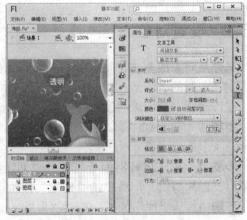

图 9-26 修改实例名称　　　　　图 9-27 绘制心形图形

步骤 7 使用矩形工具在舞台中绘制一个笔触颜色为"玫红色"、填充颜色为"白色"的矩形，接着在工具箱中单击"文本工具"图标，在"属性"面板中的"文本类型"下拉列表框中选择"输入文本"选项，如图 9-28 所示。

步骤 8 在矩形上方绘制一个略小于矩形的黑色文本框，并将其置于矩形中间位置，接着在"属性"面板中设置其名称为"c"，如图 9-29 所示。

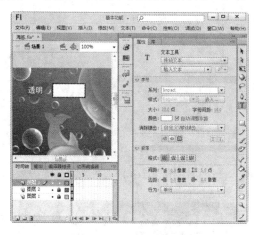
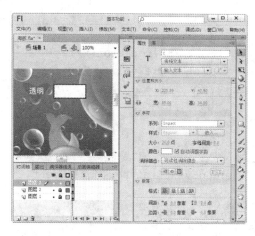

图 9-28 设置文本类型　　　　　　　　图 9-29 绘制文本框

步骤 9 在菜单栏中选择"窗口"|"公用库"| Buttons 命令，打开"公用库"面板，如图 9-30 所示。

步骤 10 选择要使用的按钮元件，将其拖至舞台中，如图 9-31 所示。

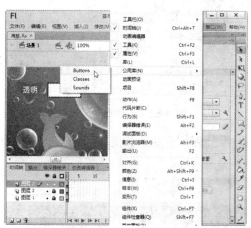
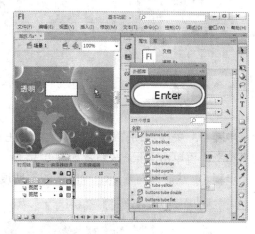

图 9-30 打开"公用库"面板　　　　　　图 9-31 选择按钮元件

步骤 11 单击按钮元件实例，然后在"属性"面板中调整实例大小，使其与矩形同高，再设置该实例名称为"qr"，如图 9-32 所示。

步骤 12 在图层 3 中选择第 1 帧，然后按 F9 键打开"动作"面板，接着在面板中输入以下语句，如图 9-33 所示。

```
function qr_clickHandler(event:MouseEvent):void
{
    //var xz:uint = Number(a.text);
    //var bl:uint = Number(b.text);
```

```
    var tmd:Number = Number(c.text)/100;
    if (Number(c.text)>100 ||Number(c.text)<0 )
    {
        c.text="输入错";
    }
    else
    {
        //ht.rotation=xz;
    //ht.scaleX=bl;
    //ht.scaleY=bl;
    ht.alpha=tmd;
        }

}
qr.addEventListener(MouseEvent.CLICK, qr_clickHandler);
```

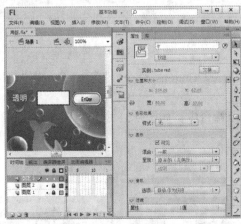

图 9-32　设置按钮元件名称　　　　　　　　　图 9-33　"动作"面板

　　步骤 13 关闭"动作"面板，按 Ctrl+Enter 组合键打开动画预览窗口，在文本框中输入"20"，再单击 Enter 按钮，如图 9-34 所示。

　　步骤 14 这时即可看到海豚实例的透明度改变了，如图 9-35 所示。

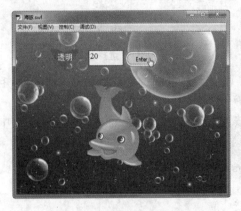
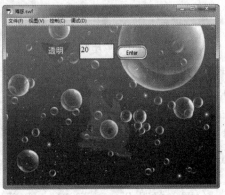

图 9-34　打开动画预览窗口　　　　　　　　图 9-35　查看设置透明度后的效果

9.3.2　指定对象的动作

在 Flash 中，如果用户使用时间轴上的几个关键帧和基本动画制作了一个影片剪辑元件，可以对该对象进行播放、停止或者指定它将播放头移到特定的帧等动作。

```
myFilm.play();  //指示名为 myFilm 的影片剪辑元件开始播放
myFilm.stop();  //指示名为 myFilm 的影片剪辑元件停止播放
myFilm.gotoAndStop(10);
                //指示名为 myFilm 的影片剪辑元件将其播放头移到第 10 帧，然后停止播放
myFilm.goyoAndPlay(5);  //指示名为 myFilm 的影片剪辑元件跳到第 5 帧开始播放
```

从以上 4 条语句可以发现指定对象要进行某动作时的结构语法如下。

```
对象名称(变量名).动作名();
```

由此可见，指定对象操作和设置对象属性非常相似，小括号中指定对象要执行的动作的值，这些值称为动作的参数。如果动作本身的意义非常明确，可以不需要额外指定动作参数，但是书写时仍然需要小括号。如前面 4 句中的 play()动作和 stop()动作，因自身的意义非常明确，可以不指定具体参数；而 gotoAndStop()动作和 gotoAndPlay()动作就需要指定特定的帧。

9.3.3　事件

这里要介绍的事件是指所发生的、ActionScript 能够识别并可响应的事情。许多事件与用户设置的交互动作有关，如用户单击按钮或按键盘上的键等。无论编写什么样的事件处理代码，都必须包括事件源、事件和响应 3 个元素，它们的含义分别如下。

● 事件源：又称"事件目标"，指发生事件的对象，例如单击 replay 按钮，则replay 按钮就是事件源。

● 事件：指将要发生的事情。对事件的识别非常重要，因为一个对象有时会触发多个事件。

● 响应：指事件发生时执行的操作。

编写事件代码时，要遵循以下基本结构。

```
function eventResponse(eventObject:EventType):void
{
…　//响应事件而执行的动作
}
eventSource.addEventListener(EventType.EVENT_NAME, eventResponse);
```

在上述结构中，加粗显示的是占位符，用户可以根据实际情况进行改变。在结构中首先定义了一个函数，eventResponse 就是函数的名称，eventObject 是函数的参数，EventType 是该参数的类型，这与声明变量类似。在大括号中是事件发生时执行的指令。其次调用源对象的 addEventListener()动作，表示当事件发生时执行该函数。

9.4　制作下雪效果动画

本节将通过制作下雪效果动画来帮助读者进一步加深对本章知识的掌握，具体操作步骤如下。

步骤 1　在 Flash 窗口中新建"下雪.fla"文件(文件大小为 4000 像素×750 像素)，并在"时间轴"面板中重命名图层 1 为"背景"，如图 9-36 所示。

步骤 2　在菜单栏中选择"文件"|"导入"|"导入到库"命令，弹出"导入到库"对话框，选择要使用的图片，再单击"打开"按钮，如图 9-37 所示。

图 9-36　新建"下雪.fla"文件　　　　　图 9-37　"导入到库"对话框

步骤 3　从"库"面板中拖动"背景"图片到舞台中，然后锁定"背景"图层，如图 9-38 所示。

步骤 4　在"时间轴"面板中新建图层 1，然后将"库"面板中的 1.png 文件拖动到舞台中，并调整图片的位置，如图 9-39 所示。

图 9-38　对"背景"图层应用"背景"图片　　　图 9-39　对图层 1 应用"1.png"文件

步骤 5　使用类似方法，在"时间轴"面板中依次新建图层 2~7，并从"库"面板中将图片 2~7 分别插入到各图层中，再调整各图片的大小和位置，最终效果如图 9-40 所示。

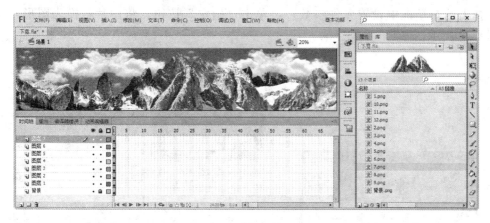

图 9-40　编辑其他图片

步骤 6　在"时间轴"面板中新建图层 8，然后在"库"面板中选择要使用的"树"图片，并将其拖动到舞台中，再使用任意变形工具和选择工具调整图片的大小和位置，效果如图 9-41 所示。

步骤 7　按 Ctrl+A 组合键选择舞台中的所有图片并右击，在弹出的快捷菜单中选择"转换为元件"命令，如图 9-42 所示。

图 9-41　对图层 8 应用"树"图片　　　　图 9-42　选择"转换为元件"命令

步骤 8　弹出"转换为元件"对话框，在"名称"文本框中输入元件名称，并设置元件类型为"图形"，再单击"确定"按钮，如图 9-43 所示。

步骤 9　在"时间轴"面板中将图层 8 以外的图层删除，并重命名图层 8 为"背景"。然后在"库"面板中单击"新建文件夹"图标，新建 pic 文件夹，接着将导入的图片移动到该文件夹中，如图 9-44 所示。

步骤 10　在"属性"面板中修改 Flash 文件的大小，将高度值调整为 850，如图 9-45 所示。

步骤 11　使用类似方法，在舞台中添加其他树木，效果如图 9-46 所示。

步骤 12　新建图层 3，然后将"雪花.png"文件拖至舞台中，接着在"变形"面板中调整图形大小，如图 9-47 所示。

步骤 13　右击"雪花.png"文件，在弹出的快捷菜单中选择"转换为元件"命令，接着在弹出的对话框中设置元件参数，再单击"确定"按钮，将图片转换为图形元件，如图 9-48 所示。

图 9-43　"转换为元件"对话框

图 9-44　使用文件夹管理导入到库中的图片

图 9-45　调整文件高度

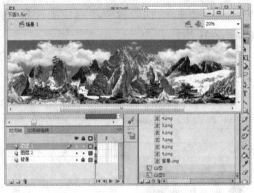

图 9-46　添加其他树木

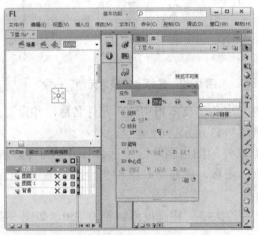

图 9-47　"变形"面板

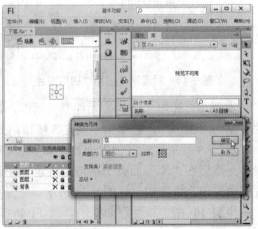

图 9-48　"转换为元件"对话框

步骤 14　按 Ctrl+F8 组合键打开"创建新元件"对话框，在此创建 snow 影片剪辑元件，如图 9-49 所示。

图 9-49　"创建新元件"对话框

步骤 15　进入"雪花"影片剪辑元件编辑窗格，将"雪"元件拖至舞台中，接着在"变形"面板中按 40%的比例缩放元件，如图 9-50 所示。

步骤 16　在第 15 帧和第 30 帧位置处分别插入关键帧，接着右击图层 1，在弹出的快捷菜单中选择"添加传统运动引导层"命令，如图 9-51 所示。

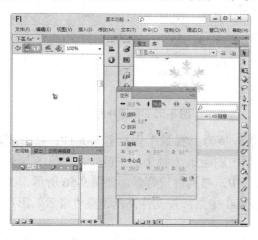

图 9-50　调整实例大小

图 9-51　选择"添加传统运动引导层"命令

步骤 17　使用绘图工具在舞台中绘制一段小弧线作为引导轨迹，如图 9-52 所示。

步骤 18　在图层 1 中选择第 1 帧上的元件，按住中心点将其移动到引导线的起点上，如图 9-53 所示。

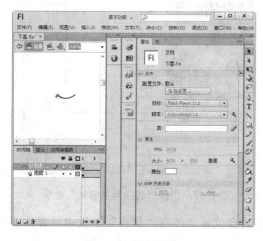

图 9-52　绘制弧线

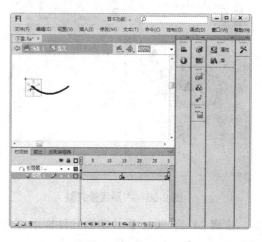

图 9-53　将元件实例移动到引导线起点上

步骤 19 在图层 1 中选择第 15 帧上的元件，按住中心点将其移动到引导线的终点上，如图 9-54 所示。

步骤 20 在图层 1 中选择第 30 帧上的元件，按住中心点将其移动到引导线的起点上，接着在第 1、15、30 帧之间创建补间动画，如图 9-55 所示。

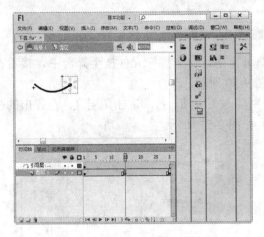

图 9-54　将元件实例移动到引导线终点上　　　图 9-55　创建补间动画

步骤 21 返回场景，将舞台中设计的雪景转换为"雪景"影片剪辑元件，接着删除"背景"图层以外的图层，接着在"背景"图层中删除第 1 帧上的关键帧，在第 5 帧处插入关键帧，并将"雪景"影片剪辑元件拖至舞台中，布局雪景背景，如图 9-56 所示。

步骤 22 调整 Flash 文件大小为 800 像素×600 像素，按文件高度调整"雪景"影片剪辑元件实例大小。

步骤 23 新建"雪"图层，然后右击第 5 帧，在弹出的快捷菜单中选择"转换为关键帧"命令，如图 9-57 所示。

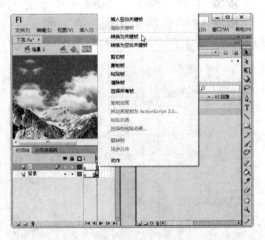

图 9-56　布局雪景背景　　　图 9-57　选择"转换为关键帧"命令

步骤 24 将 snow 影片剪辑元件拖至舞台的适合位置，并在"属性"面板中设置实例名称为"snowflake"，如图 9-58 所示。

步骤 25 新建"进度"图层，然后将第 5 帧转换为关键帧，接着使用矩形工具绘制一个 2800 像素×500 像素的白色长条，如图 9-59 所示。

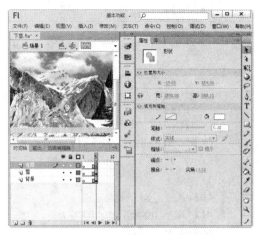

图 9-58　使用 snow 影片剪辑元件　　　　　　　图 9-59　绘制长条

步骤 26 创建一个名为"滑块"的影片剪辑元件，并进入该元件编辑窗格，使用矩形工具绘制如图 9-60 所示的图形(填充颜色为"#263E6F")。

步骤 27 新建"滑块"图层，然后将第 5 帧转换为关键帧，接着将"滑块"影片剪辑元件拖至舞台中的长条上，位置如图 9-61 所示。再在"属性"面板中设置该实例名称为"Scroller"。

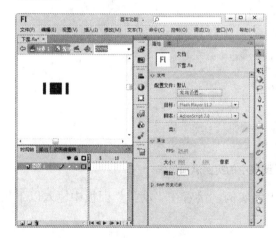

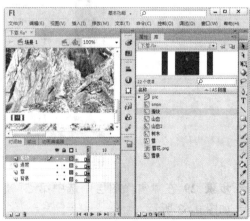

图 9-60　编辑"滑块"影片剪辑元件　　　　　图 9-61　使用"滑块"影片剪辑元件

步骤 28 在"背景"图层中选中第 5 帧上的实例，按 F9 键打开"动作"面板，输入以下代码，如图 9-62 所示。

```
onClipEvent(enterFrame)
{
    scrollPos = (_root.Scroller._x - 16) * 1.10803;
    if (scrollPos <= 0)
    {
        homeX = 0;
```

```
    }
    else
    {
        if (scrollPos >= 800)
        {
            homeX = -1140;
        }
        else
        {
            homeX = scrollPos / 400 * -570;
        }
    }
    thisX = _x;
    diffX = homeX - thisX;
    moveX = diffX / 2;
    _x = thisX + moveX;
}
```

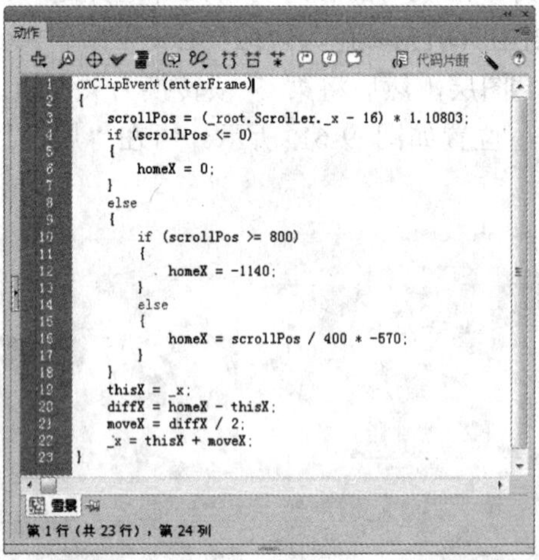

图 9-62　给"背景"图层中的实例添加代码

步骤 29 在"雪"图层中选中第 5 帧上的实例，接着在"动作"面板中输入以下代码，如图 9-63 所示。

```
onClipEvent (load) {
    if (this._name == "snowflake") {
        _parent.i = 0;
    }
    // this._alpha = _parent.randRange (80, 100);
    this._width = _parent.randRange (3, 10);
    this._height = this._width;
    this._x = _parent.randRange (-100, _parent.mw + 100);
    this._y = _parent.randRange (0, -20);
    speed = _parent.randRange (2, 10);
this.cacheAsBitmap=true
```

```
}
//+++++++
onClipEvent (enterFrame) {
    if (this._name == "snowflake") {
        return;
    }
    if (this._y > _parent.mh ) {
        _global.kar_adedi--;
        this.removeMovieClip ();
        return;
    }
    import flash.display.BitmapData;
    import flash.geom.Rectangle;
    import flash.geom.Matrix;
    import flash.geom.Point;
    var currPoint:Point = new Point ();
    currPoint.x = this._x;
    currPoint.y = this._y;
    if (_root.outline_bmp.hitTest (_root.destPoint, 0, currPoint)) {
        var karmatrix1:Matrix = new Matrix ();
        var karmatrix2:Matrix = new Matrix ();
        karmatrix1.scale (this._xscale / 100, this._yscale / 100);
        var translateMatrix1:Matrix = new Matrix ();
        translateMatrix1.translate (this._x, this._y);
        karmatrix1.concat (translateMatrix1);
        _root.bitmap_1.draw (this, karmatrix1);
        karmatrix2.scale (this._xscale / 300, this._yscale / 300);
        var translateMatrix2:Matrix = new Matrix ();
        translateMatrix2.translate (this._x, this._y);
        karmatrix2.concat (translateMatrix2);
        _root.outline_bmp.draw (this, karmatrix2);
        _global.kar_adedi--;
        this.removeMovieClip ();
        return;
    }
    this._y += speed;
    this._x += _parent.interval - 3;
}
```

步骤 30 在"滑块"图层中选中第 5 帧上的实例，接着在"动作"面板中输入以下代码，如图 9-64 所示。

```
on(press)
{
    this.startDrag(false, 16, this._y, 800, this._y);
}on(release)
```

```
{
    this.stopDrag();
}on(releaseOutside)
{
    this.stopDrag();
}
```

图 9-63　给"雪"图层中的实例添加代码　　　图 9-64　给"进度"图层中的实例添加代码

步骤 31 新建图层，然后将第 5 帧转换为关键帧，接着打开"动作"面板，输入以下代码。

```
var intID;
_global.basladi = true;
speed1 = .9;
mw = 800;
mh = 800;
snowint = 60;
_global.kar_adedi = 0;
function randRange (min, max) {
    var randomNum = Math.round (Math.random () * (max - min)) + min;
    return randomNum;
}
setInterval(CursorMovement, 500);
function CursorMovement () {
    mc._x = speed1 * (mc._x - _xmouse) + _xmouse;
    interval = (mc._x / mw * 6);
}
function snow () {
    if (!_global.basladi) {
        return;
    }
    if (i > 500) {
        i = 0;
```

```
            return;
        }
        if (_global.kar_adedi > 500) {
            return;
        }
        for (t = 0; t < 5; t++) {
            i++;
            duplicateMovieClip (snowflake, "snowflake" + i, i);
        }
        _global.kar_adedi += 5;
    }
    intID = setInterval (snow, snowint);
```

步骤 32 新建一图层，然后选中第 1 帧，接着打开"动作"面板，输入以下代码。

```
totalBytes = this.getBytesTotal();
loadedBytes = this.getBytesLoaded();
remainingBytes = totalBytes - loadedBytes;
percentDone = int(loadedBytes / totalBytes * 100);
bar.gotoAndStop(percentDone);
if (_framesloaded == _totalframes)
{
    gotoAndPlay(3);
}
```

步骤 33 将第 5 帧转换为关键帧，接着在"动作"面板输入以下代码。

```
birdsclip.useHandCursor = false;
clickbar.useHandCursor = false;
foreground.lightroll.lightoverButton.useHandCursor = false;
main.tabChildren = false;
foreground.tabChildren = false;
clickbar.tabEnabled = false;
left.tabEnabled = false;
right.tabEnabled = false;
birdsclip.tabChildren = false;
MovieClip134.tabEnabled = false;
SoundButton.tabEnabled = false;
Scroller.tabEnabled = false;
movOpen = 0;
loadClick = 0;
whoClick = "";
stop();
Color.prototype.setTint = function (r, g, b, amount)
{
    var __reg2 = new Object();
    __reg2.ra = __reg2.ga = __reg2.ba = 100 - amount;
    var __reg3 = amount / 100;
    __reg2.rb = r * __reg3;
```

```
    __reg2.gb = g * __reg3;
    __reg2.bb = b * __reg3;
    this.setTransform(__reg2);
}
;
_root.musicStream.onSoundComplete = function ()
{
    musicStream.start();
};
```

步骤34 至此，该作品制作完成，按 **Ctrl+Enter** 组合键预览动画效果，如图 9-65 所示。

步骤35 使用鼠标拖动滑块，移动动画背景图形，如图 9-66 所示。

图 9-65　预览动画效果　　　　　　图 9-66　拖动滑块

9.5 提 高 指 导

9.5.1 应用动画预设效果

动画预设是预配置的补间动画，可以将它们应用于舞台上的对象。只需选择对象并单击"动画预设"面板中的"应用"按钮即可。

1．预览动画预设

Flash 提供的每个动画预设都可以在"动画预设"面板中查看其预览。这样，可以了解在将动画应用于 Flash 文件中的对象时所获得的效果。

2．应用动画预设

在舞台上选择了可补间的对象(元件实例或文本字段)后，可单击"动画预设"面板中的"应用"按钮来应用预设。每个对象只能应用一个预设，如果将第二个预设应用于相同的对象，则第二个预设将替换第一个预设。

3．将补间另存为自定义动画预设

如果创建了自己的补间，或者对从"动画预设"面板应用的补间进行更改，可将它另存为新的动画预设。新预设将显示在"动画预设"面板中的"自定义预设"文件夹中。

4．导入动画预设

Flash 的动画预设以 XML 文件的形式存储在本地计算机中。导入外部的 XML 补间文件，可以将其添加到"动画预设"面板中。

步骤 1　启动 Flash CS6 程序，单击"窗口"菜单，在展开的菜单项中选择"动画预设"选项，如图 9-67 所示。

步骤 2　在 Flash CS6"动画预设"面板下有很多已经制作好的动画预设，默认的是 32 项效果，如图 9-68 所示，这些都是可以直接套用的动画动作。

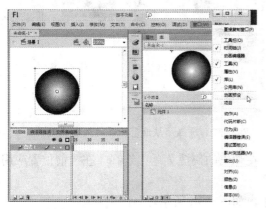
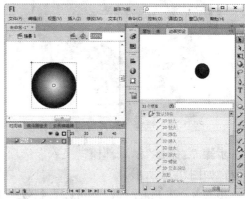

图 9-67　选择"动画预设"选项　　　　图 9-68　默认的动画预设

步骤 3　在 Flash CS6"动画预设"面板中的动画预设所应用的全部为元件，3D 应用必须为影片剪辑，如果我们使用的图形元件，要应用 3D 变换的话，Flash CS6 可以自动将图形元件转换为影片剪辑，如图 9-69 所示。

步骤 4　使用矩形工具在舞台中绘制一个矩形，并使用选择工具双击选择矩形，如图 9-70 所示。

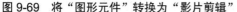
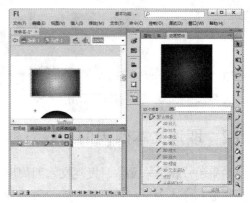

图 9-69　将"图形元件"转换为"影片剪辑"　　　　图 9-70　绘制矩形并选中

步骤 5　按 F8 键，弹出"转换为元件"对话框，选择"影片剪辑"选项，如图 9-71 所示。

步骤 6 单击"确定"按钮，关闭"转换为元件"对话框，使用选择工具选择刚刚绘制完毕的影片剪辑，在"动画预设"面板中，选择"从底部模糊飞入"选项，如图 9-72 所示。

图 9-71 选择"影片剪辑"选项

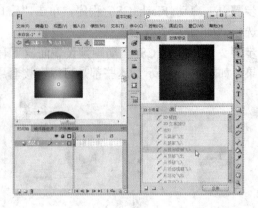

图 9-72 选择"从底部模糊飞入"选项

步骤 7 右击"从底部模糊飞入"选项，在弹出的快捷菜单中选择"在当前位置应用"命令，如图 9-73 所示。

步骤 8 按 Enter 键，就可以看到效果了，如图 9-74 所示。

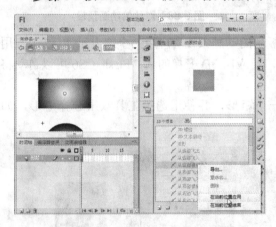

图 9-73 选择"在当前位置应用"命令

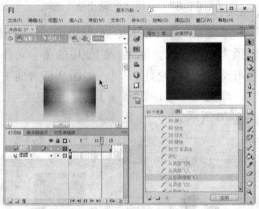

图 9-74 动画预设的效果

9.5.2 取消文本四周的虚线方框

如果用户在编辑文本时发现文本四周出现虚线方框，如图 9-75 所示，说明当前文本使用的是输入文本类型，只需要将其改为"静态文本"类型即可，具体操作步骤如下。

步骤 1 在舞台中选中需要去除虚线方框的文本，然后在"属性"面板中的文本类型下拉菜单中选择"静态文本"命令，如图 9-76 所示。

图 9-75　带虚线方框的文本

步骤 2　这时即可发现文本四周的虚线方框不见了，如图 9-77 所示。

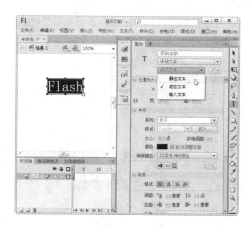

图 9-76　选择"静态文本"命令

图 9-77　文本四周无虚线方框

9.6　习　　题

1. 选择题

(1)　下面的语句中，(　　)不属于跳转语句。

A. gotoAndPlay　　B. loadMovie　　　C. gotoAndStop　D. unloadMovie

(2)　打开"动作"面板的快捷键是(　　)。

A. F8　　　　　　　　　　　　　B. F9

C. Ctrl+F8　　　　　　　　　　　D. Ctrl+F9

(3)　下列关于 Flash 动作脚本(ActionScript)的有关叙述不正确的是(　　)。

A. Flash 中的动作只有帧动作和对象动作两种类型

B. 帧动作不能实现交互

C. 帧动作面板和对象面板均由动作列表区、脚本程序区和命令参数区构成

D. 帧动作可以设置在动画的任意一帧上

2. 实训题

(1) 搜索"鹰.png"和"天空.jpg"文件，然后使用代码制作透明度控制动画，以控制鹰在天空背景中显示的透明度(可以参考 9.3.1 小节)。

(2) 新建一个"下雨.fla"文件，然后在文件中导入背景图片，接着在文件中制作下雨动画(可以参考 9.4 节)。

第 10 章

经典实例：制作教学课件

　　随着网络应用的迅速延伸，教育信息化建设日益完善，教育人员的能力也在逐步提高，很多教师经常会借助多媒体设备进行辅助教学，这就需要他们先在多媒体软件中制作好需要的课件。为此，本章就来为大家介绍如何使用 Flash 制作教学课件。

本章主要内容

- 制作语文课件——咏柳朗诵
- 制作数学课件——偶数与奇数
- 制作英语课件——看图连单词
- 制作多对多连线题型课件

10.1 要 点 分 析

本章通过使用简单的遮罩动画、导入声音文件、ActionScript 语句和函数等功能，向大家详细介绍"咏柳朗诵"、"偶数与奇数"、"看图连单词"三个课件的制作方法。其中，"咏柳朗诵"课件主要用到遮罩动画和导入声音文件功能；"偶数与奇数"课件主要用到 Play()、stop()、gotoAndstop()、gotoAndPlay()、_visible 等语句以及 on 处理函数；"看图连单词"课件主要用到 lineStyle、moveTo、lineTo、removeMovieClip 等语句。

10.2 制作语文课件——咏柳朗诵

本节制作一个语文古诗朗诵课件"咏柳"，课件中需要有柳树和声音，其制作方法如下。

10.2.1 绘制舞台外边框

在绘制课件之前，先在舞台中绘制一个外框，并将该图层始终置于最上方，这样不仅能够覆盖插入到舞台的图片的边缘，也有利于绘制、编辑和移动对象，具体操作步骤如下。

步骤 1 新建一个名为"咏柳.fla"的文件，其大小为 550 像素×400 像素，背景为"白色"(#FFFFFF)，然后选择矩形工具，并在"属性"面板中设置笔触颜色为"黑色"(#000000)，填充颜色为"无"，接着在舞台中绘制一个矩形，如图 10-1 所示。

步骤 2 使用选择工具选中矩形，然后在"属性"面板中调整其宽度为 550 像素，高度为 400 像素，接着调整 X 轴和 Y 轴坐标均为 0，使矩形像舞台边框一样，如图 10-2 所示。

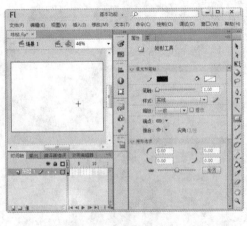
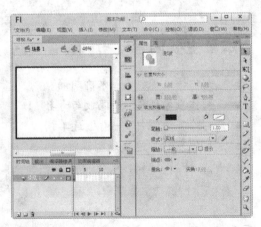

图 10-1　绘制矩形　　　　　　　图 10-2　调整矩形大小和位置

步骤 3 使用矩形工具在舞台中再绘制一个 610 像素×460 像素的矩形，在与第一个矩形形成的边框内填充黑色，再删除边框线条，效果如图 10-3 所示。

步骤 4　在"时间轴"面板中双击图层左侧的图标 ，接着在弹出的"图层属性"对话框中修改图层名称为"外框"，再单击"确定"按钮，如图 10-4 所示。

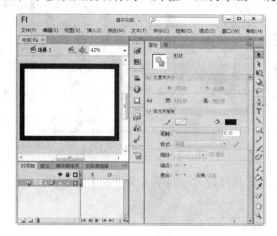

图 10-3　制作黑色边框　　　　　图 10-4　"图层属性"对话框

10.2.2　导入古诗背景图片

前面创建的"咏柳.fla"文件的背景是白色的，下面我们使用图片来设置背景，具体操作步骤如下。

步骤 1　在菜单栏中选择"插入"|"时间轴"|"图层"命令，插入图层 2，如图 10-5 所示。

步骤 2　在"时间轴"面板中拖动图层 2 到"外框"下方，接着双击图层名称，修改其名称为"背景"，如图 10-6 所示。

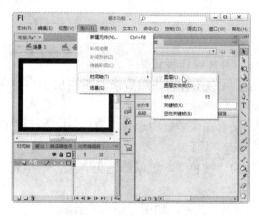

图 10-5　选择"图层"命令　　　　　图 10-6　修改新创建图层的名称

步骤 3　选中"背景"图层，然后在菜单栏中选择"文件"|"导入"|"导入到舞台"命令，如图 10-7 所示。

步骤 4　弹出"导入"对话框，选择要使用的图片，再单击"打开"按钮，如图 10-8 所示。

图 10-7　选择"导入到舞台"命令

图 10-8　"导入"对话框

步骤 5　使用任意变形工具调整图片大小，使其与舞台一样大，效果如图 10-9 所示。

图 10-9　调整图片大小

10.2.3　编辑古诗

古诗背景设置好后，下面开始输入编辑古诗，具体操作步骤如下。

步骤 1　在"时间轴"面板中单击"新建图层"图标🗋，然后修改新图层的名称为"底色"。

步骤 2　在工具箱中单击"矩形"图标🔳，接着在菜单栏中选择"窗口"|"颜色"命令，如图 10-10 所示。

步骤 3　打开"颜色"面板，设置颜色类型为"纯色"，笔触颜色为"无"，填充颜色为"白色"，A(Alpha)值为 40，如图 10-11 所示。

步骤 4　在舞台中绘制一个矩形作为古诗内容的背景色，如图 10-12 所示。

步骤 5　在"时间轴"面板中新建"古诗"图层，然后单击工具箱中的"文本工具"图标Ｔ，接着在"属性"面板中设置文本类型为"静态文本"，并单击右侧的"文本方向"图标，在弹出的下拉菜单中选择"垂直"选项，如图 10-13 所示。

步骤 6　在"字符"子面板中设置字体为"华文行楷"，大小为 30，字母间距为 10，字体颜色为"黑色"(#000000)，接着在舞台中输入古诗名"咏柳"，如图 10-14 所示。

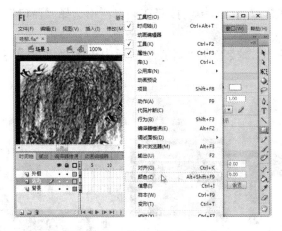

图 10-10　选择"颜色"命令

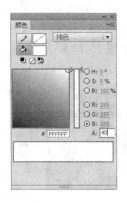

图 10-11　"颜色"面板

图 10-12　绘制古诗背景色方框

图 10-13　设置文本类型和方向

步骤 7　在"属性"面板中调整字体大小为 20，字母间距为 6.0，然后在舞台中古诗名左侧插入文本框，在其中输入古诗作者及其朝代，接着在左侧再另插入一个文本框，输入古诗内容，如图 10-15 所示。

图 10-14　输入古诗名

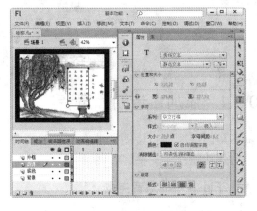

图 10-15　输入古诗内容

步骤 8　在工具箱中单击"选择工具"图标，然后按住 Shift 键，在舞台中单击三个文

本框和古诗背景色方框，将其选中，并释放 Shift 键，接着在菜单栏中选择"窗口"|"对齐"命令，如图 10-16 所示。

步骤 9 按右方向键将图形向右移动，接着在"对齐"面板中单击"垂直中齐"图标，如图 10-17 所示。

图 10-16　选择"对齐"命令　　　　　图 10-17　单击"垂直中齐"图标

步骤 10 借助左(右)方向键调整古诗名称和内容两个文本框在水平方向上的位置，然后借助 Shift 键选中三个文本框，接着在"对齐"面板中单击"水平平均间隔"图标，如图 10-18 所示。

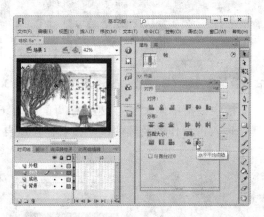

图 10-18　单击"水平平均间隔"图标

10.2.4　添加古诗朗诵声音

本案例要制作古诗朗诵课件，自然需要声音，下面就为课件添加声音，并对古诗使用遮罩动画功能，让文字随着朗诵声音而改变颜色，以加深观众印象。

1. Flash 中的声音类型

Flash CS6 中有两种声音类型，分别是事件声音和数据流声音。这两种类型声音的区别并不是格式上的区别，而是指它们导入 Flash 影片中的方式的区别。

- 事件声音：该类型的声音必须在完全下载之后才能开始播放，在播放过程中不受动画的影响。该类型的声音比较适合制作较短的声音动画。

- 数据流声音：该类型的声音不需要等到整个音乐完全下载完才开始播放，而只要下载的数据足够一帧就开始播放声音。 也就是说，数据流声音可以随着动画的播放而播放，随着动画的停止而停止。

2．Flash 中的声音格式

Flash CS6 中可以使用的声音格式很多，最常用的有两种：MP3 格式和 WAV 格式。

- MP3 格式：这是一种使用十分广泛的数字音频格式，由于其具有压缩的高效性，且体积小、传输方便，能使小文件产生高质量的音频效果，因此深受人们的喜爱。相同长度的音乐文件，如果用 MP3 格式来存储，一般只有 WAV 文件的十分之一。所以，现在较多的 Flash 音乐都以 MP3 格式存在。
- WAV 格式：它是微软公司和 IBM 公司共同开发的 PC 标准声音格式。该格式可以直接保存对声音波形的采样数据，而没有对其进行压缩，因此音质非常好。一些 Flash 动画的特殊音效常常会使用 WAV 格式。但是，因为其数据没进行压缩，所以体积比较大，占用的空间也就相对较大。用户可以根据需要选择合适的声音格式。

3．导入声音

Flash 本身没有录制音频的功能，因此需要用户将录制好的声音文件导入到库中或是使用公用库中的声音，具体操作步骤如下。

步骤 1 在菜单栏中选择"文件"|"导入"|"导入到库"命令，如图 10-19 所示。

步骤 2 弹出"导入到库"对话框，选择要导入的声音文件"咏柳朗诵.wav"，再单击"打开"按钮，如图 10-20 所示。

图 10-19 选择"导入到库"命令　　　　图 10-20 "导入到库"对话框

4．编辑声音文件

声音文件被添加到"库"面板中后，下面就可以编辑该声音文件了，具体操作步骤如下。

步骤 1 在"时间轴"面板中的"外框"图层上方新建"声音"图层，接着从"库"面板中将导入的声音文件拖至舞台中，如图 10-21 所示。

步骤 2 选中"声音"图层中的第 1 帧(该帧含有声音文件)，然后在"属性"面板下的"声音"子面板中单击"同步"选项右侧的下拉按钮，在弹出的菜单中选择"数据流"命令，如图 10-22 所示。

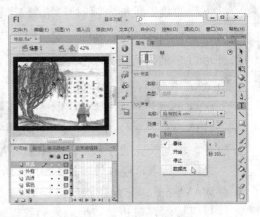

图 10-21 将声音文件拖至场景中   图 10-22 设置声音同步

步骤 3 在"属性"面板下的"声音"子面板中，单击"效果"选项右侧的"编辑声音封套"图标，如图 10-23 所示。

步骤 4 弹出"编辑封套"对话框，单击"帧"图标，如图 10-24 所示。

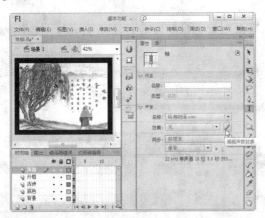

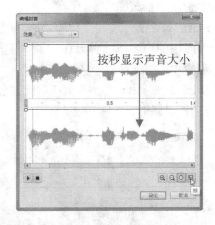

图 10-23 单击"编辑声音封套"图标   图 10-24 "编辑封套"对话框

步骤 5 这时将按帧显示声音大小，如图 10-25 所示。向右拖动水平滚动条至结束位置。

步骤 6 从图 10-25 可以看出，从第 220 帧之后没有声音，因此需要在第 235 帧右侧的结束控制块处按住鼠标左键，向左拖动至第 220 帧的位置，再单击"确定"按钮，如图 10-26 所示。

步骤 7 返回场景，在"声音"图层中选中第 220 帧，然后在菜单栏中选中"插入"|"时间轴"|"帧"命令，如图 10-27 所示。

步骤 8 在舞台中选中古诗标题、作者和内容等文本，然后按两次 Ctrl+B 组合键，打散文字，效果如图 10-28 所示。

图 10-25 向右拖动水平滚动条

图 10-26 设置声音文件的结束位置

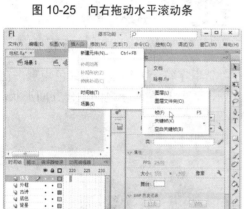

图 10-27 选择"帧"命令

图 10-28 打散文字

步骤 9 在"古诗"图层下方新建"遮罩"图层，将打散的文字复制到该图层中，如图 10-29 所示。

步骤 10 在"遮罩"图层下方新建"颜色"图层，然后右击"遮罩"图层，在弹出的快捷菜单中选择"遮罩层"命令，如图 10-30 所示。

图 10-29 复制打散的文字到新图层中

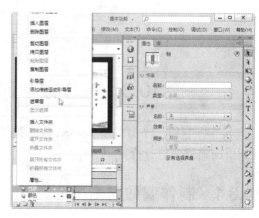

图 10-30 选择"遮罩层"命令

步骤 11 在"颜色"图层中的第 1 帧绘制一个红色的方形，如图 10-31 所示。

步骤 12 古诗标题读音到第 8 帧结束，因此在第 8 帧插入关键帧，将红色方向移动到"柳"字符上，并在两帧之间创建补间形状动画，如图 10-32 所示。

图 10-31　绘制方形

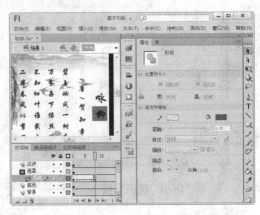

图 10-32　创建补间形状动画

步骤 13 在第 9 帧插入空白关键帧，并在"贺"字符上方绘制一个红色矩形，在第 35 帧插入关键帧，并将红色图形移动到"章"字符上，接着在两帧之间创建补间形状动画，再按"播放"图标▶查看效果，如图 10-33 所示。

步骤 14 使用类似方法，为古诗内容创建遮罩动画。

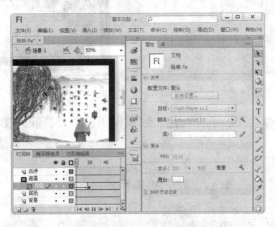

图 10-33　预览遮罩动画效果

10.3　制作数学课件——偶数与奇数

本节将制作一个有关偶数与奇数的数学知识课件，其中包括定义、性质和练习三部分，下面将逐步进行介绍。

10.3.1　制作偶数与奇数基础知识动画部分

本节先来制作课件中偶数与奇数的定义部分，具体操作步骤如下。

步骤 1　在 Flash 窗口中按 Ctrl+N 组合键打开"新建文档"对话框，并切换到"常规"选项卡，然后在"类型"列表框中选择 ActionScript 2.0 选项，接着调整文档帧频为 30fps，其他参数不变，单击"确定"按钮创建文档，再保存该文档为"偶数与奇数.fla"文件。

步骤 2　将"背景 2.jpg"图片导入到舞台中，并在"属性"面板中设置 X、Y 坐标为 0，使背景图片与舞台完全重合，如图 10-34 所示。

步骤 3　在"时间轴"面板中新建图层 2，然后单击工具箱中的"文本工具"图标，并在"属性"面板中设置其文本类型为"静态文本"、文本方向为"水平"、字体为"华文行楷"、大小为 30、颜色为"绿色"(#006600)，接着在舞台中输入"偶数与奇数"，如图 10-35 所示。

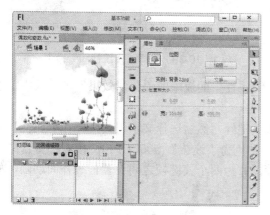

图 10-34　设置课件背景

图 10-35　输入课件标题

步骤 4　按住 Shift 键，使用选择工具选中文本和背景图片，接着按 Ctrl+K 组合键打开"对齐"面板，单击"水平居中"图标，居中对齐文本，如图 10-36 所示。

步骤 5　在图层 1 中选择第 100 帧，接着在菜单栏中选择"插入"|"时间轴"|"帧"命令，如图 10-37 所示。

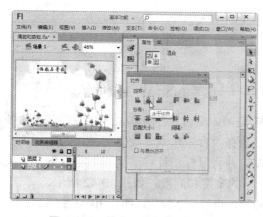

图 10-36　单击"水平中齐"图标

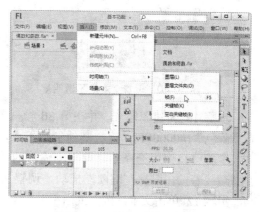

图 10-37　选择"帧"命令

步骤 6　在图层 2 中右击第 20 帧，在弹出的快捷菜单中选择"插入关键帧"命令，如图 10-38 所示。

步骤 7 在 1～20 帧之间任意选择一帧，接着在菜单栏中选择"插入"|"传统补间"命令，如图 10-39 所示。

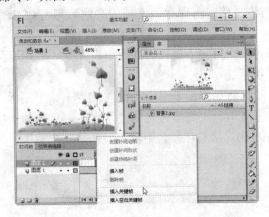

图 10-38 选择"插入关键帧"命令

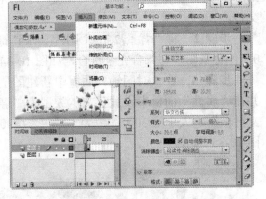

图 10-39 选择"传统补间"命令

步骤 8 选中第 1 帧上的文本，然后在"属性"面板中的"色彩效果"子面板中，设置样式为 Alpha，其值为 0，如图 10-40 所示。

步骤 9 新建图层 3，并在第 20 帧插入关键帧，然后选择文本工具，并在"属性"面板中设置字体为"华文中宋"、大小为 18、颜色为"浅蓝"(#00CCFF)，接着在舞台中输入"1.定义"文本，再在第 30 帧插入关键帧，并为两个关键帧之间设置传统补间动画，如图 10-41 所示。

图 10-40 设置文本的不透明度

图 10-41 编辑图层 3

步骤 10 新建图层 4，并在第 30 帧插入关键帧，然后选择文本工具，并调整字体颜色为"蓝色"(#0000FF)，保持其他参数不变，接着在舞台中输入偶数的定义。

步骤 11 使用选择工具单击刚输入的文本，并将鼠标指针移动到文本框右下角的控制点上，接着按住鼠标左键向左拖动，调整文本框的宽度和高度，如图 10-42 所示。

步骤 12 单击文本，按住鼠标左键并向下拖动，调整文本位置，如图 10-43 所示。

步骤 13 在第 65 帧插入关键帧，并为两个关键帧之间设置传统补间动画。

图 10-42　调整文本框的宽度和高度

图 10-43　调整文本位置

步骤 14　新建图层 5，并在第 65 帧插入关键帧，然后选择文本工具，保持其参数设置不变，在舞台中输入奇数的定义，接着右击第 100 帧，在弹出的快捷菜单中选择"转换为关键帧"命令，如图 10-44 所示。再为两个关键帧之间设置传统补间动画。

图 10-44　选择"转换为关键帧"命令

10.3.2　制作偶数与奇数性质部分

制作好偶数与奇数的基础知识部分后，接下来开始制作偶数与奇数的性质部分，在此之前先创建一个"方形"图形元件，具体操作步骤如下。

步骤 1　在菜单栏中选择"插入"|"新建元件"命令，如图 10-45 所示。

步骤 2　弹出"创建新元件"对话框，在"名称"文本框中输入"方形"，接着设置元件类型为"图形"，再单击"确定"按钮，进入元件编辑窗格，如图 10-46 所示。

步骤 3　在工具箱中单击"矩形工具"图标，并在"属性"面板中设置笔触颜色为"无"，填充颜色为"蓝色"(#0000FF)，笔触大小为 1，接着在元件编辑窗格中绘制一个矩形，并在"属性"面板中调整其宽度为 10 像素，高度为 10 像素，如图 10-47 所示。

步骤 4　单击"返回"图标 ，返回场景编辑窗格，如图 10-48 所示。

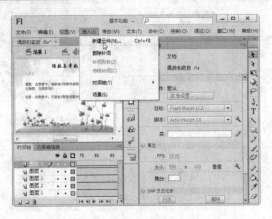

图 10-45 选择"新建元件"命令

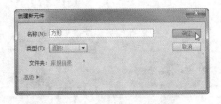

图 10-46 新建"方形"图形元件

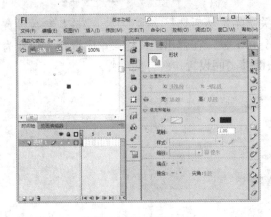

图 10-47 绘制方形

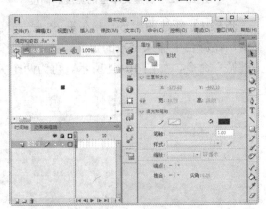

图 10-48 单击"返回"图标

步骤 5 单击图层 1 中第 100 帧，按住鼠标左键向右拖动至第 150 帧，并释放鼠标左键。使用该方法将图层 2 中第 100 帧移至第 150 帧位置，接着新建图层 6，并在第 110 帧插入关键帧，此时的时间轴如图 10-49 所示。

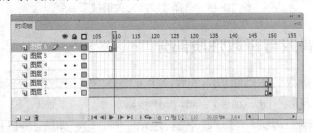

图 10-49 移动关键帧位置

步骤 6 选择文本工具，在舞台中输入"2.性质"文本及其内容，如图 10-50 所示。

步骤 7 从"库"面板中将"方形"元件拖至舞台中，并使用选择工具调整其位置，使其位于第 1 条性质的左侧，如图 10-51 所示。

步骤 8 使用类似方法，为其余各条性质添加"方形"图形元件，然后选中所有方形图形和"2.性质"文本，接着在"对齐"面板中单击"左对齐"图标，如图 10-52 所示。

步骤 9 在第 150 帧插入关键帧，并为两个关键帧之间创建传统补间动画。

图 10-50　输入文本

图 10-51　使用"方形"图形元件

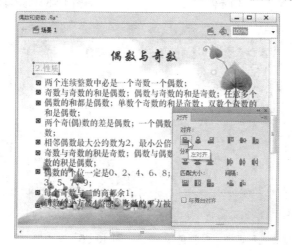

图 10-52　对齐方形图形

10.3.3　制作偶数与奇数练习题部分

本节以判断题型为例制作偶数与奇数的练习题部分，具体操作步骤如下。

步骤 1　在菜单栏中选择"插入"|"新建元件"命令。

步骤 2　弹出"创建新元件"对话框，在"名称"文本框中输入"对号"，接着设置元件类型为"按钮"，再单击"确定"按钮，如图 10-53 所示。

步骤 3　进入"对号"按钮元件的编辑窗格，使用绘图工具在"弹起"帧中绘制一个黑色(#333333)的对号图形，如图 10-54 所示。

步骤 4　在"指针经过"帧中插入关键帧，然后使用选择工具选中图形，接着选择填充工具，设置填充颜色为"浅灰"(#999999)，再单击对号图形，使其颜色变浅，如图 10-55 所示。

步骤 5　按 Ctrl+T 组合键打开"变形"面板，选中"旋转"单选按钮，并设置旋转角度为-10°，如图 10-56 所示。

图 10-53　创建"对号"按钮元件

图 10-54　绘制对号图形

图 10-55　使用填充工具调整对号颜色　　　　图 10-56　在"变形"面板中调整图形角度

　　步骤 6　在"按下"帧中插入关键帧，并将对号图形的颜色和角度还原成与"弹起"帧相同，如图 10-57 所示。

　　步骤 7　单击"点击"帧，然后使用矩形工具绘制一个比对号略大的图形，作为按钮的感应区域，如图 10-58 所示。

图 10-57　编辑"按下"帧

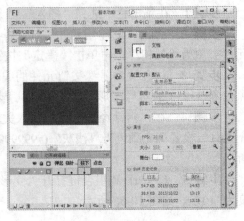

图 10-58　编辑"点击"帧

步骤 8 返回场景窗格，然后使用类似的方法，创建"叉号"按钮元件，其效果如图 10-59 所示。

步骤 9 在菜单栏中选择"插入"|"新建元件"命令，弹出"创建新元件"对话框，在"名称"文本框中输入"判断"，接着设置元件类型为"影片剪辑"，再单击"确定"按钮，如图 10-60 所示。

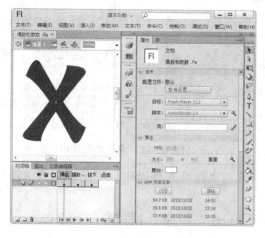

图 10-59 创建"叉号"按钮元件

图 10-60 创建"判断"影片剪辑元件

步骤 10 进入"判断"影片剪辑元件编辑窗格，为第 1 帧添加"stop();"停止语句。

步骤 11 在第 2 帧插入关键帧，并绘制一个红色的对号图形；在第 3 帧中插入关键帧，并绘制一个红色的叉号图形，如图 10-61 所示。

步骤 12 新建一个名为"笑脸"的影片剪辑元件，并进入该元件的编辑窗格，在"时间轴"面板中修改图层 1 的名称为"表情"，接着在第 2 帧插入关键帧，同时在窗格中绘制一个笑脸图形，如图 10-62 所示。

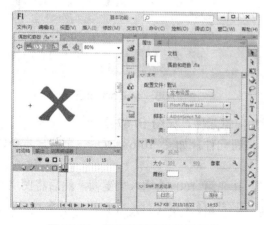

图 10-61 编辑判断影片剪辑元件

图 10-62 绘制笑脸图形

步骤 13 在菜单栏中选择"窗口"|"公用库"| Sounds 命令，打开"外部库"面板，如图 10-63 所示。

步骤 14 在"名称"列表框中拖动 Human Crowd Yes 03.mp3 选项至编辑窗格中，

如图 10-64 所示。

图 10-63 选择 Sounds 命令

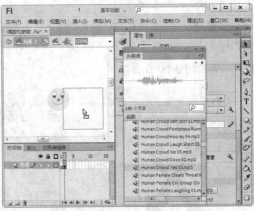

图 10-64 使用外部库中的声音

步骤 15 在第 13 帧插入关键帧，接着在"属性"面板中设置同步为"事件"，如图 10-65 所示。

步骤 16 新建图层 2，并修改其名称为 action，并为第 1 帧和第 13 帧添加"stop();"停止语句，如图 10-66 所示。

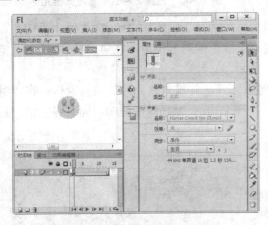

图 10-65 设置声音文件属性

图 10-66 编辑 action 图层

步骤 17 使用类似方法，创建"生气"影片剪辑元件，如图 10-67 所示。

步骤 18 参考前面的方法，创建"重做"按钮元件，如图 10-68 所示。至此，本节需要的元件制作完成，下面开始布置场景。

步骤 19 在"时间轴"面板中新建图层 7，并在第 160 帧插入关键帧，然后将图层 1 和图层 2 中的第 150 帧移至第 200 帧位置，接着选择文本工具，并在舞台中输入"3.练习"及第 1 题的题目，如图 10-69 所示。

步骤 20 新建图层 8，并在第 160 帧插入关键帧，然后从"库"面板中将"对号"元件拖至舞台中，并调整其大小及位置，使其处于题目后面的小括号中，接着继续添加"叉号"元件至题目后面的小括号中，效果如图 10-70 所示。

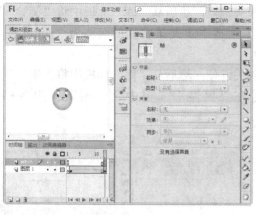

图 10-67　创建"生气"影片剪辑元件

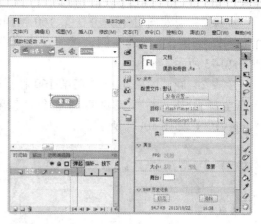

图 10-68　创建"重做"按钮元件

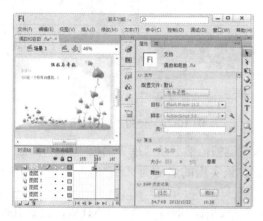

图 10-69　输入题目内容

图 10-70　使用"对号"和"叉号"元件

步骤 21 在第 160 帧选中对号图形，然后在"属性"面板中的"实例名称"文本框中输入"dui1"，如图 10-71 所示。使用该方法，定义"叉号"实例名称为"cuo1"。

步骤 22 新建图层 9，并在第 160 帧插入关键帧，然后从"库"面板中将"判断"元件拖至舞台题目后面的括号内，接着在"属性"面板中定义该实例的名称为"pan1"，如图 10-72 所示。

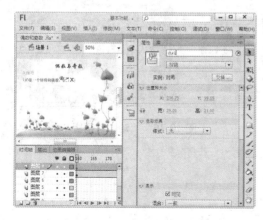

图 10-71　定义"对号"实例名称

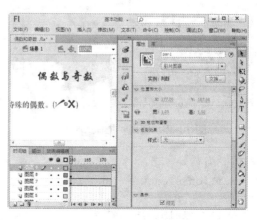

图 10-72　使用"判断"元件

步骤 23 新建图层 10，并在第 160 帧插入关键帧，然后从"库"面板中将"笑脸"元件拖至舞台中小括号的右侧，接着在"属性"面板中定义该实例的名称为"smile1"，如图 10-73 所示。

步骤 24 新建图层 11，并在第 160 帧插入关键帧，然后从"库"面板中将"生气"元件拖至舞台中，并与笑脸实例重合，接着在"属性"面板中定义该实例的名称为"angry1"，如图 10-74 所示。

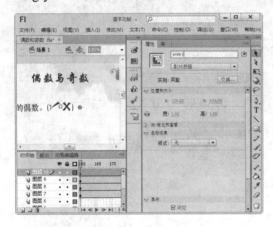

图 10-73　使用"笑脸"元件

图 10-74　使用"生气"元件

步骤 25 新建图层 12，并在第 160 帧插入关键帧，然后从"库"面板中将"重做"元件拖至舞台右下角，接着在"属性"面板中定义该实例的名称为"reform"，如图 10-75 所示。

步骤 26 在图层 8 中选择第 160 帧，然后打开"动作"面板，输入以下代码，如图 10-76 所示。

图 10-75　使用"重做"元件

图 10-76　"动作"面板

```
stop();
dui1.onRelease = function ()
{
dui1._visible = false;
cuo1._visible = false;
```

```
pan1.gotoAndStop(2);
smile1.play();
};
cuo1.onRelease = function ()
{
dui1._visible = false;
cuo1._visible = false;
pan1.gotoAndStop(3);
angry1.play();
};
```

提示

　　上述语句含义是：单击对号按钮，对号和叉号消失，括号中的"判断"实例跳转到第 2 帧，显示出红色对号，同时笑脸反馈在括号右侧，表示该题判断正确；若单击叉号按钮，对号和叉号消失，括号中的"判断"实例跳转到第 3 帧，显示出红色叉号，同时生气图形反馈在括号右侧，表示该题判断错误。

步骤 27 在图层 12 中选择第 160 帧，然后在"动作"面板中添加以下代码。

```
stop();
reform.onRelease = function ()
{
pan1.gotoAndStop(1);     //让判断结果的实例图形消失
dui1._visible = true;    //让对号按钮显示出来
cuo1._visible = true;    //让叉号按钮显示出来
angry1.gotoAndStop(1);   //让反馈的生气实例图形消失
smile1.gotoAndStop(1);   //让反馈的笑脸消失
}
```

步骤 28 使用类似方法，在图层 7 中添加另外 4 道题目；在图层 8 中为各题添加"对号"和"叉号"元件；在图层 9 中为各题添加"判断"元件；在图层 10 中为各题添加"笑脸"元件；在图层 11 中为各题添加"生气"元件，并在"属性"面板中为各实例重新命名，效果如图 10-77 所示。

图 10-77　编辑另外 4 道题目

步骤 29 在图层 8 中选中第 160 帧，打开"动作"面板，继续添加以下代码。

```
dui2.onRelease = function ()
{
dui2._visible = false;
cuo2._visible = false;
pan2.gotoAndStop(2);
angry2.play();
};
cuo2.onRelease = function ()
{
dui2._visible = false;
cuo2._visible = false;
pan2.gotoAndStop(3);
smile2.play();
};
dui3.onRelease = function ()
{
dui3._visible = false;
cuo3._visible = false;
pan3.gotoAndStop(2);
smile3.play();
};
cuo3.onRelease = function ()
{
dui3._visible = false;
cuo3._visible = false;
pan3.gotoAndStop(3);
angry3.play();
};
dui4.onRelease = function ()
{
dui4._visible = false;
cuo4._visible = false;
pan4.gotoAndStop(2);
smile4.play();
};
cuo4.onRelease = function ()
{
dui4._visible = false;
cuo4._visible = false;
pan4.gotoAndStop(3);
angry4.play();
};
dui5.onRelease = function ()
{
dui5._visible = false;
```

```
cuo5._visible = false;
pan5.gotoAndStop(2);
angry5.play();
};
cuo5.onRelease = function ()
{
dui5._visible = false;
cuo5._visible = false;
pan5.gotoAndStop(3);
smile5.play();
};
```

步骤30 在图层 12 中选择第 160 帧，打开"动作"面板，添加对其余 4 道题目的控制代码，最终代码如下。

```
stop();
reform.onRelease = function ()
{
pan1.gotoAndStop(1);
pan2.gotoAndStop(1);
pan3.gotoAndStop(1);
pan4.gotoAndStop(1);
pan5.gotoAndStop(1);
dui1._visible = true;
dui2._visible = true;
dui3._visible = true;
dui4._visible = true;
dui5._visible = true;
cuo1._visible = true;
cuo2._visible = true;
cuo3._visible = true;
cuo4._visible = true;
cuo5._visible = true;
smile1.gotoAndStop(1);
smile2.gotoAndStop(1);
smile3.gotoAndStop(1);
smile4.gotoAndStop(1);
smile5.gotoAndStop(1);
angry1.gotoAndStop(1);
angry2.gotoAndStop(1);
angry3.gotoAndStop(1);
angry4.gotoAndStop(1);
angry5.gotoAndStop(1);
}
```

至此，本课件制作完毕。

10.4 制作英语课件——看图连单词

本节将制作一个连线题型的课件，课件的具体操作方法是用鼠标单击一个单词和一个图形，若关系正确，Flash 自动为二者建立连线，这些需要配合一些代码才能实现，具体制作方法如下。

10.4.1 创建需要的水果图片元件

本课件需要的元件比较多，有连线时用来显示图形的水果图片元件，有用来显示文字的单词元件，有正误反馈元件和一些功能元件，下面先来制作水果图片元件，包括苹果、橘子、草莓、葡萄、桃子和西瓜等，具体操作步骤如下。

步骤 1 在 Flash 窗口中按 Ctrl+N 组合键打开"新建文档"对话框，并切换到"常规"选项卡，然后在"类型"列表框中选择 ActionScript 2.0 选项，接着调整文档帧频为 30fps，其他参数不变，单击"确定"按钮创建文档，再保存该文档为"看图连单词.fla"文件，如图 10-78 所示。

步骤 2 新建一个名称为"框"的图形元件，并进入该元件的编辑窗格，然后选择矩形工具，并在"属性"面板中设置笔触颜色为"蓝色"(#00CCFF)、填充颜色为"浅蓝"(#6FE2FF)、笔触大小为 2、矩形边角半径为 10，接着在窗格中绘制一个 100 像素×70 像素的矩形，如图 10-79 所示。

图 10-78 新建"看图连单词.fla"文件

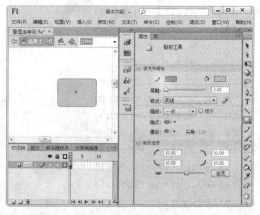

图 10-79 绘制矩形

步骤 3 新建图层 2，设置矩形笔触颜色为"无"、填充颜色为"浅蓝"(#C8F5FF)，绘制一个略小的矩形，并将图形左上角挖去，接着使用椭圆工具绘制一个填充颜色为"浅蓝"(#93ECFF)的无边框圆，再调整三个图形位置，形成效果如图 10-80 所示的图形。

步骤 4 在菜单栏中选择"文件"|"导入"|"导入到库"命令，然后在弹出的"导入到库"对话框中选择多个图片，再单击"打开"按钮，如图 10-81 所示。

步骤 5 新建一个名称为"苹果"的影片剪辑元件，并进入该元件的编辑窗格，然后将"框"元件拖至窗格中，接着新建图层 2，将"苹果.png"文件拖至窗格中，并调整苹果图形的大小和位置，最终效果如图 10-82 所示。

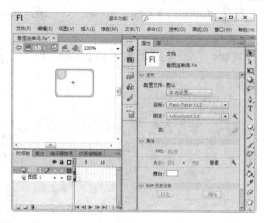

图 10-80　绘制缺角矩形和圆

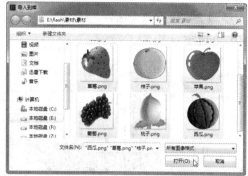

图 10-81　"导入到库"对话框

步骤 6　在图层 2 中的第 2 帧插入帧，在图层 1 中的第 2 帧插入关键帧，接着选中"框"元件，并在"属性"面板中设置其不透明度为 60%，如图 10-83 所示。

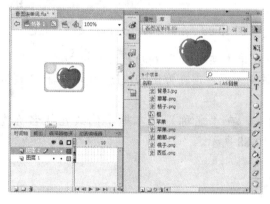

图 10-82　编辑"苹果"影片剪辑

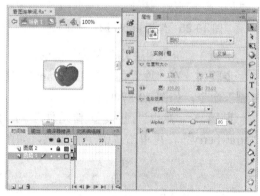

图 10-83　设置"框"元件的不透明度

步骤 7　新建图层 3，在第 1 帧元件添加"stop();"停止语句。

步骤 8　使用类似方法，创建草莓、桔子、桃子、西瓜、葡萄 5 个影片剪辑元件，如图 10-84 所示。

图 10-84　创建草莓、桔子、桃子、西瓜、葡萄影片剪辑元件

10.4.2　创建需要的单词元件

看图元件创建完毕后，下面需要创建各图形对应的单词元件，具体操作步骤如下。

步骤 1　新建 apple 影片剪辑元件，并进入该元件编辑窗格，然后将"图层 1"重命名为"单词"，接着使用文本工具在窗格中输入蓝色(#0000FF)字体"apple"，如图 10-85 所示。

步骤 2　在第 2 帧插入关键帧，然后修改 apple 的字体颜色为天蓝色(#00FFFF)，如图 10-86 所示。

图 10-85　编辑 apple 影片剪辑元件　　　图 10-86　在第 2 帧修改 apple 的字体颜色

步骤 3　新建图层并命名为"action"，并在第 1 帧添加"stop();"停止语句。

步骤 4　在"库"面板中右击 apple 影片剪辑元件，在弹出的快捷菜单中选择"直接复制"命令，如图 10-87 所示。

步骤 5　弹出"直接复制元件"对话框，在"名称"文本框中修改元件名称为"strawberry"，再单击"确定"按钮，如图 10-88 所示。

图 10-87　选择"直接复制"命令　　　图 10-88　"直接复制元件"对话框

步骤 6　进入 strawberry 影片剪辑元件编辑窗格，在"单词"图层中修改第 1 帧、第 2 帧上的字符为"strawberry"，如图 10-89 所示。

步骤 7　使用类似方法，创建 orange、peach、melon、grape 4 个影片剪辑元件。

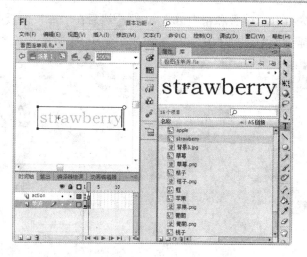

图 10-89　编辑 strawberry 影片剪辑元件

10.4.3　创建反馈和功能元件

下面开始创建"正确反馈"元件、"错误反馈"元件、"点"元件以及"重来"元件，具体操作步骤如下。

步骤 1　新建一个名为"正确反馈"的影片剪辑元件，并在第 1 帧添加"stop();"停止语句，如图 10-90 所示。

步骤 2　在第 2 帧插入关键帧，并从"库"面板中将"正确.wav"文件拖动到窗格中，接着在第 20 帧插入空白关键帧，如图 10-91 所示。

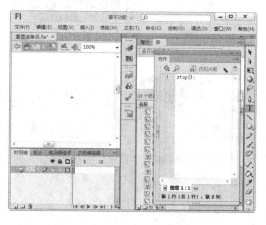

图 10-90　创建"正确反馈"影片剪辑元件　　　图 10-91　向影片剪辑元件添加声音

步骤 3　使用类似方法，创建"错误反馈"影片剪辑元件。

步骤 4　新建一个名为"点"的影片剪辑元件，并进入该元件的编辑窗格，然后使用椭圆工具绘制一个 8 像素×8 像素的无边框圆，其填充颜色为紫色(#FF00CC)，如图 10-92 所示。

步骤 5　下面创建"重来"按钮元件，这里借用"偶数和奇数.fla"文件中创建的"重做"按钮元件。首先打开"偶数和奇数.fla"文件，然后在"库"面板中右击"重做"按钮元件，在弹出的快捷菜单中选择"复制"命令，如图 10-93 所示。

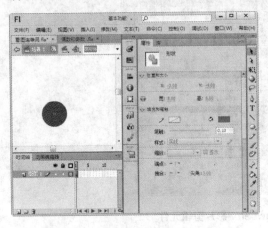

图 10-92 创建"点"影片剪辑元件   图 10-93 选择"复制"命令

步骤 6 切换到"看图连单词.fla"窗口，在"库"面板中右击，在弹出的快捷菜单中选择"粘贴"命令，如图 10-94 所示。

步骤 7 修改"重做"按钮元件名称为"重来"，然后进入该元件的编辑窗格，修改元件文本，最终效果如图 10-95 所示。

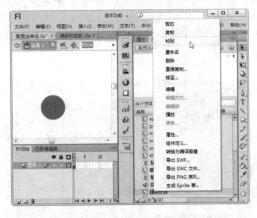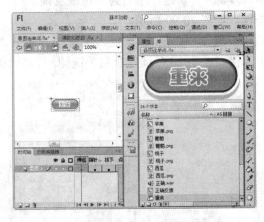

图 10-94 选择"粘贴"命令   图 10-95 编辑"重来"按钮元件

10.4.4 布局看图连单词课件

所有需要的元件都制作好后，下面开始布局看图连单词课件，具体操作步骤如下。

步骤 1 返回主场景，然后在"时间轴"面板中重命名图层 1 为"背景"，然后从"库"面板中将"背景 3.jpg"文件拖至舞台中，并在"属性"面板中设置图片的 X、Y 坐标均为 0，使图片和舞台重合，如图 10-96 所示。

步骤 2 新建图层，并命名为"标题"，然后选择文本工具，设置字体为"华文琥珀"，大小为 30，然后使用 5 种不同颜色输入"看"、"图"、"连"、"单"、"词"几个字，如图 10-97 所示。

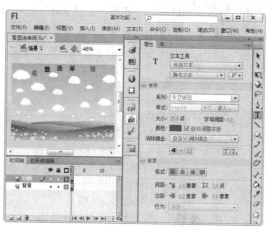

图 10-96　设置舞台背景　　　　　图 10-97　输入课件标题

步骤 3　使用选择工具选中标题，然后按 Ctrl+K 组合键打开"对齐"面板，单击"垂直中齐"图标和"水平平均间隔"图标，如图 10-98 所示。接着按两次 Ctrl+B 组合键打散文字。

步骤 4　新建图层，并命名为"内容"，然后将"苹果"、"葡萄"、"西瓜"、"桔子"、"桃子"、"草莓"六个影片剪辑元件拖至舞台中，并按顺序从上到下排列，接着在"属性"面板中分别定义各实例名称为"t1"、"t2"、"t3"、"t4"、"t5"、"t6"。

步骤 5　将 peach、melon、strawberry、apple、grape、orange 6 个影片剪辑元件拖至舞台中，并按顺序从上到下排列在水果图片右侧，接着在"属性"面板中分别定义各实例名称为"d5"、"d3"、"d6"、"d1"、"d2"、"d4"。

步骤 6　将"正确反馈"元件和"错误反馈"元件移至水果图片左侧，并在"属性"面板中分别定义其名称为"dui"和"cuo"，接着将"重来"元件移至舞台右下角，最终效果如图 10-99 所示。

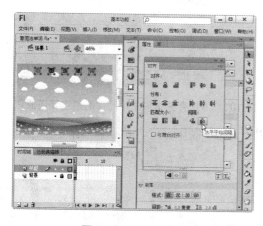

图 10-98　对齐文本　　　　　图 10-99　在舞台布置水果图片和单词等元件

步骤 7　新建图层，并命名为"线条"，然后将"点"元件拖至苹果图片右侧，使用该方法，为其他几张图片和英文单词添加点，接着按从上到下的顺序给左侧 6 个点分别命名为"dt1"、"dt2"、"dt3"、"dt4"、"dt5"、"dt5"，右侧 6 个点分别命名为

"dd5"、"dd3"、"dd6"、"dd1"、"dd2"、"dd4"，如图 10-100 所示。

步骤 8 新建图层，并命名为"代码"，然后在第 1 帧输入以下语句，用于改变图片的显示状态，使其变为未被选择状态，如图 10-101 所示。

```
function qingtupian()
{
_root.t1.gotoAndStop(1);
_root.t2.gotoAndStop(1);
_root.t3.gotoAndStop(1);
_root.t4.gotoAndStop(1);
_root.t5.gotoAndStop(1);
_root.t6.gotoAndStop(1);
//将水果图片元件显示为未被选中状态
_root.tm1 = 0;
_root.tm2 = 0;
_root.tm3 = 0;
_root.tm4 = 0;
_root.tm5 = 0;
_root.tm6 = 0;
}    //这些变量记载水果图片元件的显示状态，0 为未选中，1 为选中
```

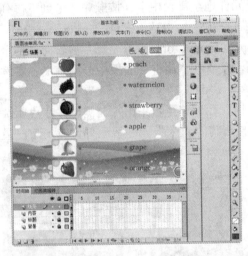 

图 10-100 添加"点"元件   图 10-101 添加有关水果图片元件的清空和还原语句

步骤 9 继续为"代码"图层第 1 帧添加以下语句，制作有关单词元件的清空和还原。

```
function qingdanci()
{
_root.d1.gotoAndStop(1);
_root.d2.gotoAndStop(1);
_root.d3.gotoAndStop(1);
_root.d4.gotoAndStop(1);
_root.d5.gotoAndStop(1);
_root.d6.gotoAndStop(1);
//将单词元件显示为未被选中状态
_root.dm1 = 0;
```

```
_root.dm2 = 0;
_root.dm3 = 0;
_root.dm4 = 0;
_root.dm5 = 0;
_root.dm6 = 0;
}     //这些变量记载单词元件的显示状态，0 为未选中，1 为选中
```

步骤 10 在舞台中右击苹果图片，在弹出的快捷菜单中选择"动作"命令，如图 10-102 所示。

步骤 11 弹出"动作"面板，在窗格中输入以下语句，制作水果图片的判断和连线，如图 10-103 所示。

```
on (release) {
    _root.qingtupian();        //调用清空和还原水果图片元件的函数
    gotoAndStop(2);            //让苹果图片本身显示为被选中状态
    _root.tm1 = 1;             //记录本身是否被选中的变量赋值为 1
    if (_root.dm1 == 1) {      //判断对应单词元件是否被选中
        _root.createEmptyMovieClip("xiantiao1",1);        //创建线条元件 1
        _root.xiantiao1.lineStyle(3,0x29594A,100);
        _root.xiantiao1.moveTo(_root.dt1._x,_root.dt1._y);
        _root.xiantiao1.lineTo(_root.dd1._x,_root.dd1._y);
        //绘制线条，两段连接 dt1 和 dd1 两点，将苹果图片和单词 apple 对起来
        _root.dui.gotoAndPlay(2);    //播放正确反馈
        _root.qingdanci();
        _root.qingtupian();
    }
else if (_root.dm5 == 1 ||_root.dm3 == 1 || _root.dm6 == 1 || _root.dm2
== 1 || _root.dm4 == 1) {
//判断是否有不正确的单词被选中(如果为其他元件添加代码，需要将变量名称对应修改，比如
"t1"对应"dm2、dm3、dm4、dm5、dm6"，"d1"对应"tm2、tm3、tm4、tm5、tm6")
        _root.cuo.gotoAndPlay(2);
        _root.qingdanci();
        _root.qingtupian();
    }
}
```

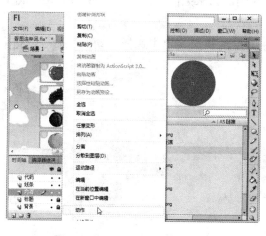

图 10-102　选择"动作"命令

图 10-103　制作水果图片的判断和连线

步骤 12 在舞台中右击 apple 元件，在弹出的快捷菜单中选择"动作"命令，接着输入以下语句，判断和连线该元件。

```
on (release) {
    _root.qingdanci();
    gotoAndStop(2);
    _root.dm1 = 1;
    if (_root.tm1 == 1) {
        _root.dui.gotoAndPlay(2);
        _root.createEmptyMovieClip("xiantiao1",1);
        _root.xiantiao1.lineStyle(3,0x29594A,100);
        _root.xiantiao1.moveTo(_root.dt1._x,_root.dt1._y);
        _root.xiantiao1.lineTo(_root.dd1._x,_root.dd1._y);
        _root.qingdanci();
        _root.qingtupian();
    }
else if (_root.tm2 == 1 || _root.tm3 == 1 || _root.tm4 == 1 || _root.tm5
== 1|| _root.tm6 == 1) {
        _root.cuo.gotoAndPlay(2);
        _root.qingdanci();
        _root.qingtupian();
    }
}
```

提 示

tm1、tm2、tm3、tm4、tm5、tm6 和 dm1、dm2、dm3、dm4、dm5、dm6 这 12 个变量是记录水果图片元件和单词元件是否被选择的开关变量。比如 t1 实例被单击(即苹果图片被单击)，首先将 tm1 变量赋值为 1，然后判断对应的 d1 是否被选择，即判断 dm1 的值是否为 1，如果此时 dm1 的值为 1，将为 t1 和 d1 连线。另外，如果 dm2、dm3、dm4、dm5 或 dm6 的值为 1，就表示选错单词了。

步骤 13 使用类似方法，参考 t1 和 d1 的代码，为水果图片元件 t2、t3、t4、t5、t6 以及单词元件 d2、d3、d4、d5、d6 添加代码。

步骤 14 在舞台中右击"重来"元件，在弹出的快捷菜单中选择"动作"命令，接着输入以下语句，清除动画中的连线。

```
on (release) {
    removeMovieClip(_root.xiantiao1);
    removeMovieClip(_root.xiantiao2);
    removeMovieClip(_root.xiantiao3);
    removeMovieClip(_root.xiantiao4);
    removeMovieClip(_root.xiantiao5);
    removeMovieClip(_root.xiantiao6);
}
```

步骤 15 制作完成后按 Ctrl+Enter 组合键测试效果，在弹出的窗口中单击图片及对应的单词进行连线，如图 10-104 所示。单击"重来"按钮，连线消失。

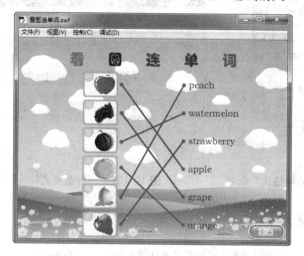

图 10-104　测试制作的"看图连单词.fla"文件

10.5　提　高　指　导

10.5.1　解决 Flash 无法导入声音问题

在 Flash 中虽然可以使用的声音格式有多种，但是在实际导入声音操作时往往会出现问题，提示读取文件时出现问题，甚至是直接告诉用户不能导入 XXX.mp3，如图 10-105 所示。究其原因，是用户选择的声音文件不符合 Flash 程序的要求。在 Flash 中可以导入 8 位或 16 位，采样比率为 11kHz、22kHz 或 44kHz(即 11kHz 的倍数)的声音。如果用户选择的声音文件无法导入到 Flash 中，就需要转换其格式了。

图 10-105　提示导入声音出现问题

可以转换声音文件格式的工具有很多，一些影音播放器就包含此功能，例如百度音乐播放器(原千千静听软件)、暴风影音播放器等，下面使用百度音乐转换声音文件格式，具体操作步骤如下。

步骤 1　首先在百度音乐窗口中打开要转换的声音软件，然后在播放列表中右击该声音，在弹出的快捷菜单中选择"转换格式"命令，如图 10-106 所示。

步骤 2　弹出"歌曲格式转换"对话框，设置输出品质为 8，再单击"开始转换"按钮，如图 10-107 所示。这样，转换后的声音文件就符合 Flash 的要求了。

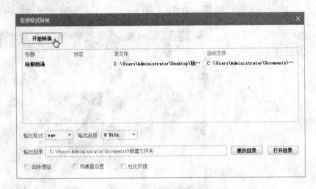

图 10-106　选择"转换格式"命令　　　图 10-107　"歌曲格式转换"对话框

10.5.2　自定义函数

函数是一种可反复使用执行特定任务的代码段。在 Flash 中，用户可以根据自己的需要自定义一些函数，其格式如下。

[函数名]= function ([参数 1],[参数 2]…){[函数体]}

需要调用自定义函数时，方式是：

[函数名] ([参数 1],[参数 2]…)

下面通过实例进行介绍，具体操作步骤如下。

步骤 1　在 Flash 窗口中按 Ctrl+N 组合键打开"新建文档"对话框，然后在"常规"选项卡下的"类型"列表框中选择 ActionScript 2.0 选项，再单击"确定"按钮，如图 10-108 所示。

步骤 2　在图层 1 中右击第 1 帧，在弹出的快捷菜单中选择"动作"命令，打开"动作"面板，然后在其中输入以下代码，如图 10-109 所示。

```
t1 = 22;
t2 = 45;
trace("t1+t2="+qiuhe(t1,t2));
trace("37+67="+qiuhe(37,67));
function qiuhe(a,b){
    return(a+b);
}
```

图 10-108　"新建文档"对话框

图 10-109　自定义函数

步骤 3　按 Ctrl+Enter 组合键测试动画，在"输出"面板中得到如图 10-110 所示的结果。

图 10-110　"输出"面板

10.5.3　制作多对多连线题型课件

在前面的章节中，我们制作了一对一的连线题型课件，下面将使用该方法，配合一些常用代码制作多对多的连线题型课件，具体操作步骤如下。

步骤 1　在 Flash 窗口中按 Ctrl+N 组合键打开"新建文档"对话框，并切换到"常规"选项卡，然后在"类型"列表框中选择 ActionScript 2.0 选项，接着调整文档帧频为30fps，背景为"蓝色"(#99CCFF)，其他参数不变，单击"确定"按钮创建文档。

步骤 2　按 Ctrl+S 组合键保存文档，设置其名称为"多对多连线课件.fla"，接着从"看图连单词.fla"文档库中将"正确反馈、错误反馈、点、重来"等元件复制到该文档的库中，如图 10-111 所示。

步骤 3　新建"图形"按钮元件，并进入该元件的编辑窗格，然后选择矩形工具，并在"属性"面板中设置笔触颜色为"红色"(#FF0000)、填充颜色为"黄色"(#FFFF99)、矩形边角半径为 10，接着在"指针经过"帧插入关键帧，绘制一个 70 像素×30 像素的矩形，如图 10-112 所示。

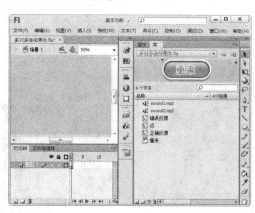
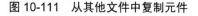

图 10-111　从其他文件中复制元件

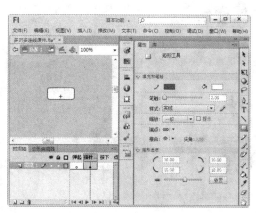

图 10-112　绘制矩形

步骤 4　在"按下"和"点击"帧插入关键帧，然后将"指针经过"帧上矩形的填充删除，将"按下"帧上矩形的填充也删除，并修改矩形线条颜色为"蓝色"(#0000FF)，如图 10-113 所示。

步骤 5　返回场景，重命名图层 1 为"文字"，然后在舞台中输入需要的文本，如图 10-114 所示。

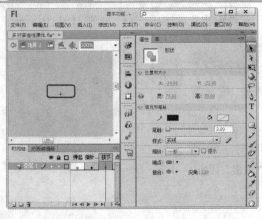

图 10-113　修改矩形线条颜色

图 10-114　输入文本

步骤 6　新建图层，并命名为"连线"，然后将"库"面板中的"点"元件拖至第 1 个数字右侧，接着在"属性"面板中定义该实例名称为"shu1dian"。

步骤 7　使用类似方法，为其余 5 个数字和 4 个文本添加"点"元件，并按从上到下的顺序分别定义各实例名称为"shu2dian"、"shu3dian"、"shu4dian"、"shu5dian"、"shu6dian"、"xing1dian"、"xing2dian"、"xing3dian"、"xing4dian"，效果如图 10-115 所示。

步骤 8　新建图层，并命名为"按钮"，然后将"库"中的"图形"按钮元件拖至第一个数字上，覆盖数字及右侧的点，接着在"属性"面板中定义该实例名称为"shu1"。使用该方法，为其余数字和文本添加按钮元件，并按从上到下的顺序分别定义各实例名称为"shu2"、"shu3"、"shu4"、"shu5"、"shu6"、"xing1"、"xing2"、"xing3"、"xing4"，效果如图 10-116 所示。

图 10-115　使用"点"元件

图 10-116　使用"图形"按钮元件

步骤 9　新建图层，并命名为"功能"，将"正确反馈、错误反馈、重来"元件添加到数字左侧，并分别定义各实例名称为"dui"、"cuo"、"chonglai"，如图 10-117 所示。

步骤 10　新建图层，并命名为"代码"，然后在"动作"面板中添加以下语句，定义 xuanshuzi()函数，用来为左侧 5 个数对应的按钮元件的 enabled 赋值(值为 true 时表示按钮可点，值为 false 时表示按钮不可点)，如图 10-118 所示。

```
xuanshuzi = function (zhen) {
    for (lin=1; lin<=6; lin++) {
    _root["shu"+lin].enabled = zhen;
    }
};
```

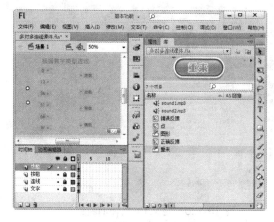

图 10-117　添加反馈和重来元件

图 10-118　定义 xuanshuzi()函数

步骤 11　在"动作"面板中继续添加以下代码，定义 xuanxing()函数，用来为右侧 4 个数字类型对应的按钮元件的 enabled 赋值，如图 10-119 所示。

```
xuanxing = function (zhen) {
    for (lin=1; lin<6; lin++) {
    _root["xing"+lin].enabled = zhen;
    }
};
```

步骤 12　在"代码"图层中的第 1 帧继续添加以下代码，定义 huaxian()函数，用来绘制动态线条，如图 10-120 所示。

```
huaxian = function () {
    _root.onEnterFrame = function() {
    if (_root.kehuaxian == true) {
    _root.createEmptyMovieClip("xian"+_root.ceng,_root.ceng);
    _root["xian"+_root.ceng].lineStyle(2,0x0000FF,100);
    _root["xian"+_root.ceng].moveTo(_root[_root.qidian]._x,_root[_root.q
idian]._y);
    _root["xian"+_root.ceng].lineTo(_root._xmouse,_root._ymouse);
        }
    };
};
```

步骤 13　在"代码"图层中的第 1 帧继续添加以下代码，定义 kai 数组和 wei 数组。本课件共有 11 条连线，kai 数组用来存放连线的起点，wei 数组用来存放连线的终点。

```
kai = new
Array("shu1dian","shu2dian","shu2dian","shu3dian","shu3dian","shu4dian",
```

```
"shu4dian","shu5dian","shu5dian","shu6dian","shu6dian");
wei = new
Array("xing4dian","xing3dian","xing1dian","xing4dian","xing2dian","xing3
dian",
"xing2dian","xing4dian","xing2dian","xing3dian","xing1dian");
```

图 10-119　定义 xuanxing()函数　　　　图 10-120　定义 huaxian()函数

步骤 14 在"代码"图层中的第 1 帧继续添加以下代码，定义 panduan(qi, zhong)函数，用于判断是否可以确定线条的终点。

```
panduan = function (qi, zhong) {
    fanhui = false;
    for (lin=0; lin<11; lin++) {
    if (_root.kai[lin] == qi && _root.wei[lin] == zhong) {
    fanhui = true;
    break;
        }
    }
    return (fanhui);
};
```

步骤 15 在"代码"图层中的第 1 帧继续添加以下代码，定义 huaxianting(qi, zhong)函数，用来绘制起点到终点的固定线条，线条颜色为"蓝色"(#0000FF)。

```
huaxianting = function (qi, zhong) {
    _root.kehuaxian = false;
    _root.createEmptyMovieClip("xian"+_root.ceng,_root.ceng);
    _root["xian"+_root.ceng].lineStyle(2,0x0000FF,100);
    _root["xian"+_root.ceng].moveTo(_root[qi]._x,_root[qi]._y);
    _root["xian"+_root.ceng].lineTo(_root[zhong]._x,_root[zhong]._y);
    _root.ceng++;
};
```

步骤 16 在"代码"图层中的第 1 帧继续添加以下代码，用来确定线条的起点并绘制动态线条。

```
kehuaxian = false;
ceng = 0;
xuanxing(false);
for (lin=1; lin<=6; lin++) {
    _root["shu"+lin].onRelease = function() {
    _root.xuanshuzi(false);
    _root.xuanxing(true);
    _root.kehuaxian = true;
    _root.qidian = this._name+"dian";
    _root.huaxian();
    };
}
```

步骤 17 在"代码"图层中的第 1 帧继续添加以下代码，用来确定线条的终点，并把线条固定下来。

```
for (lin=1; lin<6; lin++) {
    _root["xing"+lin].onRelease = function() {
    _root.zhongdian = this._name+"dian";
    if (_root.panduan(_root.qidian, _root.zhongdian)) {
    _root.huaxianting(_root.qidian,_root.zhongdian);
    _root.xuanshuzi(true);
    _root.xuanxing(false);
    _root.dui.play();
        }
    else {
        _root.cuo.play();
        }
    };
}
```

步骤 18 在"代码"图层中的第 1 帧继续添加以下代码，表示单击"重来"按钮，清除所有线条。

```
_root.chonglai.onRelease = function() {
    for (lin=0; lin<=_root.ceng; lin++)\
    {
    removeMovieClip(_root["xian"+lin]);
    }
    _root.ceng = 0;
};
```

步骤 19 制作完成后按 Ctrl+Enter 组合键测试效果，在弹出的窗口中进行数字类型连线，如图 10-121 所示。单击"重来"按钮，连线消失，可以继续连线操作。

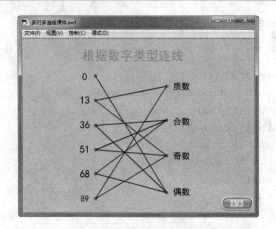

图 10-121　测试制作的"多对多连线课件.fla"文件

10.6　习　　题

1. 选择题

(1) 下面关于向 Flash 中导入声音文件的说法错误的是(　　)。

　　A. 在 Flash 中声音类型可分为事件声音和数据流声音两种

　　B. 导入 MP3 声音文件时，提示不能导入"……\XXX.mp3"，说明该声音文件损坏

　　C. 向 Flash 中可以导入的声音文件的输出品质必须是 8 位或 16 位

　　D. 在 Flash 中可以使用多种格式的声音文件，最常用的两种声音格式是 MP3 格式和 WAV 格式。

(2) 在 Flash 动画中，按(　　)组合键打散文字。

　　A. Ctrl+G　　　　B. Ctrl+K　　　　C. Ctrl+B　　　　D. Ctrl+T

(3) 下述操作，向使用(　　)操作打开的"动作"面板中添加代码，在"时间轴"面板中看不到代码图标"　"。

　　A. 在"时间轴"面板中右击，在弹出的快捷菜单中选择"动作"命令

　　B. 在舞台中右击要添加代码的对象，在弹出的快捷菜单中选择"动作"命令

　　C. 在"时间轴"面板中选择要添加代码的帧，选择"窗口"|"动作"命令

　　D. 在"时间轴"面板中选择要添加代码的帧，然后按 F9 键

(4) 如果用户打开"动作"面板后，发现不能手动输入代码，可以按(　　)图标进行转换。

　　A.　　　　　B.　　　　　C.　　　　　D.

(5) 下面关于"库"面板中元件的说法正确的是(　　)。

　　A. "库"面板中的元件可以被删除

　　B. "库"面板中的元件可以被复制

　　C. "库"面板中的元件可以被移动到其他 Flash 文档中

　　D. 以上说法均正确

2. 实训题

(1)　参考 10.2 节操作，制作一首古诗的朗诵课件。

(2)　参考 10.3 节操作，制作判断题课件。

(3)　参考 10.4 节操作，制作一对一连线课件。

第 11 章

经典实例：制作 MTV

MTV 是 Flash 应用的一种重要形式，它以容量小、适合网络传播等特点成为一种流行，是 Flash 在商业上的一项重要应用，也是众多网客表现自己实力和相互交流的一种表现形式。下面将为大家介绍如何制作 Flash MTV，快来一起操作吧。

本章主要内容

- 编辑预载动画场景
- 编辑歌曲场景
- 编辑结束场景

11.1 要 点 分 析

本章以制作生日 MTV 动画为例，为大家讲解 MTV 动画的制作方法，主要包括创建场景、导入声音文件等内容，并对补间动画、文本编辑、元件创建与使用等知识点进行巩固。在制作过程中，读者应该了解元件放置和场景控制的作用及目的，以便理解动画构思和实际制作之间的关系。在制作 MTV 之前，先来了解一下 MTV 的制作流程和常见镜头方式。

1．MTV 的制作流程

在制作 MTV 动画之前，先来了解一下 MTV 的制作流程。

1) 前期构思

在制作 MTV 之前，首先需要对 MTV 进行前期策划，确定 MTV 要使用的歌曲和采用的风格，构思 MTV 要表现的情节内容和角色形象等，可以以草图的形式记录下来，以便后期制作时进行参考。

2) 准备素材

在前期策划之后，要根据策划的内容准备 MTV 中要使用的歌曲、图片以及文字内容等素材。对一些无法直接获取的素材，可以通过专业的软件进行创建和修改，或是从某些素材中进行提取。

3) 制作 MTV 动画要素

素材准备完成后，即可根据构思开始制作相关内容了。在制作过程中，要注意 MTV 所需要的动画要素，如角色形象是否符合情节、动画中需要用到的影片剪辑和图形元件等，要尽量保证每个动画要素的质量。

4) 导入歌曲

所有的动画制作好后，即可将歌曲导入到场景中，然后根据策划的内容和制作的动画对场景进行调整。

5) 调试发布 MTV

MTV 制作完成后，读者可以通过预览动画的方法对其进行检查，并根据预览结果对 MTV 的细节进行调整。调整完毕后，即可对 MTV 的发布格式、图像以及声音的压缩品质进行设置，再进行发布。

2．MTV 的常见镜头方式

Flash MTV 实际上就是一部简化了的动画电影，因此电影中的一些镜头方式在 MTV 也同样可以采用。下面简单介绍一下 MTV 中的常见镜头方式。

1) 移动

该镜头方式要求将镜头固定不动，而是将动画主体在场景中作上下或左右方向的直线移动。移动镜头一般会给观众以动画主体正在运动的感觉。

2) 推近

该镜头方式是指将镜头不断向前移动，使镜头的视野逐渐缩小，但是却将镜头对准的主体放大了。使用推近镜头通常给观众两种感觉：一是观众感觉自己在不断地向前移动，而主体不动，这时的主体通常为整个背景画面；另一种是感觉自己不动，主体不断向自己接近。

3）拉远

该镜头方式是指将镜头不断向后移动，表现为视野扩大且主体缩小。使用拉远镜头可以给观众两种感觉：一是观众感觉自己在不断向后移动，而主体不动；另一种是感觉自己不动，主体逐渐远去。

4）跟随

该镜头方式是指将镜头沿动画主体的运动轨迹进行跟踪，即模拟动画主体的主视点。摇摆镜头通常在表现主体运动过程或运动速度时采用，给人以跟随动画主体一起运动的感觉。

> **技 巧**
>
> 采用跟随镜头方式时，可以使用以下两个技巧。
> - 利用主体的抖动，模拟主体快速运动时的颠簸状态。
> - 在主体视点中建立一个参照物，并使参照物不断放大，以此表现主体的运动速度和状态。

5）摇动

该镜头方式是指镜头位置固定不动，将画面作上下左右的摇动或旋转摇动。摇动镜头一般在场景中作大幅度移动，给观众一种环视四周的感觉。

6）切换

该镜头方式是指在动画的播放过程中将一种镜头方式转换为另一种镜头方式。切换镜头是 MTV 动画中最常用的一种方式。

11.2　制作生日 MTV

在了解了 MTV 的制作流程和镜头方式后，下面通过制作生日 MTV 动画，为大家介绍制作 Flash MTV 的方法。

11.2.1　编辑预载动画场景

Flash MTV 的体积通常都比较大，读者在网络上观看动画时，往往需要先下载才可以播放。为了避免观赏者在等待下载过程中失去耐心，可以在作品前面添加一段动画预载的等待画面，这样可以让整个 MTV 播放起来更加流畅。

制作 MTV 预载动画的具体操作步骤如下。

步骤 1　在菜单栏中选择"文件"|"新建"命令，打开"新建文档"对话框，新建一个 Flash 文件(ActionScript2.0)，并设置背景颜色为"白色"(#FFFFFF)，帧频为 24fps，再单击"确定"按钮，如图 11-1 所示。

步骤 2　将新建的 Flash 文件保存为"MTV.fla"，接着在菜单栏中选择"窗口"|"其他面板"|"场景"命令，如图 11-2 所示。

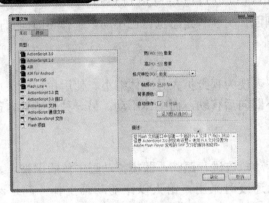

图 11-1 "新建文档"对话框　　　　　　图 11-2 选择"场景"命令

步骤 3 打开"场景"面板，单击两次"添加场景"按钮，如图 11-3 所示。

步骤 4 新建两个场景，将这 3 个场景分别重命名为"预载动画"、"歌曲"、"结束"，如图 11-4 所示。

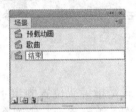

图 11-3 单击"添加场景"按钮　　　　　图 11-4 重命名场景

步骤 5 进入"预载动画"场景窗格，然后在菜单栏中选择"文件" | "导入" | "导入到库"命令，如图 11-5 所示。

步骤 6 弹出"导入到库"对话框，选择要使用的图片素材，再单击"打开"按钮，如图 11-6 所示。

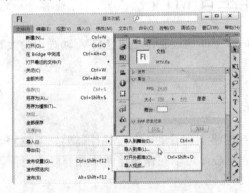

图 11-5 选择"导入到库"命令　　　　图 11-6 "导入到库"对话框

步骤 7 返回舞台窗格，然后从"库"面板中把 1.bmp 文件拖至舞台中，并在"属性"面板中设置图片的 X、Y 轴坐标为 0，让其与舞台重合，如图 11-7 所示。

步骤 8 在时间轴中锁定图层 1，然后新建图层 2，接着单击工具箱中的"矩形工具"图标，并设置笔触颜色为"无"，填充颜色为蓝色(#0000FF)，再在舞台的下方绘制一个矩形条，如图 11-8 所示。

图 11-7　设置预载动画背景

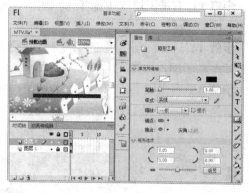

图 11-8　绘制一个矩形条

步骤 9　在图层 1 和图层 2 中的第 80 帧插入帧，接着在图层 2 的上方新建图层 3，如图 11-9 所示。

步骤 10　选择图层 2 中的第 1 帧，，然后在菜单栏中选择"编辑"|"复制"命令，如图 11-10 所示。

图 11-9　新建图层 3

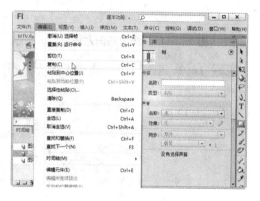

图 11-10　选择"复制"命令

步骤 11　选择图层 3 中的第 1 帧，然后在菜单栏中选择"编辑"|"粘贴到当前位置"命令，如图 11-11 所示。

步骤 12　选择图层 3 中的第 1 帧，然后单击工具箱中的"颜料桶工具"图标，设置填充颜色为"白色"，将矩形条的颜色改为白色，如图 11-12 所示。

图 11-11　选择"粘贴到当前位置"命令

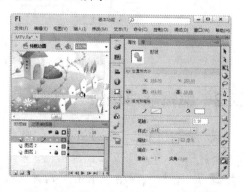

图 11-12　将矩形条的颜色改为白色

步骤 13 右击图层 3 中的第 80 帧，在弹出的快捷菜单中选择"插入关键帧"命令，插入关键帧。

步骤 14 选择图层 3 中的第 1 帧，然后单击工具箱中的"任意变形工具"图标，将矩形条向左压缩，如图 11-13 所示。

步骤 15 右击图层 3 中第 1~80 帧中的任意一帧，在弹出的快捷菜单中选择"创建补间形状"命令，如图 11-14 所示。

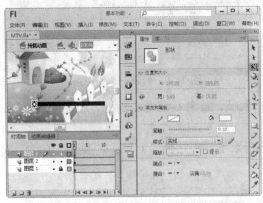 

图 11-13　将矩形条向左压缩　　　　图 11-14　选择"创建补间形状"命令

步骤 16 新建图层 4，然后单击工具箱中的"文本工具"图标 T，然后在"属性"面板中设置其属性，接着在舞台中的蓝色长条上方输入"即将呈现 敬请耐心等待……"文本，如图 11-15 所示。

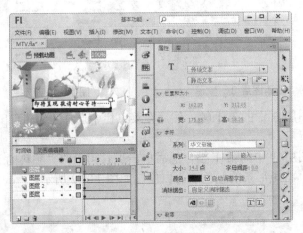

图 11-15　输入文本

11.2.2　编辑歌曲场景

预载动画编辑好后，下面开始编辑歌曲场景，它是 MTV 动画的主要部分，具体操作步骤如下。

步骤 1 在舞台窗格中单击"编辑场景"图标，在弹出的菜单中选择"音乐"命令，切换到"歌曲"场景，如图 11-16 所示。

步骤 2　新建一个名为"笔"的影片剪辑元件，并进入该元件的编辑窗格，接着在菜单栏中选择"窗口"|"颜色"命令，如图 11-17 所示。

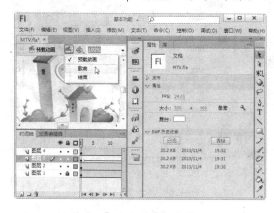

图 11-16　切换到"歌曲"场景

图 11-17　选择"颜色"命令

步骤 3　在"颜色"面板中设置填充类型为"位图填充"，接着单击"导入"按钮，如图 11-18 所示。

步骤 4　弹出"导入到库"对话框，选择要使用的图片，再单击"打开"按钮。

步骤 5　选择矩形工具，然后在"属性"面板中设置笔触颜色为"无"，接着编辑窗格中绘制矩形，效果如图 11-19 所示。

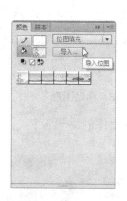

图 11-18　"颜色"面板

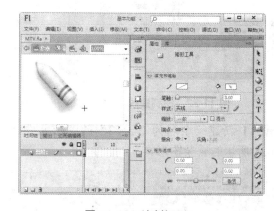

图 11-19　绘制矩形

步骤 6　将绘制的笔图形转换为"笔"图形元件，然后在舞台中移动"笔"元件，设置其起点位置，接着在"时间轴"面板中右击第 33 帧，在弹出的快捷菜单中选择"插入关键帧"命令，如图 11-20 所示。

步骤 7　在"时间轴"面板中右击，在弹出的快捷菜单中选择"添加传统运动引导层"命令，如图 11-21 所示。

步骤 8　使用铅笔工具在新图层中绘制一条曲线，如图 11-22 所示。

步骤 9　在图层 1 中选择第 1 帧上的元件，按住中心点将其移动到引导线的起点上，接着选择第 33 帧上的元件，按住中心点将其移动到引导线的终点上，如图 11-23 所示。再在两帧之间创建补间动画。

步骤 10　新建一个名为"云"的图形元件，并进入该元件的编辑窗格，接着使用绘图

工具绘制如图 11-24 所示的云朵图形(由于云朵是白色的，建议用户在绘制之前，先给文档换一种背景颜色，以方便查看)。

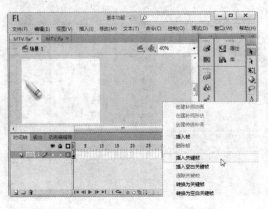 

图 11-20 选择"插入关键帧"命令　　　图 11-21 选择"添加传统运动引导层"命令

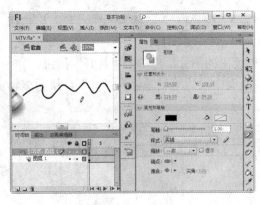

图 11-22 绘制曲线　　　　　　　　图 11-23 移动图形

步骤 11 新建一个名为"云 2"的图形元件，并进入该元件的编辑窗格，接着绘制如图 11-25 所示的云朵图形。

 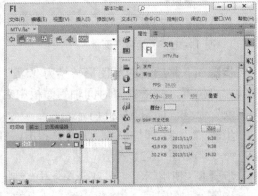

图 11-24 编辑"云"图形元件　　　　图 11-25 编辑"云 2"图形元件

步骤 12 新建一个名为"云形"的影片剪辑元件，并进入该元件的编辑窗格，然后将"云"元件移至编辑窗格中，接着在第 3 帧插入关键帧，并选中帧上的图形，再在"属性"面板中单击"交换"按钮，如图 11-26 所示。

步骤 13 弹出"交换元件"对话框，选择要使用的元件，再单击"确定"按钮，如图 11-27 所示。

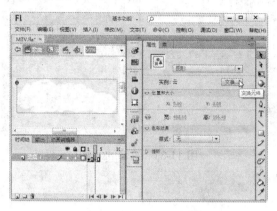

图 11-26 单击"交换元件"按钮　　　　图 11-27 "交换元件"对话框

步骤 14 新建一个名为"句 1"的影片剪辑元件，并进入该元件的编辑窗格，然后将"云形"元件拖至窗格中，接着新建图层 2，选择文本工具，并在"属性"面板中设置其属性，再输入如图 11-28 所示的文本内容。

步骤 15 返回场景窗格，在"引导层：图层 1"下方新建图层 2，然后将"句 1"元件拖至舞台中，如图 11-29 所示。

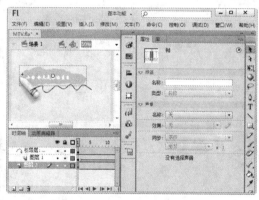

图 11-28 编辑"句 1"元件　　　　图 11-29 使用"句 1"元件

步骤 16 新建一个名为"zg"的图形元件，并进入该元件的编辑窗格，然后使用绘图工具绘制如图 11-30 所示的图形。

步骤 17 新建一个名为"zg 1"的图形元件，并进入该元件的编辑窗格，然后使用绘图工具绘制如图 11-31 所示的图形。

步骤 18 在"库"面板中新建"图形元件"和"影片剪辑元件"文件夹，将创建的元件按类型移动到两个文件夹中。

步骤 19 使用类似方法，制作 zg 2～zg 28 图形元件，用于遮盖"句 1"元件中的文字，如图 11-32 所示。

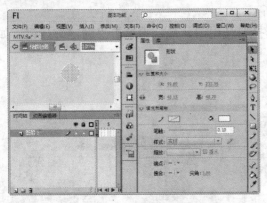

图 11-30　编辑 zg 图形元件　　　　　　　图 11-31　编辑 zg 1 图形元件

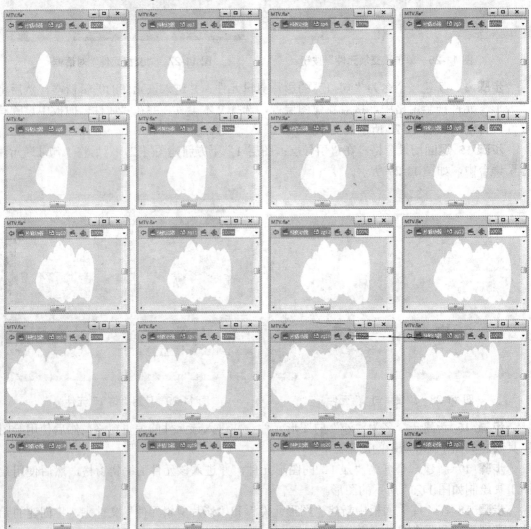

图 11-32　制作句 1 的遮罩图形元件

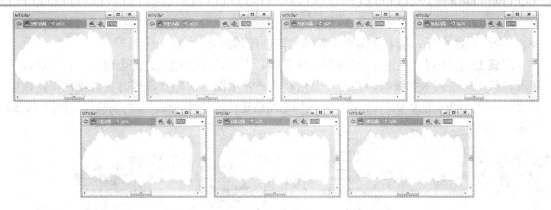

图 11-32 （续）

步骤 20 在"歌曲"场景中新建图层 3，然后将 zg 元件拖至舞台中笔图形的笔端处，如图 11-33 所示。

步骤 21 在第 2 帧插入关键帧，然后在"属性"面板中单击"交换"按钮，接着在弹出的对话框中选择要使用的元件，再单击"确定"按钮，如图 11-34 所示。

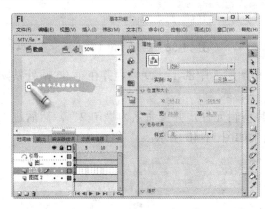

图 11-33 添加 zg 元件

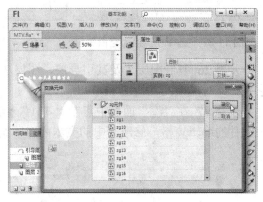

图 11-34 交换元件

步骤 22 使用类似的方法，在第 2 帧之后继续插入关键帧，并按顺序替换每个帧上的图形元件，直至将 zg 2～zg 28 图形元件使用完毕，此时的时间轴如图 11-35 所示。

步骤 23 右击图层 3，在弹出的快捷菜单中选择"遮罩层"命令，如图 11-36 所示。

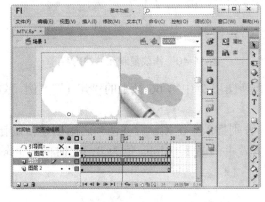

图 11-35 替换图形元件

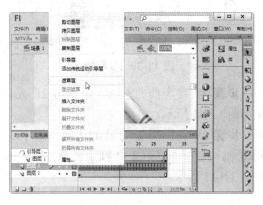

图 11-36 选择"遮罩层"命令

步骤 24 在图层 2 中右击第 29 帧，在弹出的快捷菜单中选择"转换为空白关键帧"命令，如图 11-37 所示，接着在两个关键帧之间创建传统补间动画。

步骤 25 在图层 2 中的第 45 帧插入关键帧，并在两个关键帧之间创建传统补间动画；接着在第 65 帧插入关键帧，并向左上角移动该帧上图形的位置，同时在"属性"面板中设置图形的 Alpha 值为 0，再在两个关键帧之间创建传统补间动画，此时的时间轴如图 11-38 所示。

图 11-37 选择"转换为空白关键帧"命令　　　图 11-38 隐藏"句 1"元件

步骤 26 复制图层 1 及其引导层、图层 2 和图层 3 中的 1～29 帧，并在第 66 帧处粘贴它们，此时的时间轴如图 11-39 所示。

步骤 27 在"库"面板中复制"句 1"影片剪辑元件，并重命名为"句 2"，然后进入该元件的编辑窗格，修改其中的文本内容，结果如图 11-40 所示。

图 11-39 复制帧　　　　　　　　图 11-40 修改复制元件的内容

步骤 28 参考前面方法，用"句 2"元件替换图层 2 中第 66 帧上的"句 1"实例，效果如图 11-41 所示。

步骤 29 在图层 2 的第 110 帧和第 130 帧分别插入关键帧，并在两帧之间创建传统补间动画，接着调整第 130 帧上元件实例的位置，并设置其 Alpha 值为 0，此时的时间轴如图 11-42 所示。

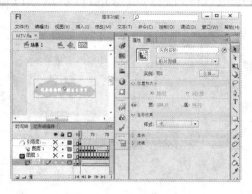

图 11-41 使用"句 2"元件替换第 66 帧上的   图 11-42 隐藏"句 2"元件
      "句"1 实例

步骤 30 在图层 2 下方新建图层 4，并在第 135 帧插入关键帧，接着从"库"面板中将 2.bmp 文件拖至舞台中，并在"属性"面板中设置其 X、Y 轴坐标为 0，让其与舞台重合，效果如图 11-43 所示。

步骤 31 在图层 1 及引导图层中的 135～152 帧创建引导路径，效果如图 11-44 所示。

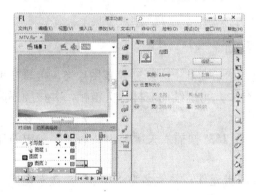

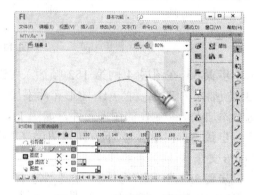

图 11-43 添加背景图片   图 11-44 创建引导路径

步骤 32 参考前面的操作，创建 t1～t17 图形元件，各元件内容如图 11-45 所示。

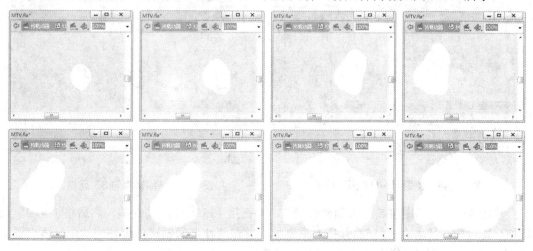

图 11-45 创建 t1～t17 图形元件

图 11-45 (续)

步骤 33 在图层 4 的第 152 帧插入关键帧，然后在其上方新建遮罩图层 5，接着在第 135 帧插入关键帧，并将 t1 图形元件添加到舞台中，再继续向右插入关键帧，并按顺序为每帧添加上一步制作的图形元件，如图 11-46 所示。

步骤 34 在图层 4 下方新建图层 6，并在第 153 帧插入关键帧，然后在舞台中添加 2.bmp 文件。

步骤 35 在"库"面板中复制"句 1"影片剪辑元件，并命名为"句 3"，接着在元件编辑窗格中修改元件中的文本内容，效果如图 11-47 所示。

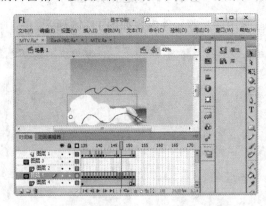

图 11-46 使用 t1～t17 图形元件

图 11-47 编辑"句 3"元件

步骤 36 在遮罩图层 5 上方新建图层 7，并在第 135 帧插入关键帧，然后将"句 3"元件拖至舞台中，接着在第 152 帧插入关键帧，并在两帧之间创建传统补间动画，再设置第 135 帧上实例的 Alpha 值为 0，如图 11-48 所示。

步骤 37 新建一个名为"星光"的影片剪辑元件，并进入该元件的编辑窗格，然后使用绘图工具绘制如图 11-49 所示的图形。

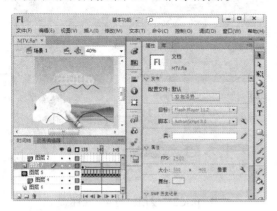

图 11-48 使用"句 3"元件

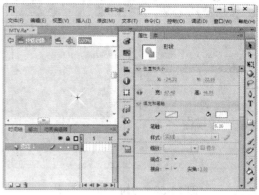

图 11-49 编辑"星光"元件

步骤 38 在图层 7 上方新建"星光"图层，并在第 154 帧插入关键帧，然后将"星光"元件拖至舞台中，接着在第 157 帧插入关键帧，并设置此时的"星光"实例的 Alpha 值为 0，隐藏元件。使用该方法，继续在舞台中的其他位置添加"星光"元件，此时的时间轴如图 11-50 所示。

步骤 39 在图层 7 中的第 210 帧插入关键帧，并设置该帧上实例的 Alpha 值为 0，接着在两帧之间创建传统补间动画。

步骤 40 在图层 1 及引导图层、图层 4 及遮罩图层 5 中复制 135～152 帧，并在各图层第 211 帧处粘贴，接着使用"花"图片替换图层 4 中第 211 帧和第 228 帧上的图片，效果如图 11-51 所示。

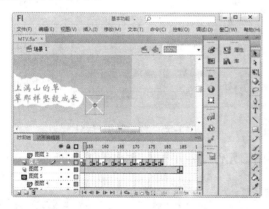

图 11-50 使用"星光"元件

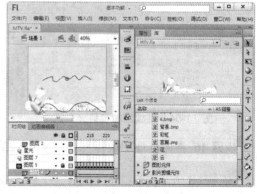

图 11-51 替换图层 4 中第 211、228 帧中的图片

步骤 41 在图层 6 上方新建图层 8，并在第 229 帧插入关键帧，然后将"花"图形添加到舞台中。

步骤 42 复制"句 1"影片剪辑元件，并重命名为"句 4"，然后在该元件的编辑窗格中修改元件内容，如图 11-52 所示。

步骤 43 在图层 7 中复制 135～152 帧，并粘贴在第 211 帧处，接着用"句 4"元件替

换第 211 帧和第 228 帧上的"句 3"实例,效果如图 11-53 所示。

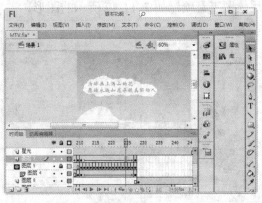

图 11-52 编辑"句 4"元件   图 11-53 使用"句 4"元件

步骤 44 参考前面的方法,在"星光"图层中的 230~250 帧添加"星光"元件,然后在图层 7 中的第 250、270 帧插入关键帧,并在两帧之间创建传统补间动画,接着设置第 270 帧上实例的 Alpha 值为 0,此时的时间轴如图 11-54 所示。

步骤 45 在图层 1 及引导层中的第 229 帧插入空白关键帧,在第 275 帧插入关键帧,然后单击图层 1 中的第 275 帧,将"笔"元件添加到舞台中,接着在舞台中创建如图 11-55 所示的引导路径。

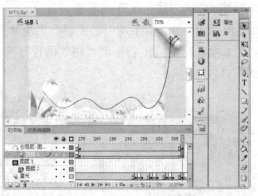

图 11-54 继续添加"星光"元件   图 11-55 创建新引导路径

步骤 46 参考前面的操作,创建 y1~y23 图形元件,各元件内容如图 11-56 所示。

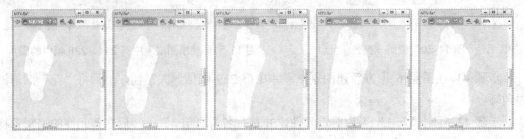

图 11-56 创建 y1~y23 图形元件

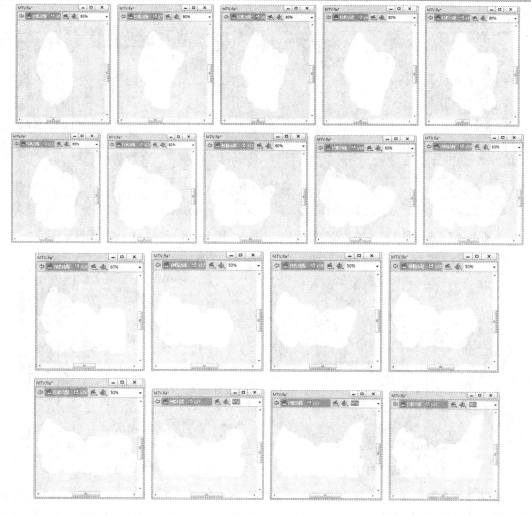

图 11-56　（续）

  步骤 47　在图层 4 的第 274 帧插入空白关键帧，在第 275 帧插入关键帧，然后将"云"图片添加到舞台中，并在"属性"面板中设置该图片的大小和位置，使其与舞台重合，效果如图 11-57 所示。

  步骤 48　在遮罩图层 5 中的第 274 帧插入空白关键帧，在第 275 帧插入关键帧，然后将"y1"图形元件添加到舞台中，接着继续在 276～297 帧插入关键帧，并按顺序在各帧添加 y2～y23 图形元件，效果如图 11-58 所示。

  步骤 49　复制"句 1"影片剪辑元件，并重命名为"句 5"，然后在该元件的编辑窗格中修改元件内容，如图 11-59 所示。

  步骤 50　在图层 7 中的第 275 帧插入关键帧，然后使用"句 5"影片剪辑元件替换该帧上的"句 4"实例，接着在第 297 帧插入关键帧，并调整该帧上实例的 Alpha 值为 100，再在两帧之间创建传统补间动画，如图 11-60 所示。

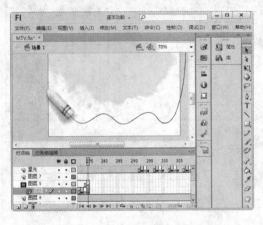

图 11-57　在图层 4 中添加"云"图片

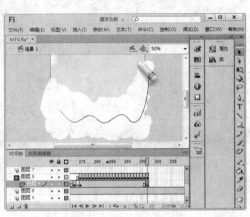

图 11-58　添加 y1～y23 图形元件

图 11-59　编辑"句 5"元件

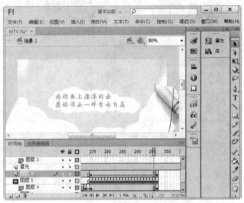

图 11-60　使用"句 5"元件

步骤 51 在图层 8 下方新建图层 9，并在第 298 帧插入关键帧，接着将"云"图片添加到舞台中，并在"属性"面板中设置该图片的大小和位置，使其与舞台重合，效果如图 11-61 所示。

步骤 52 在图层 6 中的第 275 帧插入关键帧，接着使用 4.bmp 文件替换该帧上的图片，此时在舞台中可以看到如图 11-62 所示的效果。

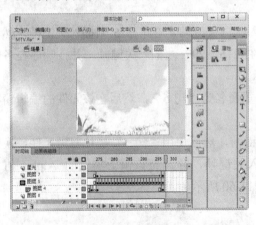

图 11-61　在图层 9 中添加"云"图片

图 11-62　使用 4.bmp 文件

步骤 53 在图层 7 中的第 320 帧插入关键帧，并在两帧之间创建传统补间动画。接着在"星光"图层中的 299～320 帧之间添加"星光"元件，此时的时间轴如图 11-63 所示。

步骤 54 在图层 7 中的第 340 帧插入关键帧，并调整该帧上的"句 5"实例的 Alpha 值为 0，隐藏"句 5"实例，接着在两帧之间创建传统补间动画，如图 11-64 所示。

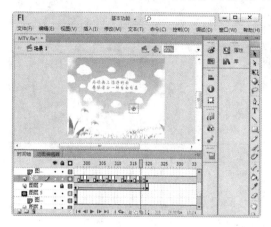

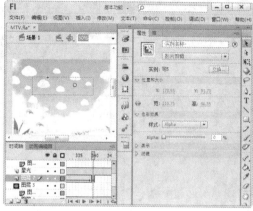

图 11-63　在舞台中添加"星光"元件　　　　图 11-64　隐藏"句 5"实例

步骤 55 在图层 6 中的第 345 帧插入关键帧，然后使用"5.bmp"文件替换该帧上的图片，效果如图 11-65 所示。

步骤 56 参考前面方法，在图层 1 及其引导图层中创建如图 11-66 所示的引导路径。

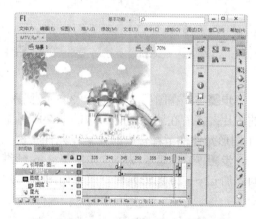

图 11-65　在舞台中使用"5.bmp"文件　　　　图 11-66　创建引导路径

步骤 57 参考前面的操作，创建 g1～g20 图形元件，各元件内容如图 11-67 所示。

图 11-67　创建 g1～g20 图形元件

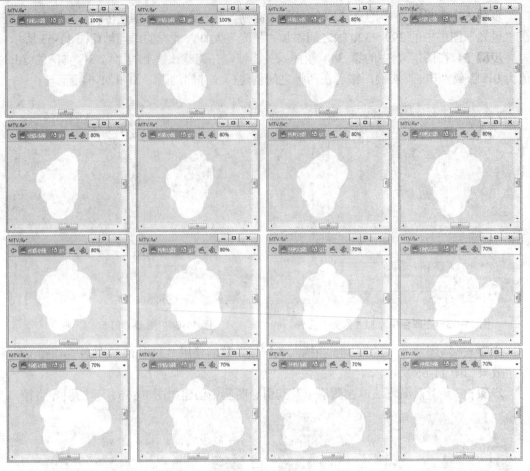

图 11-67　(续)

步骤 58 在图层 4 中的第 345 帧插入关键帧，然后使用 "宫殿.png" 文件替换该帧上的图片；接着在遮罩图层 5 中的第 298 帧插入空白关键帧，在第 345 帧插入关键帧，并将 g1 图形元件拖至舞台中的 "笔" 元件实例笔尖处，如图 11-68 所示。

步骤 59 在遮罩图层 5 中的第 346 帧继续插入关键帧至第 364 帧位置，并按顺序在各帧添加 g2～g20 图形元件，效果如图 11-69 所示。

图 11-68　使用 g1 图形元件

图 11-69　使用 g2～g20 图形元件

步骤 60 在"库"面板中复制"句 1"影片剪辑元件，并命名为"句 6"，接着在元件编辑窗格中修改元件中的文本内容，效果如图 11-70 所示。

步骤 61 参考前面的操作，在图层 7 中的 345～415 帧使用"句 6"元件，在"星光"图层中的 365～390 帧添加"星光"元件，此时的时间轴如图 11-71 所示。

图 11-70　编辑"句 6"元件

图 11-71　使用"句 6"元件

步骤 62 在图层 6 中的第 420 帧插入关键帧，然后使用 6.bmp 文件替换该帧上的图片。

步骤 63 参考前面方法，在图层 1 及其引导图层中创建如图 11-72 所示的引导路径。

步骤 64 在"库"面板中复制"句 1"影片剪辑元件，并命名为"句 7"，接着在元件编辑窗格中修改元件中的文本内容，效果如图 11-73 所示。

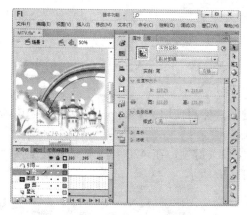

图 11-72　使用 6.bmp 文件

图 11-73　编辑"句 7"元件

步骤 65 参考前面的操作，创建 c1～c22 图形元件，各元件内容如图 11-74 所示。

图 11-74　创建 c1～c22 图形元件

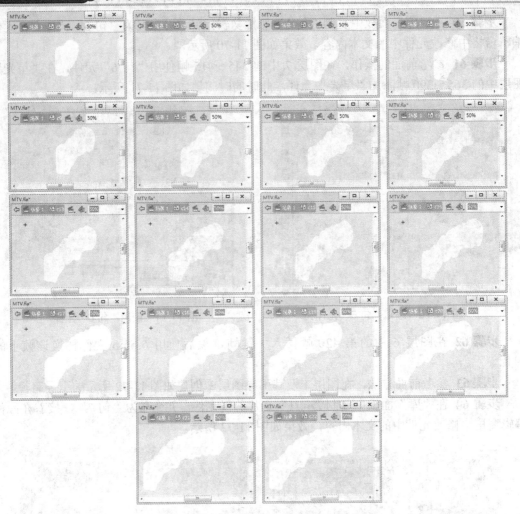

图 11-74　(续)

步骤 66　在图层 4 中的第 420 帧插入关键帧，然后使用"彩虹.png"文件替换该帧中的图片，效果如图 11-75 所示。

步骤 67　在遮罩图层 5 中的第 365 帧插入空白关键帧，在 420~441 帧插入关键帧，并将 c1~c22 图形元件添加到每帧中，效果如图 11-76 所示。

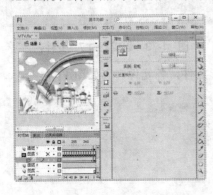

图 11-75　使用"彩虹.png"文件

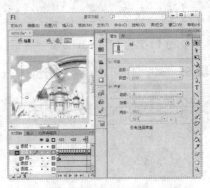

图 11-76　使用 c1~c22 图形元件

步骤 68 参考前面的操作，在图层 7 中的 420～500 帧使用"句 7"元件，在星光图层中的 442～465 帧添加"星光"元件，此时的时间轴如图 11-77 所示。

步骤 69 在图层 10 上方新建图层 11，并在第 442 帧插入关键帧，接着将"彩虹"图片添加到舞台中，并在"属性"面板中设置 X、Y 轴坐标为 0，效果如图 11-78 所示。

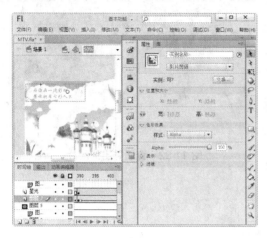
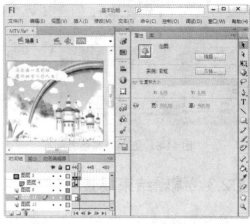

图 11-77　使用"句 7"元件　　　　　　图 11-78　新建图层 11

步骤 70 在"时间轴"面板中新建"音乐"图层，接着从"库"面板中将声音文件拖至舞台中，如图 11-79 所示。

步骤 71 选中"声音"图层中的第 1 帧(该帧含有声音文件)，然后在"属性"面板中设置声音同步为"数据流"，如图 11-80 所示。

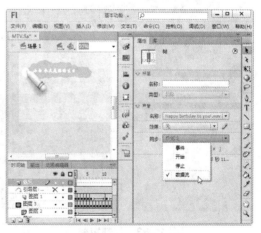

图 11-79　将声音文件拖至场景中　　　　图 11-80　设置声音同步

步骤 72 在"音乐"图层中的第 500 帧插入关键帧，删除其余图层 500 帧之后的帧，此时的时间轴如图 11-81 所示。接着将此时的效果导出成 MTV.jpg 文件，如图 11-82 所示，并将其添加到"库"面板中。

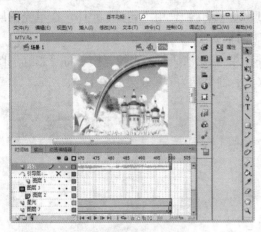

图 11-81　删除不需要的帧

图 11-82　查看导出的图片

11.2.3　编辑结束场景

接下来开始编辑结束场景，具体操作步骤如下。

步骤 1　切换到"结束"场景窗格，然后将"背景.jpg"图片拖至舞台中，如图 11-83 所示。

步骤 2　新建元件 1，并进入该元件的编辑窗格，然后将 MTV.jpg 文件拖至窗格中，接着在其中添加"生日快乐"文本，如图 11-84 所示。

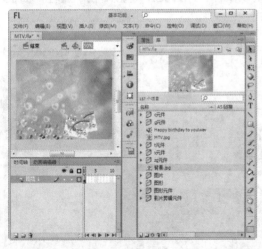

图 11-83　绘制矩形

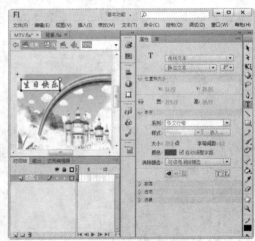

图 11-84　编辑元件 1

步骤 3　返回"结束"场景，新建图层 2，接着将元件 1 拖至舞台中，如图 11-85 所示。

步骤 4　在图层 2 的第 30 帧插入关键帧，接着使用"变形"面板调整图形大小，使其倾斜与背景图中的小图片重合，再在两帧之间创建传统补间动画，如图 11-86 所示。

图 11-85　使用元件 1

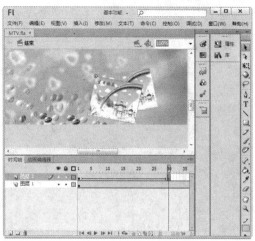

图 11-86　编辑实例 1

步骤 5　新建图层 3，然后从"歌曲"场景中的"星光"图层中复制一段含有"星光"实例的帧，再调整关键帧上"星光"实例的位置，效果如图 11-87 所示。

步骤 6　新建图层 4，然后在第 55 帧插入关键帧，接着向舞台中添加如图 11-88 所示的蛋糕图形，接着将其转换为"蛋糕"影片剪辑元件。

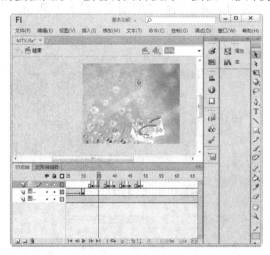

图 11-87　调整复制帧对应的实例

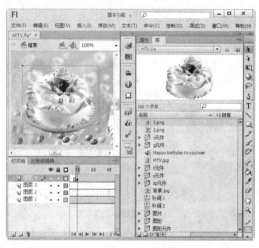

图 11-88　添加蛋糕图形

步骤 7　在图层 4 的第 75 帧插入关键帧，接着调整第 55 帧上元件的 Alpha 值为 0，再在两帧之间创建传统补间动画。

步骤 8　新建"蜡烛"影片剪辑元件，并进入该元件的编辑窗格，然后在舞台中绘制如图 11-89 所示的蜡烛。使用类似方法，创建"蜡烛 2"和"蜡烛 3"两个影片剪辑元件。

步骤 9　在图层 4 下方新建图层 5，然后在第 75 帧插入关键帧，接着将三个蜡烛元件添加到舞台中，效果如图 11-90 所示。

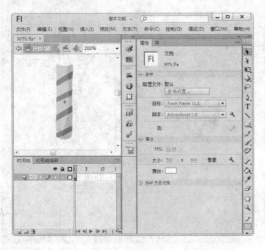

图 11-89　编辑"蜡烛"影片剪辑元件

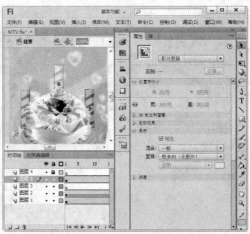

图 11-90　使用创建的蜡烛元件

步骤 10 从"火焰.fla"文件中复制"火焰"影片剪辑元件，并将其添加到舞台中三只蜡烛上方，如图 11-91 所示。

步骤 11 创建"祝福"影片剪辑元件，并在元件中编辑祝福语句；然后新建图层 6，并在第 75 帧插入关键帧，并将"祝福"影片剪辑元件添加到舞台中；接着在第 100 帧插入关键帧，并调整第 75 帧上实例的 Alpha 值为 0，再在两帧之间创建传统补间动画，效果如图 11-92 所示。

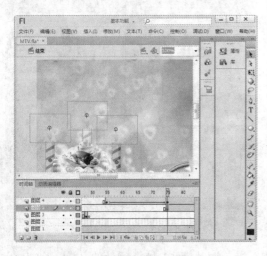

图 11-91　添加蜡烛上的火焰

图 11-92　添加祝福文本

步骤 12 从 Happy Birthday.fla 文件中复制 HB 影片剪辑元件，并将其添加到舞台中三只蜡烛上方，如图 11-93 所示。

步骤 13 新建"音乐"图层，然后从"库"中将音乐文件拖至舞台，接着在"属性"面板中单击"编辑声音封套"图标，如图 11-94 所示。

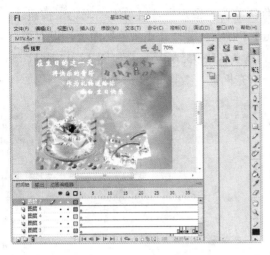

图 11-93　添加 HB 影片剪辑元件

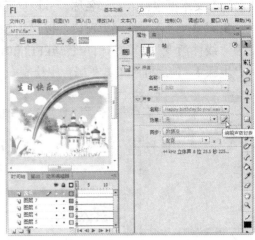

图 11-94　单击"编辑声音封套"图标

步骤 14　弹出"编辑封套"对话框，单击"缩小"图标，如图 11-95 所示。

步骤 15　由于在"歌曲"场景中音乐播放到 500 帧位置，这里要接着从 500 帧处开始播放，故而需要在对话框左侧拖到音乐开始控制模块至 500 帧位置，再单击"确定"按钮即可，如图 11-96 所示。至此，整个 MTV 动画制作完成，下面即可预览测试动画效果了。

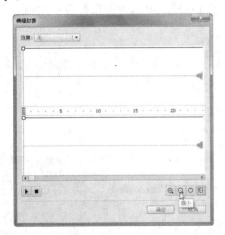

图 11-95　单击"缩小"图标

图 11-96　"编辑封套"对话框

11.3　提 高 指 导

11.3.1　创建带有光晕的闪动火焰

下面通过元件来创建带有光晕的闪动火焰，具体操作步骤如下。

步骤 1　新建一个背景色为白色(#FFFFFF)的空白文档，并将其保存为"火焰.fla"。

步骤 2　在菜单栏中选择"插入"|"新建元件"命令，弹出"创建新元件"对话框，在

"名称"文本框中输入元件名称，并设置元件类型为"图形"，再单击"确定"按钮。

步骤 3　进入元件编辑窗口，按 Alt+Shift+F9 组合键打开"颜色"面板，设置填充类型为"线性渐变"，颜色由黄色(#FFFF00)到橘黄(#FE9556)渐变，如图 11-97 所示。

步骤 4　使用椭圆工具在舞台中绘制一个填充椭圆，效果如图 11-98 所示。

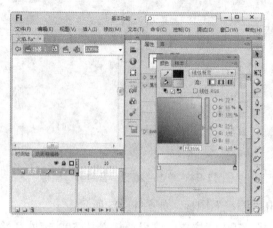

图 11-97　"颜色"面板

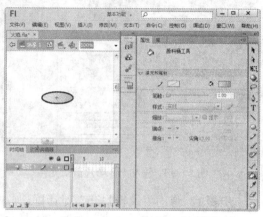

图 11-98　绘制椭圆

步骤 5　在"变形"面板设置图形旋转 90°，如图 11-99 所示。再删除图形边框线。

步骤 6　新建"圆 1"图形元件，然后选择椭圆工具，接着在"属性"面板中设置笔触颜色为"无"，填充颜色为灰色(#D6D6D6)，Alpha 值为 30，接着在舞台中绘制正圆，如图 11-100 所示。

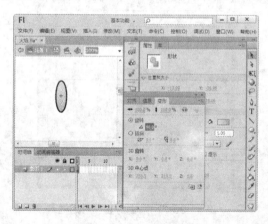

图 11-99　旋转椭圆图形

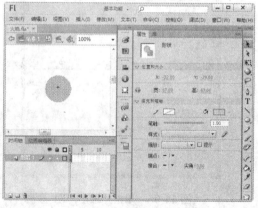

图 11-100　绘制圆

步骤 7　新建图层 2，然后在"属性"面板中修改椭圆工具参数，调整填充颜色为浅灰色(#D9D9D9)，接着在舞台中绘制一个略小的正圆，如图 11-101 所示。

步骤 8　使用类似方法，新建图层 3、图层 4 和图层 5，并在每个图层中绘制一个正圆，效果如图 11-102 所示。

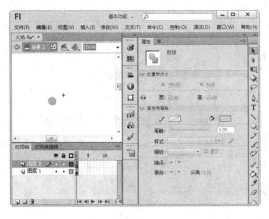 

图 11-101　在图层 2 中绘制圆　　　　　　图 11-102　继续编辑"圆 1"图形元件

步骤 9　新建"圆 2"图形元件，然后参照上述方法，在该元件的编辑窗格中绘制如图 11-103 所示的图形(为了便于制作，可以先给舞台更换一种背景)。

步骤 10　新建"圆 3"图形元件，然后参照上述方法，在该元件的编辑窗格中绘制如图 11-104 所示的图形。

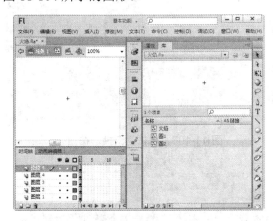 

图 11-103　编辑"圆 2"图形元件　　　　　图 11-104　编辑"圆 3"图形元件

步骤 11　新建"圆 4"图形元件，然后参照上述方法，在该元件的编辑窗格中绘制如图 11-105 所示的图形。

步骤 12　按 Ctrl+F8 组合键打开"创建新元件"对话框，输入元件名称，并设置类型为"影片剪辑"，再单击"确定"按钮，如图 11-106 所示。

步骤 13　进入"火焰"元件编辑窗格，然后从"库"面板中将"圆 1"元件拖至舞台正中，接着将"火"元件拖至舞台中的"圆 1"实例上，如图 11-107 所示。

步骤 14　在第 4 帧插入关键帧，然后使用选择工具在舞台中选中"圆 1"实例，接着在"属性"面板中单击"交换"按钮，如图 11-108 所示。

步骤 15　弹出"交换元件"对话框，在列表框中选择"圆 2"选项，再单击"确定"按钮，如图 11-109 所示。

步骤 16　选中火焰图形，然后使用"变形"面板略微放大火焰，如图 11-110 所示。

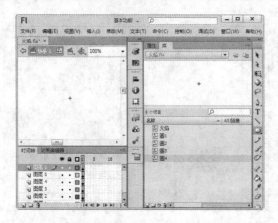

图 11-105　编辑"圆 4"图形元件

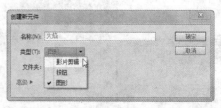

图 11-106　"创建新元件"对话框

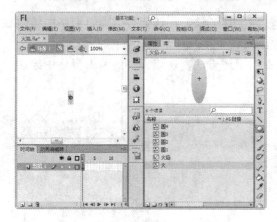

图 11-107　添加"圆 1"和"火"元件

图 11-108　单击"交换"按钮

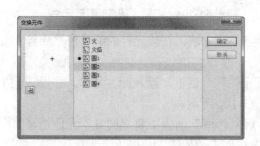

图 11-109　"交换元件"对话框

图 11-110　放大火焰图形

步骤 17 参考上述方法，在第 8 帧插入关键帧，然后将此帧上的圆 2 换成圆 3，再次放大火焰图形，效果如图 11-111 所示。

步骤 18 继续在第 12 帧插入关键帧，然后将此帧上的圆 3 换成圆 4，再次放大火焰图形，效果如图 11-112 所示。

步骤 19 返回场景窗格，将"火焰"元件拖至舞台，然后按 Ctrl+Enter 组合键预览动画效果。

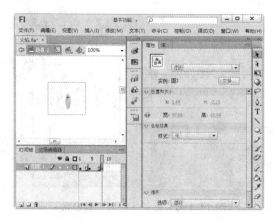

图 11-111　编辑第 8 帧　　　　　　　　图 11-112　编辑第 12 帧

11.3.2　制作特殊效果文字

为了更好地表达文本含义，用户可以在 Flash 中为文本设置特殊的动画效果，下面以为"Happy Birthday"制作特殊效果为例进行介绍。具体操作步骤如下。

步骤 1　新建 HB 影片剪辑元件，并进入该元件的编辑窗格，然后选择文本工具，并在"属性"面板中设置文本类型为"静态文本"、字体为 Cooper Black、大小为 30、颜色为紫色(#FF00FF)、字母间距为 6、段落格式为"居中"，接着在窗格中输入"HAPPY BIRTHDAY"，如图 11-113 所示。

步骤 2　使用选择工具选中输入的文本，然后按 Ctrl+B 组合键分离字母，这时每个字母都变成图形了，如图 11-114 所示。

图 11-113　输入字符　　　　　　　　　图 11-114　分离字母

步骤 3　使用"变形"面板调整每个字母图形的形状，效果如图 11-115 所示。

步骤 4　选中所有图形，然后在"变形"面板按 150%的比例进行放大。

步骤 5　单击工具箱中的"墨水瓶工具"图标，然后在"属性"面板中设置笔触颜色为红色，填充颜色为"无"，接着单击"编辑笔触样式"图标，如图 11-116 所示。

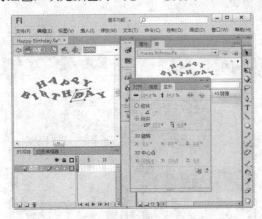

图 11-115　调整每个字母图形的形状　　　　图 11-116　设置墨水瓶工具参数

步骤 6　打开"笔触样式"对话框，设置"类型"为"斑马线"，"粗细"为"粗"，"间隔"为"远"，并在"粗细"文本框中输入"2"，选中"4 倍缩放"和"锐化转角"复选框，再单击"确定"按钮，如图 11-117 所示。

步骤 7　在第 2 帧插入关键帧，然后使用墨水瓶工具在要设置的字母上单击，添加红色的描边效果，如图 11-118 所示。

图 11-117　"笔触样式"对话框　　　　图 11-118　添加红色的描边效果

步骤 8　将填充颜色调整为"蓝色"，然后单击其余字母，添加蓝色的描边效果，如图 11-119 所示。

步骤 9　复制第 1 帧，并粘贴到第 3 帧中，然后使用墨水瓶工具给 A、P、B、R、H、A 等字母添加红色描边效果。

步骤 10　按 Alt+Shift+F9 组合键打开"颜色"面板，设置填充类型为"位图填充"，接着单击"导入"按钮，如图 11-120 所示。

步骤 11　弹出"导入到库"对话框，选择要使用的图片，再单击"打开"按钮，如图 11-121 所示。

图 11-119　添加蓝色的描边效果

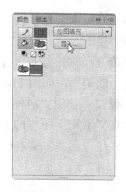

图 11-120　"颜色"面板

步骤 12 选择导入的图片，然后在元件编辑窗格中单击字母，设置图片填充，效果如图 11-122 所示。

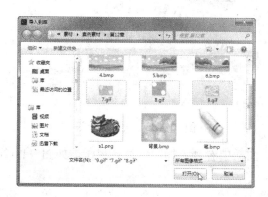

图 11-121　"导入到库"对话框

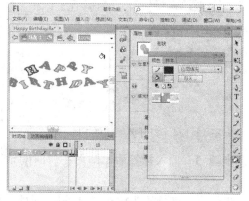

图 11-122　设置图片填充

步骤 13 在第 4 帧插入关键帧，然后在"颜色"面板中设置填充类型为"位图填充"，接着选择另一种图片填充 A、P、B、R、H、A 等字母，效果如图 11-123 所示。

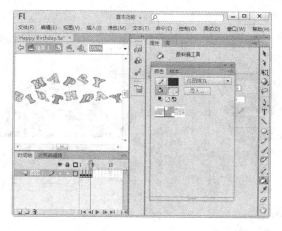

图 11-123　设置 A、P、B、R、H、A 等字母的填充效果

11.3.3 在含有歌曲的帧中添加歌词

如果动画中含有歌曲，为了方便知道帧中的歌曲进度，可以在帧上方添加歌曲，具体操作步骤如下。

步骤 1 首先打开含有歌曲的动画文件，接着在放置歌曲的图层上方新建图层，并重命名为"歌词"，如图 11-124 所示。

步骤 2 使用"时间轴"面板中的"播放"图标▶，找到歌曲第 1 句歌词开始的位置，并在"歌词"图层的对应位置处插入关键帧，接着在"属性"面板中展开"标签"子面板，并在"名称"文本框中输入第一句歌词，如图 11-125 所示。

图 11-124 打开要编辑的 Flash 文件

图 11-125 设置帧标签

步骤 3 插入标签后，即可在"时间轴"面板中看到添加的歌词效果了，如图 11-126 所示。

步骤 4 将播放头放在第 1 句歌词处，单击"播放"图标继续播放音乐，当第 2 句歌词开始的时候立刻按 Enter 键停止。接着在"歌词"图层的对应位置处插入关键帧，再在"属性"面板中添加帧标签，如图 11-127 所示。

步骤 5 重复上面的步骤继续添加歌曲的歌词。

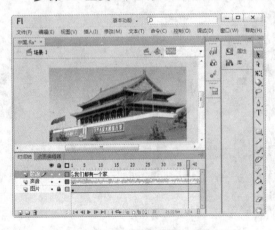

图 11-126 查看设置帧标签后的效果

图 11-127 添加第 2 句歌词

步骤 6　歌词标注完后，可以根据标注在动画界面中添加同步显示的歌词。方法是先选中第 1 句歌词的帧，然后使用文本工具在舞台上添加文本，如图 11-128 所示。接着单击第 2 句歌词的帧，在舞台中输入第 2 句歌词，依次类推，操作下去即可。

图 11-128　在舞台中添加同步显示的歌词

11.4　习　　题

1. 选择题

(1) 以下(　　)保存方式可以将创建新的优化文件，且删除撤销历史记录，并删除原始文件。

　　A. 另存为　　　　B. 保存　　　　　　C. 保存并压缩　　D. 以上都可以

(2) 在 Flash CS6 中，如果在"字母间距"文本框中输入"-6"，则会为选中的文本设置字母间距为(　　)。

　　A. -6　　　　　　B. 6　　　　　　　　C. 0　　　　　　　D. 以上答案都不正确

(3) 在帧上添加文本，是在"属性"面板的(　　)子面板下实现的。

　　A. 标签　　　　　B. 声音　　　　　　C. 属性　　　　　　D. 选项

2. 实训题

(1) 参考 11.2 节操作，选一首喜爱的歌曲制作 MTV。

(2) 参考 11.3.2 节操作，制作具有特殊效果的文字"妈妈，您辛苦了！"。

第 12 章

经典实例：制作迷你网站

由于 Flash 动画越来越受广大网民的欢迎，越来越多的企业网站在制作时都会或多或少在网站中添加一些动画效果，以吸引浏览者的注意力。为此，本章将为大家介绍如何使用 Flash 制作网站。

本章主要内容

- 制作网站背景动画
- 制作网站导航栏
- 制作网站首页
- 制作网站内页

12.1 要点分析

在制作网站之前，需要先对企业本身作一定了解，确定网站的风格必须和企业的性质与内涵相搭配。本章将制作一个蛋糕美食的迷你网站。在播放文件时，播放窗口中将会显示一个主页面，界面中不仅有转动着的花朵和花雨动画，还有很多蛋糕美食，单击蛋糕图片，可以跳转到相应的内页；若单击上方导航栏中的选项，则会弹出相应的导航菜单。

在制作网站时，可以将其分为制作背景动画、创建导航栏等元件、布局网站首页、制作网站内页四部分来完成，其中涉及创建元件、传统补间动画、补间形状动画、ActionScript语句等知识点以及文本、矩形、任意变形等工具的使用。

12.2 制作迷你网站

一个完整的网站一般由一个主页和多个内页组成，在网站主页中通常包含导航栏、主页动画和企业产品等元素，下面将以为"蛋糕坊"制作一个迷你网页为例，介绍制作网站的方法。

12.2.1 制作网站背景动画

为了增加网站的吸引力，在网站主页制作旋转的花朵，具体操作步骤如下。

步骤 1 新建一个大小为 800 像素×600 像素、背景为绿色(#DDFFBB)的空白文档，并将其保存为"迷你网站.fla"，接着在菜单栏中选择"插入"|"新建元件"命令，如图 12-1 所示。

步骤 2 弹出"创建新元件"对话框，在"名称"文本框中输入元件名称，并设置元件类型为"图形"，如图 12-2 所示。

图 12-1 新建"迷你网站.fla"文件

图 12-2 创建"花朵"图形元件

步骤 3 进入元件编辑窗口，使用工具箱中的工具和"变形"面板，绘制如图 12-3 所示的花朵图形，其中花瓣用白色填充、花的中心点用粉红色(#FFCCFF)填充，再单击"返回场景"图标 ⇦，返回场景窗格。

步骤 4 新建"花"影片剪辑元件，然后在编辑窗格中添加"花朵"图形元件，如图 12-4 所示。

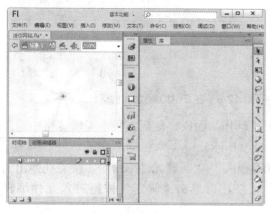

图 12-3 绘制花朵图形

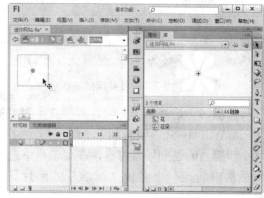

图 12-4 创建"花"影片剪辑元件

步骤 5 右击第 5 帧，在弹出的菜单中选择"插入关键帧"命令，如图 12-5 所示。

步骤 6 右击 1～5 帧中的任意一帧，在弹出的菜单中选择"创建传统补间"命令，如图 12-6 所示。

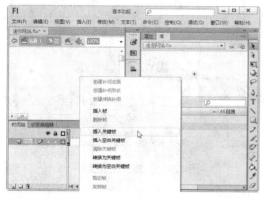
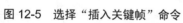

图 12-5 选择"插入关键帧"命令

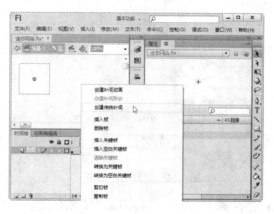

图 12-6 选择"创建传统补间"命令

步骤 7 在"属性"面板中设置"缓动"参数为 0，旋转为"逆时针"，并在其后的文本框中设置旋转次数为 3，如图 12-7 所示。

步骤 8 参考前面的操作，在第 10 帧插入关键帧，并在 5～10 帧之间创建传统补间动画，此时的时间轴如图 12-8 所示。

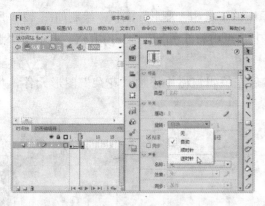

图 12-7　设置补间动画参数　　　　图 12-8　在 5～10 帧之间创建传统补间动画

步骤 9　选择第 10 帧，并按 F9 键打开"动作"面板，然后在脚本编辑窗格中输入"gotoAndPlay(5);"跳转到第 5 帧语句，如图 12-9 所示。

步骤 10　返回场景窗格，在菜单栏中选择"插入"|"新建元件"命令，接着在弹出的对话框中新建一个名为"飘落"的影片剪辑元件，再单击"确定"按钮进入元件编辑窗格。

步骤 11　将"化"影片剪辑元件拖动到编辑窗格中，并在"变形"面板中将其按 10% 的比例缩放，如图 12-10 所示。

图 12-9　"动作"面板　　　　　　　图 12-10　调整元件大小

步骤 12　在第 10 帧和第 150 帧分别插入关键帧。

步骤 13　在"时间轴"面板中右击图层 1，在弹出的快捷菜单中选择"添加传统运动引导层"命令，如图 12-11 所示。

步骤 14　在"时间轴"面板中新建图层 2，然后在工具箱中单击"铅笔工具"图标，并设置笔触颜色为"黄色"(#CC9900)、大小为 1，接着在编辑窗格中绘制一条弯曲的线段，如图 12-12 所示。

步骤 15　在图层 1 中选择第 10 帧上的元件，按住中心点将其移动到引导线的起点上，如图 12-13 所示。

步骤 16　选择图层 1 中选择第 150 帧上的元件，按住中心点将其移动到引导线的终点上，并在 10～150 帧之间创建补间动画，此时的时间轴如图 12-14 所示。

图 12-11　选择"添加传统运动引导层"命令　　　图 12-12　使用铅笔工具绘制曲线

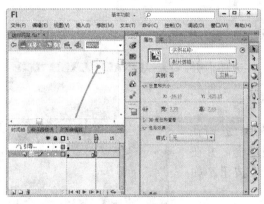

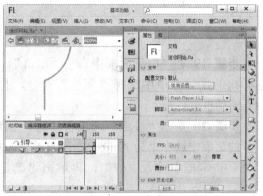

图 12-13　将元件实例移动到引导线起点上　　图 12-14　在 10～150 帧之间创建传统补间动画

步骤 17 返回场景窗格，新建一个名为"花雨"的影片剪辑元件，并进入该元件的编辑窗格，接着在"时间轴"面板中右击第 1 帧，在弹出的快捷菜单中选择"动作"命令，如图 12-15 所示。

步骤 18 打开"动作"面板，然后在脚本编辑窗格中输入以下语句，如图 12-16 所示。

图 12-15　选择"动作"命令　　　　　图 12-16　在"动作"面板中输入代码

```
this.addEventListener(Event.ENTER_FRAME,enterframe);
```

```
var i=0;
var b=new Array();
function enterframe(event:Event)
{
    b[i]=new aa();
    addChild(b[i]);
    b[i].x=Math.random()*800;
    b[i].alpha=Math.random()*5;
    b[i].scaleX=Math.random()*0.5;
    b[i].scaleY=b[i].scaleX;

    if (i>30)
    {
        i=0;
    }
}
```

　　步骤 19 在"库"面板中右击"飘落"元件选项，并在弹出的快捷菜单中选择"属性"命令，打开"元件属性"对话框。

　　步骤 20 单击"高级"选项右侧的三角图形，接着在展开的菜单中选中"为 ActionScript 导出"复选框，并在"类"文本框中输入"aa"，再单击"确定"按钮，如图 12-17 所示。

　　步骤 21 返回场景窗格，然后将"花雨"影片剪辑元件拖至舞台左上角；将"花"影片剪辑元件拖至舞台，并将其复制粘贴多次；接着按 Ctrl+Enter 组合键预览花及花雨效果，如图 12-18 所示。

　　步骤 22 在"库"面板中新建"背景动画"文件夹，将创建的四个元件移动到文件夹中，以便管理后面的元件，如图 12-19 所示。

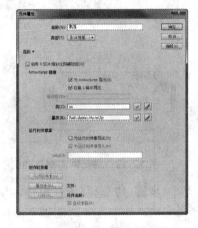

图 12-17　设置元件属性

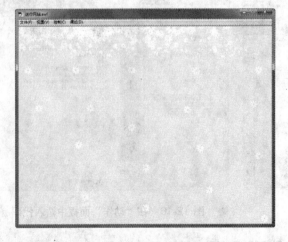

图 12-18　预览设置的花雨动画效果

图 12-19　"库"面板

12.2.2 制作网站导航栏

主页背景动画创作完成后，接下来制作主页的导航菜单，具体操作步骤如下。

步骤 1 新建一个名为"1 级菜单"的图形元件，并进入该元件的编辑窗格。

步骤 2 在工具箱中单击"矩形工具"图标，然后在"属性"面板中展开"矩形选项"子面板，设置矩形边角半径为 10，如图 12-20 所示。

步骤 3 按 Alt+Shift+F9 组合键打开"颜色"面板，设置颜色类型为"线性渐变"，流为"反射颜色"，接着单击颜色调节栏的中间位置，添加一个颜色控制点，并设置颜色为绿色(#CBFF33)，再设置左边和右边控制点的颜色为浅绿色(#ECFFD9)，如图 12-21 所示。

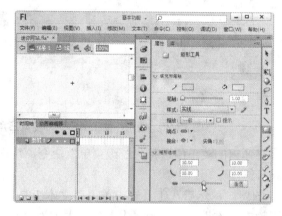

图 12-20 设置矩形边角半径

图 12-21 "颜色"面板

步骤 4 在编辑窗格中拖动鼠标，绘制矩形长条，然后使用选择工具选中矩形，在"属性"面板中的"位置和大小"子面板中设置矩形宽度为 800 像素，高度为 30 像素，如图 12-22 所示。

步骤 5 返回场景窗格，然后新建一个名为"2 级菜单"的图形元件，接着保持矩形工具参数不变，在元件的编辑窗格中绘制一个宽度为 110 像素，高度为 130 像素的矩形，如图 12-23 所示。

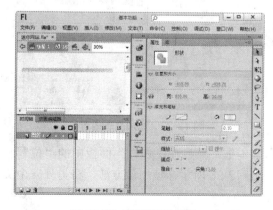

图 12-22 绘制矩形长条

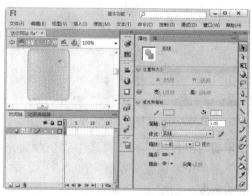

图 12-23 编辑"2 级菜单"图形元件

步骤 6 返回场景窗格，新建一个名为"图形"的图形元件，然后选择矩形工具，并设置笔触颜色为"无"，填充颜色为黑色(#000000)，矩形边角半径为 0，接着在元件编辑窗格中绘制一个 10 像素×10 像素的矩形，如图 12-24 所示。

步骤 7 将编辑窗格以 800%的比例显示，然后在工具箱中单击"任意变形工具"图标，并继续单击出现的"扭曲"图标，按住 Shift 键，在图形右下角的控制点按住鼠标左键并将其向上拖动直到图形变为三角形为止，如图 12-25 所示。

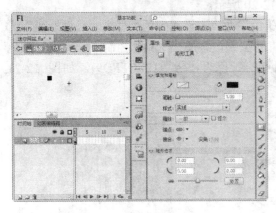

图 12-24 绘制黑色小矩形

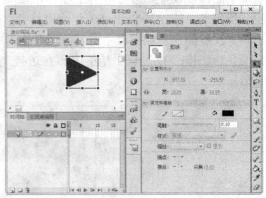

图 12-25 使用扭曲工具将矩形变成三角形

步骤 8 单击"编辑元件"图标，在弹出的菜单中选择"2 级菜单"命令，切换到"2 级菜单"元件编辑窗格，如图 12-26 所示。

步骤 9 在"时间轴"面板中新建图层 2，然后在工具箱中单击"文本工具"图标，并在"属性"面板中设置文本类型为"静态文本"，字体为"隶书"，大小为 20，颜色为"深绿色"(#1C3700)，接着在编辑窗格分别输入"企业简介"、"内部信息"、"蛋糕食材"、"联系我们"等文本内容，如图 12-27 所示。

图 12-26 选择"2 级菜单"命令

图 12-27 添加文本内容

步骤 10 使用选择工具选中"企业简介"文本框，然后在"属性"面板中的"位置和大小"菜单中，调整文本框宽度为 93 像素，如图 12-28 所示。使用该方法，将另外三个文本框的宽度均调整为 93 像素。

步骤 11 按住 Shift 键，依次单击 4 个文本框将其全部选中，然后按 Ctrl+K 组合键打开"对齐"面板，接着单击"右对齐"图标 和"垂直平均间隔"图标 ，将文本框竖排右对齐等间隔排列，如图 12-29 所示。

图 12-28　调整文本框宽度

图 12-29　对齐文本框

步骤 12 在"时间轴"面板中新建图层 3，然后从"库"面板中拖动"图形"元件至"企业简介"文本左侧，接着复制粘贴图形元件三次，分别放置其余文本左侧，效果如图 12-30 所示。

步骤 13 在"库"面板中右击"2 级菜单"选项，在弹出的快捷菜单中选择"直接复制"命令，如图 12-31 所示。

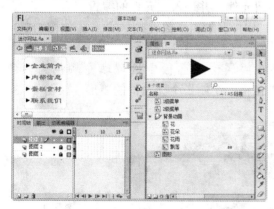

图 12-30　在文本左侧添加黑色三角图形

图 12-31　选择"直接复制"命令

步骤 14 弹出"直接复制元件"对话框，修改名称为"2 级菜单 1"，再单击"确定"按钮，如图 12-32 所示。

步骤 15 在"库"面板中右击"2 级菜单 1"选项，在弹出的快捷菜单中选择"编辑"命令，进入元件编辑窗格，修改图层 2 中的文字为"巧克力味、芝士口味、慕斯口味、提拉米苏"，如图 12-33 所示。

步骤 16 使用类似方法，创建"2 级菜单 2"和"2 级菜单 3"元件，并修改"2 级菜单 2"元件中的文本为"水果蛋糕、卡通蛋糕、祝寿蛋糕、情侣蛋糕、婚庆蛋糕"，如图 12-34 所示；"2 级菜单 3"元件中的文本为"试吃专区、抢购蛋糕、大师推荐"，如图 12-35 所示。

步骤 17 在"库"面板中新建"2级"文件夹，将几个2级菜单元件移至该文件夹中。

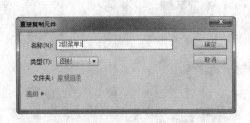

图 12-32 "直接复制元件"对话框

图 12-33 编辑"2级菜单 1"元件

图 12-34 创建"2级菜单2"图形元件

图 12-35 创建"2级菜单3"图形元件

步骤 18 新建一个名为"透明按钮"的按钮元件，并进入该元件的编辑窗格，然后选择"点击"帧，并在菜单栏中选择"插入"|"时间轴"|"关键帧"命令，如图 12-36 所示。

步骤 19 单击"矩形工具"图标，并在"属性"面板中设置填充颜色为白色 (#FFFFFF)、矩形边角半径为 10，接着在编辑窗格中绘制一个无边框的矩形，如图 12-37 所示。

图 12-36 选择"关键帧"命令

图 12-37 绘制白色无边框矩形

步骤 20 返回场景窗格，在"库"面板中修改"1级菜单"图形元件名称为"长方形"，然后新建一个名为"1级菜单1"的影片剪辑元件，并进入该元件的编辑窗格。

步骤 21 保持文本工具参数设置不变，在编辑窗格中添加"蛋糕坊简介"文本，接着在第 5 帧插入关键帧，并添加"stop();"停止语句，如图 12-38 所示。

步骤 22 新建图层 2，然后从"库"面板中将"透明按钮"元件拖至编辑窗格中，并在"属性"面板调整按钮实例的大小，使其刚好能遮罩主文字，如图 12-39 所示。

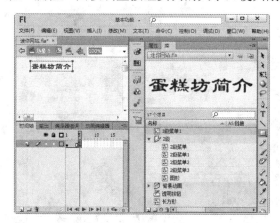

图 12-38 编辑"1 级菜单 1"影片剪辑元件

图 12-39 调整"透明按钮"实例的大小

步骤 23 选中文本框和按钮元件，然后按 Ctrl+K 组合键，打开"对齐"面板，单击"水平中齐"图标 ⿰ 和"垂直中齐"图标 ⿰，如图 12-40 所示。

步骤 24 返回场景窗格，新建一个名为"主菜单 1"的影片剪辑元件，并进入该元件的编辑窗格，接着将"1 级菜单 1"元件拖至编辑窗格中，并修改其名称为"b"，如图 12-41 所示。

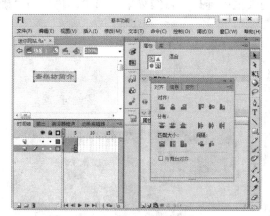
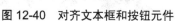

图 12-40 对齐文本框和按钮元件

图 12-41 编辑"主菜单 1"影片剪辑元件

步骤 25 在图层 1 中的第 2 帧插入帧，并为第 1 帧添加以下语句，如图 12-42 所示。

```
stop();
function startMovie(event:MouseEvent):void
{
this.gotoAndPlay(2);
}
b.addEventListener(MouseEvent.CLICK, startMovie);
```

步骤 26 在"库"面板中新建"1 级"文件夹，将"透明按钮"、"1 级菜单 1"和"主菜单 1"三个元件移至该文件夹中。然后复制"1 级菜单 1"元件，并设置复制元件名称为"1 级菜单"，接着进入该元件的编辑窗格，修改文本内容为"首页"，再调整透明按钮的宽度，如图 12-43 所示。

图 12-42　"动作"面板　　　　　图 12-43　编辑"1 级菜单"元件

步骤 27 复制"主菜单 1"元件，并设置复制元件名称为"主菜单"，然后进入该元件的编辑窗格，单击图层 1 中第 1 帧上的元件，接着在"属性"面板中设置实例名称为"a"，再单击"交换"按钮，如图 12-44 所示。

步骤 28 弹出"交换元件"对话框，在列表框中选择"1 级菜单"选项，再单击"确定"按钮，如图 12-45 所示。

图 12-44　单击"交换"按钮　　　　　图 12-45　"交换元件"对话框

步骤 29 在图层 1 中选择第 1 帧，并按 F9 键打开"动作"面板，修改最后一句语句中的实例名称，修改后的语句为"a.addEventListener(MouseEvent.CLICK, startMovie);"，接着删除图层 2 中第 2 帧上的元件。

步骤 30 使用类似方法，创建"1 级菜单 2"、"1 级菜单 3"、"1 级菜单 4"、"主菜单 2"、"主菜单 3"、"主菜单 4"等元件，效果如图 12-46 所示。

步骤 31 新建一个名为"导航栏"的影片剪辑元件，并进入该元件的编辑窗格，然后将"长方形"图形元件拖至编辑窗格中，接着在第 2 帧插入帧。

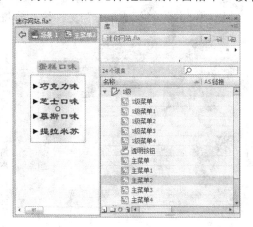

图 12-46　创建另外 3 个主菜单影片剪辑元件

步骤 32 新建图层 2，在第 2 帧插入关键帧，然后将"主菜单"、"主菜单 1"、"主菜单 2"、"主菜单 3"、"主菜单 4"5 个元件拖至编辑窗格中的长方形元件上方，接着在"对齐"面板设置这五个元件垂直对齐，水平间隔相同，并同时与长方形元件水平对齐，效果如图 12-47 所示。

步骤 33 返回场景窗格，将"导航栏"元件拖至舞台中，然后按 Ctrl+Enter 组合键预览制作的导航栏效果，如图 12-48 所示。单击导航栏中的按钮，将会弹出相应的下拉菜单。

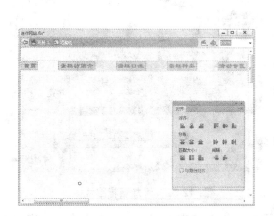
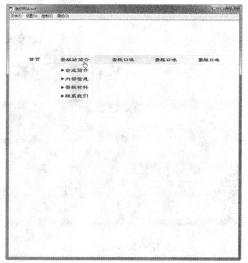

图 12-47　设置多个元件的对齐效果　　　图 12-48　预览制作的导航栏效果

12.2.3　制作网站首页

网站背景动画和导航栏制作好后，下面开始制作网站首页，包括动画具体安排、导航栏位置、网站标志、图片等内容，具体操作步骤如下。

步骤 1 在图层 1 中的第 150 帧插入帧，然后在第 1 帧将"导航栏"元件拖至舞台中，移动其位置到"花雨"元件下方，如图 12-49 所示。

步骤 2 新建图层 2，然后在第 50 帧插入关键帧，并将"标志.png"文件导入到舞台中，接着使用选择工具调整其位置，如图 12-50 所示。

图 12-49 在首页中添加导航栏元件   图 12-50 导入"标志.png"文件

步骤 3 按 Ctrl+T 组合键打开"变形"面板，选中"倾斜"单选按钮，接着设置垂直倾斜角度为 180°，将图形对翻，如图 12-51 所示。

步骤 4 将"标志.png"文件转换为"标志"图形元件，然后在第 100 帧插入关键帧，接着在两个关键帧之间创建传统补间动画。

步骤 5 新建图层 3，然后在第 80 帧文件插入关键帧，并将"库"面板中的蛋糕图片全都拖至舞台中，并使用"对齐"面板将其整理对齐，如图 12-52 所示。

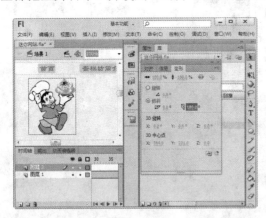

图 12-51 将图形对翻   图 12-52 添加蛋糕图片

步骤 6 选择文本工具，并在"属性"面板中设置文本类型为"静态文本"，字体为"幼圆"，大小为 15，颜色为浅绿(#538BFF)，接着在图形下方添加蛋糕名称，如图 12-53 所示。

步骤 7 在第 150 帧插入关键帧，并在两个关键帧之间创建传统补间动画，接着选择第 80 帧，同时在"属性"面板中的"色彩效果"子面板中，设置样式为 Alpha，并调整其值为 0，设置图形的不透明度，再为第 150 帧添加"stop();"停止语句，如图 12-54 所示。

图 12-53　输入蛋糕名称　　　　　　图 12-54　设置图形的不透明度

步骤 8　在图层 3 下方新建图层 4，并在第 80 帧插入关键帧，然后选择文本工具，并在"属性"面板中调整其字体为"方正舒体"，大小为 22，字母间距为 5，颜色为红色 (#FF3300)，接着输入"蛋糕展示"文本，再将文本转换为"标题"按钮元件，并在"属性"面板中修改实例名称为"zs"，如图 12-55 所示。

步骤 9　在第 115 帧插入关键帧，然后将 zs 实例移至窗格右侧，并在两个关键帧之间创建传统补间动画；接着在第 150 帧插入关键帧，同时将 zs 实例移至初始位置处，并在两个关键帧之间创建传统补间动画；再为第 150 帧添加以下语句。

```
function startMovie(event:MouseEvent):void
{
this.gotoAndPlay(80);
}
zs.addEventListener(MouseEvent.CLICK, startMovie);
```

步骤 10　新建图层 5，并在第 150 帧插入关键帧，然后将"透明按钮"元件拖至舞台中，接着调整元件大小，使其刚好盖住第一份展示的蛋糕图片及名称，效果如图 12-56 所示。

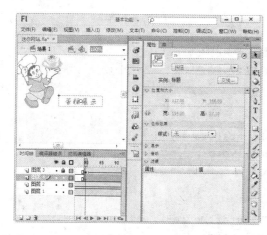

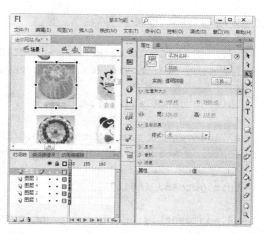

图 12-55　使用创建的"标题"元件　　　图 12-56　使用"透明按钮"元件遮盖蛋糕图片

步骤 11 使用相同的方法为舞台中的所有图形添加"透明按钮"元件，并依次修改元件的实例名称为"a1"、"a2"、"a3"、"a4"、"a5"、"a6"、"a7"、"a8"、"a9"、"a10"、"a11"、"a12"、"a13"、"a14"、"a15"，接着为第 150 帧添加以下语句。

```
stop();
function startMovie1(event:MouseEvent):void
{
this.gotoAndPlay(160);
}
a1.addEventListener(MouseEvent.CLICK, startMovie1);
function startMovie2(event:MouseEvent):void
{
this.gotoAndPlay(271);
}
a2.addEventListener(MouseEvent.CLICK, startMovie2);
function startMovie3(event:MouseEvent):void
{
this.gotoAndPlay(271);
}
a3.addEventListener(MouseEvent.CLICK, startMovie3);
function startMovie4(event:MouseEvent):void
{
this.gotoAndPlay(271);
}
a4.addEventListener(MouseEvent.CLICK, startMovie4);
function startMovie5(event:MouseEvent):void
{
this.gotoAndPlay(271);
}
a5.addEventListener(MouseEvent.CLICK, startMovie5);
function startMovie6(event:MouseEvent):void
{
this.gotoAndPlay(271);
}
a6.addEventListener(MouseEvent.CLICK, startMovie6);
function startMovie7(event:MouseEvent):void
{
this.gotoAndPlay(271);
}
a7.addEventListener(MouseEvent.CLICK, startMovie7);
function startMovie8(event:MouseEvent):void
{
this.gotoAndPlay(271);
}
a8.addEventListener(MouseEvent.CLICK, startMovie8);
function startMovie9(event:MouseEvent):void
{
```

```
this.gotoAndPlay(271);
}
a9.addEventListener(MouseEvent.CLICK, startMovie9);
function startMovie10(event:MouseEvent):void
{
this.gotoAndPlay(271);
}
a10.addEventListener(MouseEvent.CLICK, startMovie10);
function startMovie11(event:MouseEvent):void
{
this.gotoAndPlay(271);
}
a12.addEventListener(MouseEvent.CLICK, startMovie11);
function startMovie12(event:MouseEvent):void
{
this.gotoAndPlay(271);
}
a12.addEventListener(MouseEvent.CLICK, startMovie12);
function startMovie13(event:MouseEvent):void
{
this.gotoAndPlay(271);
}
a13.addEventListener(MouseEvent.CLICK, startMovie13);
function startMovie14(event:MouseEvent):void
{
this.gotoAndPlay(271);
}
a14.addEventListener(MouseEvent.CLICK, startMovie14);
function startMovie15(event:MouseEvent):void
{
this.gotoAndPlay(271);
}
a15.addEventListener(MouseEvent.CLICK, startMovie15);
```

步骤 12 至此，蛋糕网站的首页基本制作完成，用户也可以参考上述步骤在首页中添加其他内容。

12.2.4　制作网站内页

网站首页制作完成后，下面将开始制作网站内页，由于篇幅有限，这里仅制作一个网站内页，具体操作步骤如下。

步骤 1 新建一个名为"内页"的影片剪辑元件，并进入该元件的编辑窗格，然后将动画的背景颜色换为白色(#FFFFFF)。

步骤 2 选择矩形工具，并在"属性"面板中设置笔触颜色为"无"，填充颜色为"浅绿色"(#DDFFBB)，然后在元件编辑窗格中绘制一个 800 像素×600 像素的矩形，并将图形置于窗格中间。接着在第 120 帧插入帧。

363

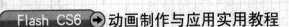
步骤 3 新建图层 2，在第 30 帧插入关键帧，然后将"标志"元件拖至窗格中，并移动其位置使其位于矩形左上角，再在"变形"面板中将元件按 80%的比例缩放，如图 12-57 所示。

步骤 4 在第 50 帧插入关键帧，并在两个关键帧之间创建传统补间动画，接着选中第 30 帧上的实例，同时在"属性"面板的"色彩效果"菜单中，设置"样式"为 Alpha，并调整其值为 0，设置实例的不透明度，如图 12-58 所示。

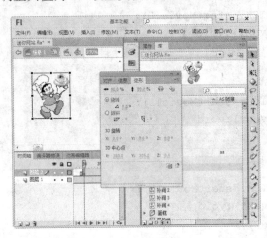

图 12-57　缩小插入的元件

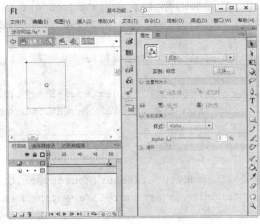

图 12-58　设置实例的不透明度

步骤 5 新建图层 3，在第 50 帧插入关键帧，然后使用矩形工具在标志下方绘制一个 800 像素×20 像素的无边框长方形，填充颜色为"绿色"(#99FF99)，如图 12-59 所示。

步骤 6 新建图层 4，在第 50 帧插入关键帧，然后使用矩形工具在长方形图形的左侧绘制一个高于它的小矩形，接着在第 70 帧插入关键帧，并使用任意变形工具选择关键帧中的小矩形图形，将其向右拉伸直至遮盖住整个长方形图形，如图 12-60 所示。

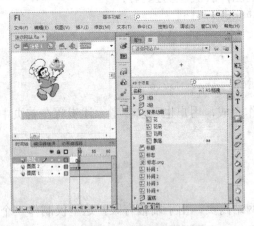

图 12-59　绘制无边框长方形

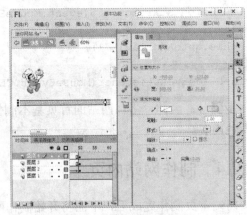

图 12-60　向右拉伸小矩形图形

步骤 7 选择两个关键帧之间的任意一帧，在菜单栏中选择"插入"|"补间形状"命令，在两个关键帧之间创建补间形状动画，如图 12-61 所示。

步骤 8 在"时间轴"面板中右击图层 4，在弹出的菜单中选择"遮罩层"命令，将其转换为遮罩图层，如图 12-62 所示。

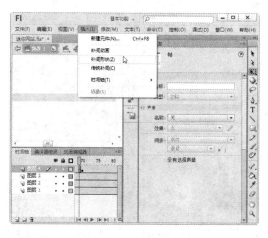

| 图 12-61 选择"补间形状"命令 | 图 12-62 选择"遮罩层"命令 |

步骤 9 新建图层 5，在第 70 帧插入关键帧，然后选择矩形工具，并保持其参数设置不变，在编辑窗格中绘制一个 19 像素×440 像素的无边框长方形，如图 12-63 所示。

步骤 10 新建图层 6，在第 70 帧插入关键帧，然后使用矩形工具绘制一个宽度为 19 像素的小矩形，接着在第 90 帧中插入关键帧，并使用任意变形工具向下拉伸小矩形图形，使其刚好能遮盖住长方形图形，如图 12-64 所示。再使用相同的方法在两个关键帧之间创建补间形状动画，并将图层 6 转换为遮罩图层。

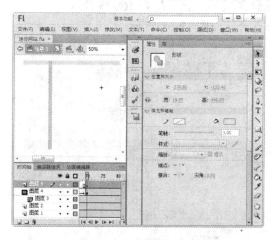

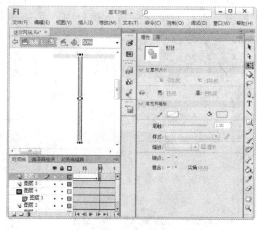

| 图 12-63 绘制长方形 | 图 12-64 使用任意变形工具拉伸图形 |

步骤 11 新建图层 7，在第 90 帧插入关键帧，然后选择文本工具，并在"属性"面板中设置其字体为"华文彩云"，大小为 22，段落格式"居中对齐"，行距为 10，颜色为蓝色(#00CCFF)，接着输入"浓情果恋"，每个字为单独一行，如图 12-65 所示。

步骤 12 在第 105 帧插入关键帧，然后向底侧移动文本，并在两个关键帧之间创建传统补间动画；接着在第 120 帧插入关键帧，同时将文本移至初始位置处，并在两个关键帧之间创建传统补间动画，如图 12-66 所示。

图 12-65　输入文本　　　　　　　　　　图 12-66　为文本创建动画效果

步骤 13 新建图层 8，选择文本工具，并在"属性"面板中设置其字体为"华文中宋"，字号为 15，颜色为黑色(#333333)，接着在编辑窗格中输入文本，如图 12-67 所示。

步骤 14 在第 120 帧插入关键帧，并为该帧添加"stop();"停止语句。

步骤 15 返回场景窗格，在图层 5 上方新建图层 6，然后在第 160 帧插入关键帧，将"内页"影片剪辑元件拖至舞台中，并和舞台重合，如图 12-68 所示。

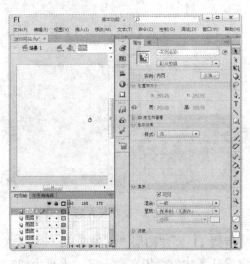

图 12-67　设置"内页"元件中的文本　　　图 12-68　使用"内页"影片剪辑元件

步骤 16 新建"返回"按钮元件，并进入该元件的编辑窗格，然后在菜单栏中选择"窗口"|"公用库"| Buttons 命令，打开"外部库"面板，在其中依次展开 classic buttons/button assets 文件夹，将 button 按钮元件拖至编辑窗格中，如图 12-69 所示。

步骤 17 选择文本工具，设置其颜色为白色，保持其他参数不变，输入"返回"，并将其置于按钮元件上，接着在"点击"帧中插入帧。

步骤 18 返回场景窗格，在图层 6 上方新建图层 7，然后在第 260 帧插入关键帧，将"返回"按钮元件拖至舞台右下角，如图 12-70 所示。

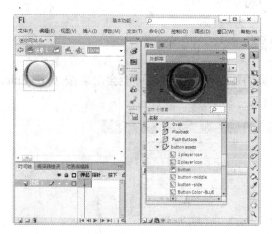

图 12-69　使用外部库中的 button 按钮元件

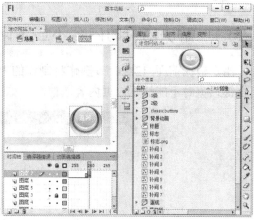

图 12-70　插入"返回"按钮元件

步骤 19 在第 270 帧插入关键帧，并在两个关键帧之间创建传统补间动画，接着将第 260 帧中的实例的不透明度设置为 0。

步骤 20 新建图层 8，并在第 270 帧插入关键帧，然后复制图层 7 中第 270 帧上的实例，将其原位置粘贴到图层 8 的第 270 帧上，接着在"属性"面板中修改实例名称为"fanhui"，并为该帧添加以下语句。

```
stop();

function startMovie16(event:MouseEvent):void
{
this.gotoAndPlay(160);
}
fanhui.addEventListener(MouseEvent.CLICK, startMovie16);
```

步骤 21 使用相同的方法制作添加其他内页，在添加语句时要注意修改语句中的名称，避免产生重复代码。制作完成后按 Ctrl+Enter 组合键浏览网站效果。

> **提示**
>
> 为了能及时发现动画中的错误，建议用户在制作过程中每制作好一个动画效果后，都按一次 Ctrl+Enter 组合键进行浏览。如果动画出现错误，会弹出"编译器错误"面板，其中列出了动画错误的位置及错误描述，如图 12-71 所示，根据此信息修正动画即可。

图 12-71　"编译器错误"面板

12.3 提 高 指 导

12.3.1 解决内页的内容不显示问题

用户根据前面 12.2.4 节操作将制作的内页添加到网站中后，可能会出现按 Ctrl+Enter 组合键预览时不能显示内页内容的情况，如图 12-72 所示。

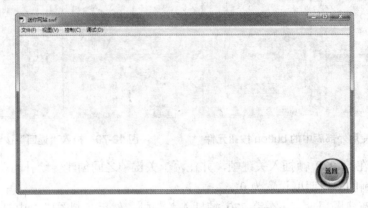

图 12-72 预览添加的内页效果

这是因为没有给内页留出内容显示的时间(占 110 帧左右)，此时只需要在图层 6 的第 270 帖，插入关键帧即可，如图 12-73 所示。

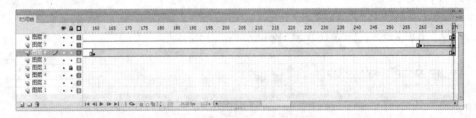

图 12-73 在图层 6 的第 270 帧插入关键帧

12.3.2 制作中间含有动画效果的动态背景

在本章的案例中，我们制作了从网页顶端飘落花朵的动态背景，下面再来制作一个在网页中间含有移动变化效果的动态背景，具体操作步骤如下。

步骤 1 新建一个文档，设置背景颜色为橙色(#FF9900)，文档尺寸为 700 像素×300 像素，帧频为 12，如图 12-74 所示。

步骤 2 在菜单栏中选择"插入"|"新建元件"命令，新建一个图形元件，命名为"圆环"，再单击"确定"按钮，如图 12-75 所示。

步骤 3 进入"圆环"图形元件编辑窗格，然后单击工具箱中的"椭圆工具"图标，接着在"属性"面板中设置其填充颜色为"无"，笔触颜色为白色，笔触大小为 5，再在舞台中心位置绘制一个圆环，如图 12-76 所示。

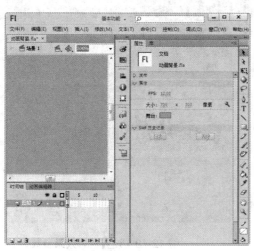

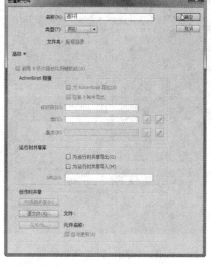

图 12-74　新建文档　　　　　　　　图 12-75　"创建新元件"对话框

步骤 4　在菜单栏中选择"插入"|"新建元件"命令，接着在"创建新元件"对话框设置新元件名称为"动画 1"，类型为"影片剪辑"，再单击"确定"按钮，如图 12-77所示。

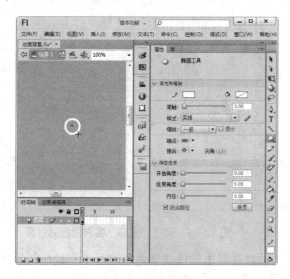
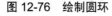

图 12-76　绘制圆环　　　　　　图 12-77　新建"动画 1"影片剪辑元件

步骤 5　进入"动画 1"影片剪辑元件编辑窗格，然后选择图层 1 中的第 1 帧，将图形元件"圆环"拖入到场景中创建实例，接着在舞台中选中该实例，并在"属性"面板中展开"色彩效果"子面板，再在"样式"下拉列表中选择"色调"选项，如图 12-78 所示。

步骤 6　在"属性"面板中设置颜色为黄色(#FFFF00)，如图 12-79 所示。

步骤 7　在图层 1 中的第 30 帧插入关键帧，接着使用选择工具调整图形元件"圆环"的位置，再使用"任意变形工具"调整圆环的大小，如图 12-80 所示。

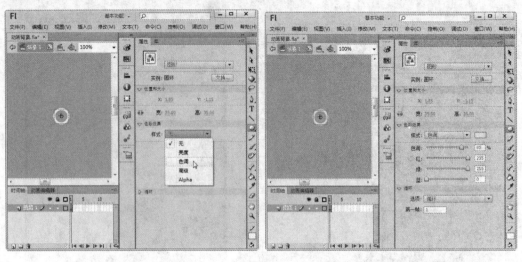

图 12-78　设置色彩效果　　　　　　　　图 12-79　设置色彩效果参数

步骤 8　选中该实例，然后在"属性"面板中展开"色彩效果"子面板，接着在"样式"下拉列表中选择 Alpha 选项，设置 Alpha 值为 30，如图 12-81 所示。

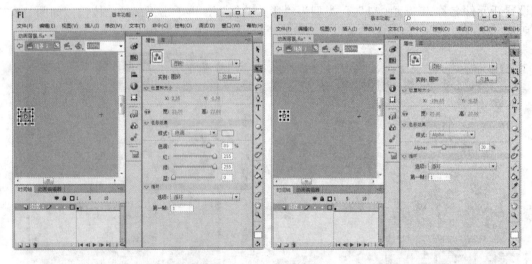

图 12-80　调整"圆环"实例的大小　　　　图 12-81　调整"圆环"实例的色彩效果

步骤 9　右击 1～30 帧之间的任意一帧，在弹出的快捷菜单中选择"创建传统补间"命令，如图 12-82 所示是使用了"绘图纸外观"功能看到的从第 1 帧到第 30 帧上的图形效果。

步骤 10　在"时间轴"面板中新建图层 2，然后在图层 2 中的第 10 帧插入关键帧，接着将图形元件"圆环"拖入到舞台中的适当位置创建一个实例，如图 12-83 所示。

步骤 11　选中该实例，然后在"属性"面板中展开"色彩效果"的面板，接着在"样式"下拉列表中选择"高级"选项，并设置 Alpha 值为 15%、红色百分比为"80%"、绿色百分比为"100%"、蓝色百分比为"100%"，如图 12-84 所示。

步骤 12　选中该实例，按 Ctrl+T 组合键打开"变形"面板，在其中的"缩放高度"和"缩放宽度"文本框中均输入 50%，如图 12-85 所示。

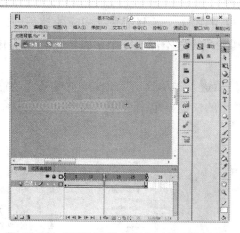

图 12-82　查看创建传统补间动画后的效果

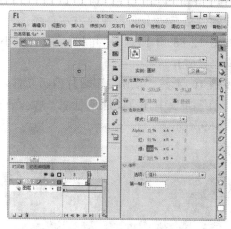

图 12-83　在图层 2 中添加"圆环"元件

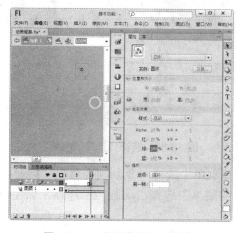

图 12-84　设置高级选项参数

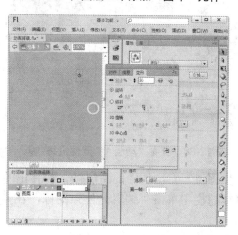

图 12-85　调整图形大小

步骤 13 在图层 2 中的第 40 帧插入关键帧，调整圆环位置，接着在"属性"面板中的"样式"下拉列表中选择"高级"选项，设并设置 Alpha 值为 95%、红色百分比为"40%"、绿色百分比为"60%"、蓝色百分比为"100%"，如图 12-86 所示。

步骤 14 打开"变形"面板，将"缩放宽度"和"缩放高度"均调整为 100%，接着在两个关键帧之间创建传统补间动画，效果如图 12-87 所示。

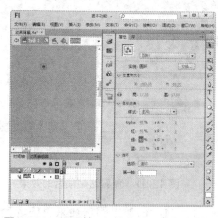

图 12-86　设置第 40 帧上的元件色彩效果

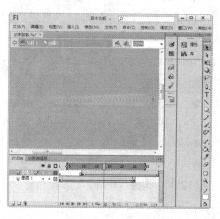

图 12-87　查看创建传统补间动画后的效果

步骤 15 参照上面步骤的方法再添加两个新的图层，并分别建立相应的动画，最终的效果如图 12-88 所示(这里圆圈的位置、大小和颜色设置不需要完全参照步骤，可以根据自己的喜好设置)。

步骤 16 新建"动画 2"影片剪辑元件，然后进入"动画 1"元件编辑窗格，接着右击"时间轴"面板中任意图层的任意一帧，在弹出的快捷菜单中选择"选择所有帧"命令，如图 12-89 所示。

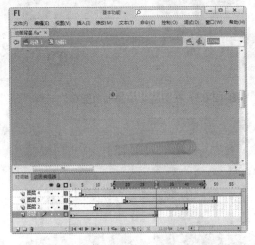

图 12-88　查看"动画 1"元件最终效果

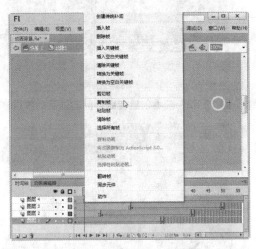

图 12-89　选择"选择所有帧"命令

步骤 17 右击选中的图层帧，在弹出的快捷菜单中选择"复制帧"命令，接着在场景窗格标题栏中单击"编辑元件"图标，在弹出的菜单中选择"动画 2"选项，如图 12-90 所示。

步骤 18 在图层 1 中右击第 1 帧，在弹出的快捷菜单中选择"粘贴帧"命令，将复制"动画 1"中的所有帧，此时的时间轴如图 12-91 所示。

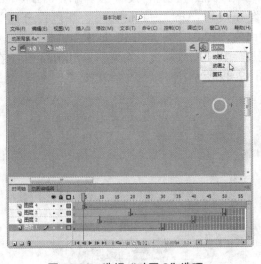

图 12-90　选择"动画 2"选项

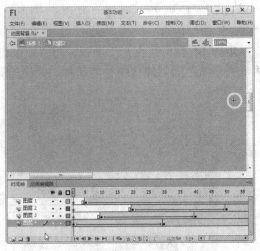

图 12-91　查看粘贴帧后的效果

步骤 19 在图层 2 中右击 51～60 帧中的任意一帧，在弹出的快捷菜单中选择"删除帧"命令，如图 12-92 所示。

步骤 20 使用类似方法，删除图层 3 中的 41～60 帧和图层 4 中的 31～60 帧，此时的时间轴如图 12-93 所示。

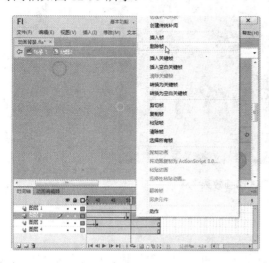

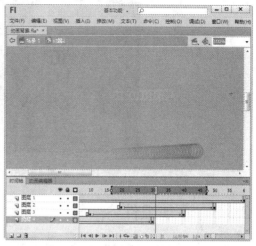

图 12-92 选择"删除帧"命令

图 12-93 删除图层 3 和图层 4 中的部分帧

步骤 21 在图层 4 中右击 1～30 帧中的任意一帧，在弹出的快捷菜单中选择"翻转帧"命令，如图 12-94 所示。

步骤 22 采用同样的方法，将图层 3、图层 2 和图层 1 中的帧翻转。

步骤 23 返回场景，把"动画 1"和"动画 2"元件拖动到舞台创建实例，放置的数量和位置任意，本例中放置的情况如图 12-95 所示。

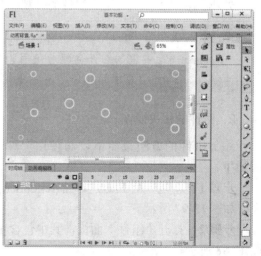

图 12-94 选择"翻转帧"命令

图 12-95 在舞台添加"动画 1"和"动画 2"元件

步骤 24 按 Ctrl+Enter 组合键测试，效果如图 12-96 所示。参考本例，用户可以使用如箭头、方块、线条等对象，举一反三创建具有其他效果的动画背景。

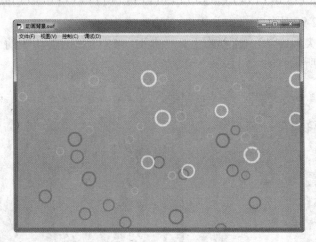

图 12-96　测试动画效果

12.3.3　添加组件

Flash 中的组件是向 Flash 文档添加特定功能的可重用的打包模块，可以包括图形以及代码，它们包括在 Flash 项目中的预置功能中。下面一起来学习组件的相关知识。

1．组件的含义

组件是一种带有参数的影片剪辑，使用组件可以创建功能强大、效果丰富的程序界面，如自定义按钮、复选框和列表，甚至是根本没有图形的某个项，如定时器、服务器连接实用程序或自定义 XML 分析器。

另外，用户还可以自定义组件的外观和行为来满足自己的设计需求。

> **提 示**
>
> 在 Flash 中，内置的组件会随着使用脚本版本的不同而有所差异，例如，ActionScript 2.0 和 ActionScript 3.0 中的组件是不完全相同的，用户不能同时使用这两组组件。

2．组件的相关操作

添加组件的方法很简单，与使用"库"面板中的元件创建实例类似，具体操作步骤如下。

步骤 1　新建一个 Flash 文档(ActionScript 3.0)，在菜单栏中选择"窗口" | "组件"命令，如图 12-97 所示。

步骤 2　打开"组件"面板，其中包含 Flex、User Interface 和 Video 三个文件夹，如图 12-98 所示。

> **提 示**
>
> 如果 Flash 文档使用的是 ActionScript 2.0 脚本，在打开的"组件"面板中，Flex 文件夹将变成 Media，如图 12-99 所示；若使用的是 ActionScript 1.0 脚本，在打开的"组件"面板中仅包含 Video 文件夹，如图 12-100 所示。

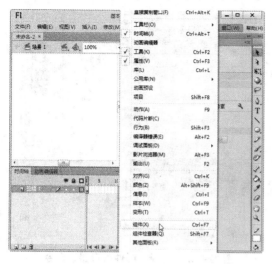

图 12-97 选择"组件"命令   图 12-98 "组件"面板

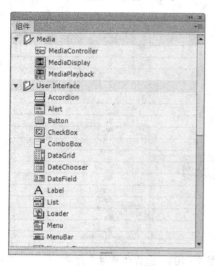

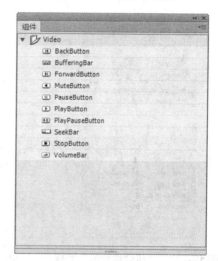

图 12-99 ActionScript 2.0 脚本对应的"组件"面板   图 12-100 ActionScript 1.0 脚本对应的"组件"面板

步骤 3   在"组件"面板中将需要添加的组件拖至舞台上，即可为该组件创建一个组件实例。如图 12-101 所示是使用 ProgressBar 组件创建的组件实例(ActionScript 2.0 脚本对应的"组件"面板)。

步骤 4   选中舞台上的组件实例，在菜单栏中选择"窗口"|"组件检查器"命令，如图 12-102 所示。

步骤 5   打开"组件检查器"面板，可以设置和查看该实例的信息，如图 12-103 所示。

步骤 6   要从 Flash 动画中删除已添加的组件实例，只要右击库中的组件类型图标，在弹出的快捷菜单中选择"删除"命令，或者直接选中舞台上的实例按 Delete 键即可，如图 12-104 所示。

图 12-101　创建组件实例

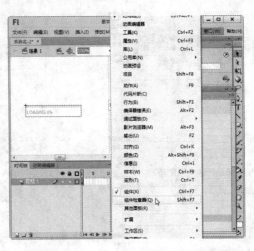

图 12-102　选择"组件检查器"命令

图 12-103　"组件检查器"面板

图 12-104　选择"删除"命令

3. 认识 ActionScript 3.0 中的常用组件

这里简单介绍几个 ActionScript 3.0 脚本中的常用组件及其相关参数。

1) Button(按钮组件)

在 Flash 中，按钮组件 Button 是一个可使用自定义图标来自定义大小的按钮。它可以执行鼠标和键盘的交互事件，或者将按钮的行为从按下改为切换。在单击切换按钮后，组件将保持按下状态，直到再次单击该按钮时才会返回到弹起状态。在舞台中创建 Button 组件实例如图 12-105 所示。

单击创建的组件实例，然后在"属性"面板中展开"组件参数"子面板，在其中可以设置该组件实例的参数，如图 12-106 所示。

Button 组件的参数含义分别如下。

- emphasized：设置当按钮处于弹起状态时，Button 组件周围是否绘有边框，默认为不选中状态。

图 12-105 创建 Button 组件实例　　　　图 12-106 设置 Button 组件实例参数

- enabled：指示组件是否可以接受焦点和输入，默认为选中状态。
- label：设置按钮上的文字，默认为 Label。
- labelPlacement：按钮上标签放置的位置，默认为 right。
- selected：设置 Button 按钮默认是否选中，默认为不选中状态。
- toggle：单击参数右侧的方块图标将其选中，表示在单击后保持按下状态，并在再次弹起时返回弹起状态。
- visible：指示对象是否可见，默认为选中状态。

2) CheckBox(复选框组件)

复选框是一个可以选中或者取消选中的方框。当选中复选框后，方框中会出现一个复选标记。用户可以为复选框添加一个文本标签，并将它放置在复选框的左侧、右侧、顶部或者底部。复选框是任何表单或 Web 应用程序中的一个基础部分。每当需要收集一组非相互排斥的 true 或者 false 值时，都可以使用复选框。用户可以使用"组件"面板中的 CheckBox 组件来创建多个复选框，并为其设置相应的参数，如图 12-107 所示。

CheckBox 组件的参数含义分别如下。

- enabled：设置组件是否可以接受焦点和输入。
- label：设置的字符串代表复选框旁边的文字说明。
- labelPlacement：指定复选框说明标签的位置。
- selected：设置默认状态下，复选框是否被选中。
- visible：设置对象是否可见。

3) ColorPicker(拾色器组件)

ColorPicker 组件允许用户从样本列表中选择颜色。默认模式是在方形按钮中显示单一颜色。在动画预测窗口中单击拾色器实例图标，"颜色"面板中将出现可用的颜色列表，同时出现一个文本字段，显示当前所选颜色的十六进制值，如图 12-108 所示。

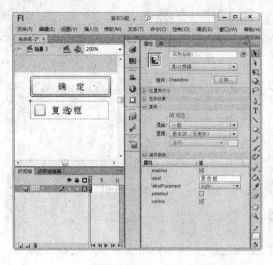
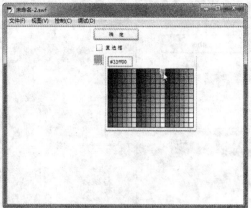

图 12-107　设置 CheckBox 组件实例参数　　　图 12-108　展开拾色器实例颜色面板

　　在舞台中单击 ColorPicker 组件实例，接着可以在"属性"面板中的"组件参数"子面板中设置其参数，如图 12-109 所示。

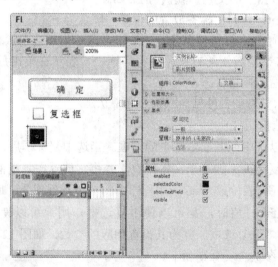

图 12-109　设置 ColorPicker 组件实例参数

ColorPicker 组件的参数含义分别如下。

- enabled：设置组件是否可以接受焦点和输入。
- selectedColor：获取或设置在 ColorPicker 组件的调色板中当前加亮显示的样本。
- showTextField：设置是否显示 ColorPicker 组件的内部文本字段。
- visible：设置对象是否可见。

　　4) ComboBox(下拉列表组件)

　　在 Flash 中，如果创建了下拉列表组件，单击右侧的下拉按钮即可弹出设置好的下拉列表。用户可以在下拉列表中选择相应的选项，但只能从列表中选择一个选项。用户可以使用"组件"面板中的 ComboBox 来创建下拉列表组件实例，接着在"属性"面板中的

"组件参数"子面板中设置其参数，如图 12-110 所示。

ColorPicker 组件的参数含义分别如下。

- dataProvider：获取或设置要查看的项目列表的数据模型，单击右侧的 🖉 图标，则会弹出"值"对话框，在此设置下拉列表组件中的项目，如图 12-111 所示。

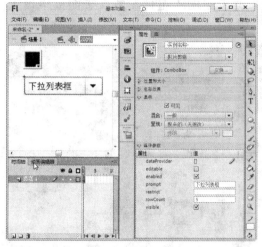
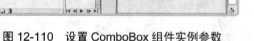

图 12-110　设置 ComboBox 组件实例参数　　　　图 12-111　　"值"对话框

- editable：设置使用者是否可以修改列表中选项的内容。
- enabled：设置组件是否可以接受焦点和输入。
- prompt：获取或设置对 ComboBox 组件的提示。
- restrict：可在列表中输入字符集。
- rowCount：列表展开之后显示的行数。如果选项超过行数，就会出现滚动条。
- visible：设置对象是否可见。

5) Label(文本标签组件)

一个文本标签组件就是一行文本，可以指定给一个标签采用 HTML 格式，也可以控制标签的对齐方式和标签大小。用户可以使用"组件"面板中的 Label 来创建文本标签组件实例，接着即可在"属性"面板中的"组件参数"子面板中设置 Label 组件实例的参数了，如图 12-112 所示。Label 组件没有边框且不能具有焦点。

Label 组件的参数含义分别如下。

- autoSize：指示如何调整标签的大小并对齐标签以适合文本。
- condenseWhite：设置是否从包含 HTML 文本的 Label 组件中删除额外空白，如空格和换行符。
- enabled：设置组件是否可以接受焦点和输入。
- htmlText：指示标签是否采用 HTML 格式。
- selectable：设置文本是否可选。
- text：获取或设置由 Label 组件显示的纯文本。
- visible：设置对象是否可见。
- wordWrap：获取或设置一个值，指示文本字段是否支持自动换行。

6) RadioButton(单选按钮)

单选按钮组件允许用户在相互排斥的选项之间进行选择，且它必须拥有至少两个 RadioButton 实例。在 Flash 创建一组单选按钮，可以形成一个系列的选择组，用户只能在其中选择某一个选项，不能复选。用户可以使用"组件"面板中的 RadioButton 选项来创建单选按钮组件实例，接着在"属性"面板中的"组件参数"子面板中设置其参数值，如图 12-113 所示。

图 12-112　设置 Label 组件实例参数　　　图 12-113　设置 RadioButton 组件实例参数

RadioButton 组件的参数含义分别如下。

● enabled：设置组件是否可以接受焦点和输入。

● groupName：设置单选按钮实例或组件的组名。

● label：设置按钮上的文字。

● labelPlacement：设置标签放置的位置，是按钮的左侧，还是右侧。

● selected：设置单选按钮当前处于选中状态，还是取消选中状态。

● value：设置与单选按钮关联的用户定义值。

● visible：设置对象是否可见。

7) List(列表框组件)

列表框组件可以让用户在已经设置的选项列表中选择需要的选项，它的属性设置与下拉列表框的属性设置相似。列表框组件允许用户从一个可以滚动的列表中选择一个或者多个选项，列表可以显示图形和文本，其中包含其他组件。单击标签或者数据参数字段时，将弹出"值"对话框，用户可以使用该对话框来添加显示在 List 中的项目。也可以使用 "List.addItem()" 和 "List.addItemAt()" 方法来添加项目到列表中，如图 12-114 所示。

List 组件的参数含义简介分别如下。

● allowMultipleSelection：设置是否允许同时选择多个项目。

● dataProvider：获取或设置要查看的项目列表的数据模型。

● enabled：设置组件是否可以接受焦点和输入。

● horizontalLineScrollSize：设置单击滚动箭头时，在水平方向上滚动的内容量。

- horizontalPageScrollSize：获取或设置按滚动条轨道移动时，水平滚动条上滚动滑块要移动的像素数目。
- horizontalScrollPolicy：设置水平滚动条的状态。
- verticalLineScrollSize：设置单击滚动箭头时，在垂直方向上滚动的内容量。
- verticalPageScrollSize：获取或设置按滚动条轨道移动时，垂直滚动条上滚动滑块要移动的像素数目。
- verticalScrollPolicy：设置垂直滚动条的状态。
- visible：设置对象是否可见。

8) ScrollPane(滚动条窗格组件)

使用 ScrollPane 组件可以用来显示对于加载区域而言过大的内容。例如，创建一个较大的图片，但是在应用程序中只有很小的空间来显示它，这时候就可以考虑将其加载到 ScrollPane 中。ScrollPane 可以接受影片剪辑、JPEG、PNG、GIF 和 SWF 文件。

在"组件"面板中拖动 ScrollPane 选项至舞台，即可创建滚动条窗格组件实例了，接着在"属性"面板中的"组件参数"子面板中，可以设置该组件实例的参数，如图 12-115所示。

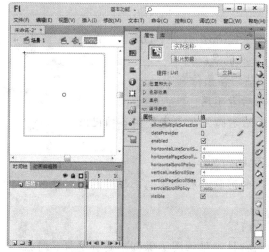
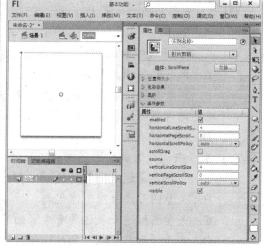

图 12-114　设置 List 组件实例参数　　　图 12-115　设置 ScrollPane 组件实例参数

ScollPane 组件的参数含义分别如下。

- enabled：设置组件是否可以接受焦点和输入。
- horizontalLineScrollSize：设置单击滚动箭头时，在水平方向上滚动的内容量。
- horizontalPageScrollSize：获取或设置按滚动条轨道移动时，水平滚动条上滚动滑块要移动的像素数目。
- horizontalScrollPolicy：设置水平滚动条的状态。
- scrollDrag：获取或设置一个值，确定当用户在滚动窗格中拖动内容时是否发生滚动。
- source：获取或设置绝对/相对 URL(该 URL 标识要加载的 SWF 或图像文件的位置)、库中影片剪辑的类名称、对显示对象的引用或者与组件位于同一层上的影片剪辑的实例名称。

- verticalLineScrollSize：设置单击滚动箭头时，在垂直方向上滚动的内容量。
- verticalPageScrollSize：获取或设置按滚动条轨道移动时，垂直滚动条上滚动滑块要移动的像素数目。
- verticalScrollPolicy：设置垂直滚动条的状态。
- visible：设置对象是否可见。

12.4 习 题

1. 选择题

(1) 可以对( )应用"缓存为位图"选项。

    A. 影片剪辑元件   B. 按钮元件

    C. 图形元件   D. 都可以

(2) Flash 制作过程中可以导入的媒体是( )。

    A. 音频   B. 视频   C. 图像   D. 以上都是

(3) Flash 影片帧频率最大可以设置到( )。

    A. 99fps   B. 100fps   C. 120fps   D. 150fps

(4) 以下关于逐帧动画和补间动画的说法正确的是( )。

    A. 两种动画模式 Flash 都必须记录完整的各帧信息

    B. 前者必须记录各帧的完整记录，而后者不用

    C. 前者不必记录各帧的完整记录，而后者必须记录完整的各帧记录

    D. 以上说法均不对

(5) 关于矢量图形和位图图像，下面说法正确的是( )。

    A. 位图图像通过图形的轮廓内部区域的形状和颜色信息来描述图形对象

    B. 矢量图形比位图图像优越

    C. 矢量图形适合表达具有丰富细节的内容

    D. 矢量图形具有放大仍然保持清晰的特性，但位图图像却不具备这样的特性

2. 实训题

(1) 参考 12.2.1 节操作，新建一个 Flash 文档，然后在舞台中绘制风车，接着设置其旋转效果。

(2) 参考 12.2 节操作，制作一个介绍手工艺术的网站。